21世纪高等学校计算机规划教材

21st Century University Planned Textbooks of Computer Science

计算机应用基础与实践（第2版）

Foundation and Practice of Computer Application (2nd Edition)

戴宇 主编

刁红艳 奚科芳 沈继云 何超 副主编

高校系列

人 民 邮 电 出 版 社

北 京

图书在版编目（CIP）数据

计算机应用基础与实践 / 戴宇主编. -- 2版. -- 北京 : 人民邮电出版社, 2013.10（2020.9重印）
21世纪高等学校计算机规划教材
ISBN 978-7-115-33009-3

Ⅰ. ①计… Ⅱ. ①戴… Ⅲ. ①电子计算机－高等学校－教材 Ⅳ. ①TP3

中国版本图书馆CIP数据核字(2013)第214801号

内容提要

本书为高等院校非计算机专业“大学计算机基础”课程的教材，主要内容包括计算机基础知识、计算机的组成、计算机网络、Windows 7 的使用、Word 2010、Excel 2010、PowerPoint 2010 的使用、常用工具软件、计算机故障排除、计算机发展前景等内容。全书内容的讲述按照两条主线进行，一条是明线：即通过李琳这个人物在学校购买计算机，然后学习操作计算机、学习上网操作，掌握扎实计算机应用技能，到利用网络成功应聘到甲乙丙丁科技有限公司人事部工作，然后完成各类工作任务这一故事的讲述，设置若干真实情境来掌握各项技能目标；另一条是暗线：即在技能目标掌握的同时，来了解对应的计算机应用知识。

本书在讲解基础知识的基础上，重点突出对实践技能的掌握，以便能在以后工作中有很好的解决实际问题的能力，同时也兼顾了计算机等级考试的需求。

◆ 主　　编　戴　宇
　副 主 编　刁红艳　奚科芳　沈继云　何　超
　责任编辑　武恩玉
　执行编辑　王　伟
　责任印制　彭志环　焦志炜

◆ 人民邮电出版社出版发行　　北京市丰台区成寿寺路 11 号
　邮编　100164　　电子邮件　315@ptpress.com.cn
　网址　http://www.ptpress.com.cn
　大厂回族自治县聚鑫印刷有限责任公司印刷

◆ 开本：787×1092　1/16
　印张：14.5　　　　2013 年 10 月第 2 版
　字数：381 千字　　2020 年 9 月河北第15次印刷

定价：33.00 元

读者服务热线：(010)81055256　印装质量热线：(010)81055316
反盗版热线：(010)81055315

前言

随着计算机的迅速普及和计算机技术的日新月异，计算机应用和计算机文化已经渗透到人类生活的各个方面，改变着人们的工作、学习和生活方式，提高计算机应用能力已经成为培养高素质技能人才的重要组成部分。为了适应社会改革发展的需要，为了满足高职院校计算机应用教学的要求，我们组织编写了本教材。

本书编者是多年在一线从事计算机基础课程教学和教育研究的教师，并且在校企合作过程中，深刻了解用人单位对人才的计算机能力要求。通过近几年的摸索，针对职业院校学生群体，编者认为，掌握一定的计算机基本知识，掌握办公自动化能力、文档处理、网络能力是十分重要的。以前理论和实践是分离的，现在不仅不能分离，而且采用了基于工作过程开发课程的思想，以工作任务驱动，来掌握信息处理的基本能力，同时了解相关的基本知识，使学习目标、教学目标紧贴工作任务实际，在解决任务过程中来掌握知识、技能，并提高综合分析问题和解决问题的能力。同时，也兼顾了计算机等级考试等职业认证的需求。

本书主要涉及计算机基础知识、计算机的组成、计算机网络、Windows 7 的使用、Word2010、Excel2010、PowerPoint2010 的使用、常用工具软件、计算机的故障排除、计算机发展前景等内容。本书采用基于工作方式课程开发的理念，内容的讲述按照两条主线进行，一条是明线：即通过李琳这个人物在学校购买电脑，然后学习操作计算机、学习上网操作，掌握扎实计算机应用技能，到利用网络应聘成功到甲乙丙丁科技有限公司人事部工作，然后完成各类工作任务这一故事的讲述，设置若干真实情境来掌握各项技能目标；另一条是暗线：即在技能目标掌握的同时，来了解对应的计算机应用知识。

本书每个工作任务按照任务要求、任务分析、任务实施、知识支撑、实战演练（思考练习）、拓展练习六个部分来展开，任务分析体现知识重点和难点，知识支撑起到知识总结作用，任务实施体现技能引导锻炼，实战演练（思考练习）和拓展练习对技能和知识巩固和拓展。

本书知识、技能体系结构如下表所示。

项目	工作任务	知识目标	技能目标
项目一　购买与配置计算机	工作任务一 了解计算机	1. 计算机的概念 2. 计算机的发展 3. 计算机的分类 4. 计算机的特点 5. 计算机的应用	
	工作任务二 准备购买计算机	1. 计算机系统的基本组成 2. 硬件系统的组成 3. 软件系统的组成 4. 硬件系统、软件系统的关系	

续表

项目	工作任务	知识目标	技能目标
项目一　购买与配置计算机	工作任务三　购买计算机	1. 微型计算机系统组成 2. 主机系统（CPU、内存、总线） 3. 外部存储器 4. 其他外部设备	1. 微机主要部件和外设的识别 2. 微机的选购 3. 微机的组装 4. 操作系统的安装
项目二　初次使用计算机	工作任务一　启动与关闭计算机	1. 冷启动与热启动 2. 开关机的顺序	1. 计算机的启动 2. 计算机的关闭
	工作任务二　信息的输入	1. 鼠标与键盘 2. 中文输入法	1. 掌握指法
	工作任务三　对信息存储的思考	1. 信息的存储 2. 数制 3. 数值型数据的表示方式 4. 非数值型数据的表示方式	1. 数制转换 2. 二进制的算术与逻辑运算 3. 原码、反码、补码的表示 4. 国标码、区位码、机内码的转换
项目三　管理计算机	工作任务一　了解Windows7新特点	1. 桌面 2. 控制面板	1. 桌面的设置 2. 安全性设置 3. 添加删除程序 4. 添加硬件设备
	工作任务二　管理计算机中的信息	文件与文件夹的概念	1. 资源管理器的使用 2. 文件与文件夹的操作 3. 搜索文件
项目四　接入与使用网络	工作任务一 了解网络	1. 计算机网络的定义 2. 网络的功能与分类 3. 网络的拓扑结构 4. 计算机网络的组成 5. Internet 基本知识	
	工作任务二 接入网络	1. 网络的接入方式	1. ADSL 接入方式 2. 局域网接入方式
	工作任务三　浏览网页和搜索信息	1. www 的基本知识 2. 浏览器的基本知识	1. Internet Explorer 的配置与使用 2. 搜索引擎的使用
	工作任务四　使用网络收发邮件	1. 电子邮件的基本知识 2. 收发电子邮件方式	1. Outlook express 的设置与使用 2. Web 方式收发邮件
项目五　处理文档	工作任务一　制作会议通知	1. 了解 word 2010 2. 文字排版	1. 文档编辑 2. 查找、替换、定位等设置 3. 字体格式的设置 4. 段落格式的设置 5. 页码的设置

续表

项目	工作任务	知识目标	技能目标
项目五　处理文档	工作任务一　制作会议通知	1. 了解 word 2010 2. 文字排版	1. 文档编辑 2. 查找、替换、定位等设置 3. 字体格式的设置 4. 段落格式的设置 5. 页码的设置
	工作任务二　制作新员工入职培训手册	页面设置	1. 页面设置 2. 分页和分节 3. 样式及修改 4. 项目符号和编号
	工作任务三　制作员工档案表	表格设置	1. 表格属性设置 2. 合并与拆分单元格 3. 表格与边框工具栏 4. 标题行 5. 表格的样式
	工作任务四　制作财务支出情况统计表	公式运用	1. 文字与表格的转换 2. 斜线表头的制作 3. 公式的使用 4. 脚注和尾注
项目六　设计电子表格	工作任务一　制作员工人事档案表	1. 了解 Excel2010 2. 工作表、单元格相关概念	1. 创建和编辑工作表 2. 工作表的移动和复制 3. 数据的格式设置 4. 工作表的重命名 5. 工作表格式的设置
	工作任务二　制作工资表	1. 绝对引用和相对引用的概念 2. 公式与常用函数	1. 电子表格的排序 2. 公式的使用 3. 常用函数的应用
	工作任务三　统计员工基本信息表	1. 排序 2. 分类汇总 3. 自动筛选、高级筛选	1. 排序 2. 分类汇总 3. 自动筛选、高级筛选
	工作任务四　统计订单销售表	数据透视表	1. 数据透视表制作 2. 合并计算
	工作任务五　制作产品销量图	图表	1. 图表的建立 2. 坐标的设置 3. 图形的设置 4. 图表中文字大小、数据标志的显示

续表

项目	工作任务	知识目标	技能目标
项目七　制作幻灯片	工作任务一　制作"新员工培训.pptx"幻灯片	1. 了解PowerPoint2010 2. 幻灯片相关概念	1. 创建和编辑演示文稿 2. 设置幻灯片的外观 3. 设置幻灯片各种格式
	工作任务二　在演示文稿中添加特殊效果	1. 演示文稿效果 2. 演示文稿输出方式	1. 为演示文稿添加背景、自定义配色方案 2. 用动画方案让文稿变得活泼生动 3. 添加音乐或声音效果 4. 添加动作按钮增强演示文稿的交互性 5. 设置演示文稿的播放形式
项目八　使用常用软件	工作任务一　查杀病毒——360杀毒软件		使用常用杀毒软件查杀病毒、监控系统文件和监控内存。
	工作任务二　文件压缩工具——winrar		winrar的使用
	工作任务三　电子图书阅读工具——Adobe Reader		Adobe Reader的使用
	工作任务四　网页浏览工具——360安全浏览器		360安全浏览器的使用
	工作任务五　翻译工具——灵格斯词霸		灵格斯词霸的使用
项目九　维护计算机系统	工作任务四　防御与查杀计算机病毒	1. 计算机病毒 2. 计算机安全	
	工作任务二　查找与排除计算机故障		1. 一般计算机硬件故障现象的辨识和排故
项目十　展望信息技术的发展前景		信息技术发展前景	

本书由戴宇担任主编。其中，项目一、项目四、项目八由何超编写，项目二、项目九由戴宇编写，项目三、项目五由沈继云编写，项目六由奚科芳编写，项目七、项目十由刁红艳编写，全书由戴宇负责统稿。

本书编写过程中，参考了一些老师的文献，在此表示感谢！本书在编写过程中还得到了无锡南洋职业技术学院相关老师和其他单位相关人员的大力支持和帮助，在此表示真诚的感谢。

由于编者的水平有限，书中存在的不足和错漏之处，敬请读者批评指正。

编　者

2013年5月

目 录

项目一 购买与配置计算机

当今，我们所处的社会已进入信息社会，也称为信息化社会。在农业社会和工业社会中，物质能源是主要资源，所从事的是大规模的物质生产。而在信息社会中，信息成为比物质能源更为重要的资源，以开发和利用信息资源为目的信息经济活动迅速扩大，逐渐取代工业生产活动而成为国民经济活动的主要内容。

信息经济在国民经济中占据主导地位，并构成社会信息化的物质基础。以计算机、微电子和通信技术为主的信息技术革命是社会信息化的动力源泉。

信息技术在资料生产、科研教育、医疗保健、企业和政府管理以及家庭中的广泛应用，对经济和社会发展产生了巨大而深刻的影响，从根本上改变了人们的生活方式、行为方式和价值观念。

在这样的背景下，掌握一定的信息收集、识别、提取、变换、存储、处理、检索、检测、分析和利用等信息技术显得尤为重要。尚在大学学习的李琳同学深深意识到了这一点，感觉自己必须要掌握一些信息技术方面的能力，以提升自己的竞争力，更好地适应信息社会。

本部分内容围绕李琳让父母了解计算机、自己准备购买计算机、购买计算机三项工作任务展开，使读者了解计算机基本概念、计算机的发展与分类、计算机系统的组成、计算机硬件、计算机软件等基本知识，并使自己具备选配计算机的能力。

工作任务一　了解计算机

【任务要求】

计算机作为信息载体在当今社会已日益显露出其举足轻重的地位。伴随计算机的逐步推广和使用，计算机已在科研、生产、商业、服务等许多方面创造了提高效率的途径，同时人们对办公室自动化的要求也与日俱增。在大学学习的李琳，深深意识到在当今社会具备计算机的应用能力十分重要，所以准备购买一台计算机。购买计算机的第一步就要了解计算机。

【任务分析】

要让李琳了解计算机，就应该介绍以下内容：

① 计算机的发展。

② 计算机的分类。

③ 计算机的主要特点及其应用。

通过对这些知识的了解，可以认识到学习计算机知识、掌握信息处理技能的重大意义。

【任务实施】

计算机（Computer）是一种能够按照事先存储的程序，自动、高速地进行大量数值计算和各种信息处理的现代化智能电子设备。它可以接收数据、依据制定的规则处理数据、按用户的要求生成结果，并将结果存储起来以备后用。它是能够对信息进行输入、处理、输出、存储的一个信息设备。

一、计算机的发展

世界上第一台计算机是 1946 年由美国的宾夕法尼亚大学研制成功的，命名为 ENIAC（Electronic Numerical Integrator And Calculator），意思是“电子数值积分计算机”。它的诞生在人类文明史上具有划时代的意义，从此开辟了人类使用电子计算工具的新纪元。随着电子技术的不断发展，计算机先后以电子管、晶体管、集成电路、大规模和超大规模集成电路为主要元器件，共经历了四代变革。每一代变革在技术上都是一次新的突破，在性能上都是一次质的飞跃。

1. 计算机的发展阶段

（1）第一代——电子管计算机（1946—1957 年）

第一代计算机的逻辑元件采用电子管，通常称为电子管计算机。它的内存容量仅有几千个字节，不仅运算速度低，且成本很高。

在这个时期，没有系统软件，用机器语言和汇编语言编程。计算机只能在少数尖端领域中得到应用，一般用于科学、军事和财务等方面的计算。尽管存在这些局限性，但它却奠定了计算机发展的基础。

（2）第二代——晶体管计算机（1958—1964 年）

第二代计算机的逻辑元件采用晶体管，称为晶体管计算机。存储器采用磁芯和磁鼓，内存容量扩大到几十万字节。晶体管比电子管平均寿命提高 100 ~ 1000 倍，耗电却只有电子管的十分之一，体积比电子管小一个数量级，运算速度明显地提高，每秒可以执行几万次到几十万次的加法运算，机械强度较高。由于具备这些优点，所以很快地取代了电子管计算机，并开始成批生产。

在这个时期，系统软件出现了监控程序，提出了操作系统概念，出现了高级语言，如 FORTRAN、ALGOL 60 等。

（3）第三代——集成电路计算机（1965—1970 年）

第三代计算机的逻辑元件采用集成电路。这种器件把几十个或几百个分立的电子元件集中做在一块几平方毫米的硅片上（称为集成电路芯片），使计算机的体积和耗电大大减小，运算速度却大大提高，每秒钟可以执行几十万次到一百万次的加法运算，性能和稳定性进一步提高。

在这个时期，系统软件有了很大发展，出现了分时操作系统和会话式语言，采用结构化程序设计方法，为研制复杂的软件提供了技术上的保证。

（4）第四代——大规模与超大规模集成电路计算机（1971 年至今）

从 1970 年以后，第四代计算机的逻辑元件采用大规模集成电路（LSI）。在一个 $4mm^2$ 的硅片上，至少可以容纳相当于 2000 个晶体管的电子元件。金属氧化物半导体电路（MOS：Metal Oxide Silicon）也在这一时期出现。这两种电路的出现，进一步降低了计算机的成本，体积也进一步缩小，存储装置进一步改善，功能和可靠性却进一步得到提高。同时计算机内部的结构也有很大的改进，采取了“模块化”的设计思想，即按执行的功能划分成比较小的处理部件，更加便于维护。

从 70 年代末期开始出现超大规模集成电路（VLSI），在一个小硅片上容纳相当于几万个到几十万个晶体管的电子元件。这些以超大规模集成电路构成的计算机日益小型化和微型化，应用和发展的更新速度更加迅猛。

在这个时期，操作系统不断完善，应用软件已成为现代工业的一部分，计算机的发展进入了以计算机网络为特征的时代。

目前使用的计算机都属于第四代计算机。从 80 年代开始，发达国家开始研制第五代计算机，研究的目标是能够打破以往计算机固有的体系结构，使计算机能够具有像人一样的思维、推理和判断能力，向智能化发展，实现接近人的思考方式。

2. 微型计算机的发展

微型计算机，简称微机或 PC 机，是 1971 年出现的，属于第四代计算机。它的一个突出特点是将运算器和控制器做在一块集成电路芯片上，一般称为微处理器（MPU：Micro Processor Unit）。根据微处理器的集成规模和功能，又形成了微机的不同发展阶段，如 Intel 80486、Pentium、PⅡ以及当前流行的酷睿双核等。

世界上第一台微机是由美国 Intel 公司年轻的工程师马西安·霍夫（M.E.Hoff）于 1971 年研制成功的。它把计算机的全部电路做在四个芯片上：4 位微处理器 Intel 4004、320 位（40 字节）的随机存取存储器、256 字节的只读存储器和 10 位的寄存器，它们通过总线连接起来，于是就组成了世界上第一台 4 位微型电子计算机——MCS-4，从此揭开了微机发展的序幕。

第一代微处理器是在 1972 年由 Intel 公司研制的 8 位微处理器 Intel 8008，主要采用工艺简单、速度较低的 P 沟道 MOS 电路，由它装备起来的计算机称为第一代微型计算机。

第二代微处理器是在 1973 年研制的，主要采用速度较快的 N 沟道 MOS 技术的 8 位微处理器。代表产品有 Intel 公司的 Intel 8085、Motorola 公司的 M6800、Zilog 公司的 Z80 等。第二代微处理器的功能比第一代显著增强，以它为核心的微型计算机及其外部设备都得到相应的发展，由它装备起来的计算机称为第二代微型计算机。

第三代微处理器是在 1978 年研制的，主要采用 H-MOS 新工艺的 16 位微处理器。其典型产品是 Intel 公司的 Intel 8086。Intel 8086 比 Intel 8085 在性能上提高了十倍。由第三代微处理器装备起来的计算机称为第三代微型计算机。

从 1985 年起采用超大规模集成电路的 32 位微处理器，标志着第四代微处理器的诞生。典型产品有 Intel 公司的 Intel 80386、Zilog 公司的 Z80000、惠普公司的 HP-32 等。由第四代微处理器装备起来的计算机称为第四代微型计算机。

1993 年 Intel 公司推出第五代 32 位微处理器芯片 Pentium（中文名为奔腾），它的外部数据总线为 64 位，工作频率为 66～200 MHz。典型产品是 Intel 公司的奔腾系列芯片及与之兼容的 AMD 的 K6 系列微处理器芯片。内部采用了超标量指令流水线结构，并具有相互独立的指令和数据高速缓存。随着 MMX（Multi Media eXtended）微处理器的出现，微机的发展在网络化、多媒体化和智能化等方面跨上了更高的台阶。

1998 年 Intel 公司推出 PentiumⅡ、Celeron，1999—2000 年又推出 Pentium Ⅲ、Pentium 4。2005 年 Intel 推出的双核心处理器有 Pentium D 和 Pentium Extreme Edition，同时推出 945/955/965/975 芯片组来支持新推出的双核心处理器，采用 90nm 工艺生产的这两款新推出的双核心处理器使用是没有针脚的 LGA 775 接口，但处理器底部的贴片电容数目有所增加，排列方式也有所不同。

第六代（2005 年至今）是酷睿（core）系列微处理器时代。“酷睿”是一款领先节能的新型微架构，设计的出发点是提供卓然出众的性能和能效，提高每瓦特性能，也就是所谓的能效比，早期的酷睿是基于笔记本处理器的。酷睿 2：英文名称为 Core 2 Duo，是英特尔在 2006 年推出的新一代基于 Core 微架构的产品体系统称，于 2006 年 7 月 27 日发布。酷睿 2 是一个跨平台的构架体系，包括服务器版、桌面版、移动版三大领域。其中，服务器版的开发代号为 Woodcrest，桌面版的开发代号为 Conroe，移动版的开发代号为 Merom。

2010 年 6 月，Intel 再次发布革命性的处理器——第二代 Core i3/i5/i7。

2012 年 4 月 24 日下午北京天文馆，intel 正式发布了 ivy bridge（IVB）处理器。

微机具有体积小、重量轻、功耗小、可靠性高、对使用环境要求低、价格低廉、易于成批生产等特点。所以，微机一出现，就显示出它强大的生命力。

目前，科学家们正在使计算机朝着巨型化、微型化、网络化、智能化和多功能化的方向发展。巨型机的研制、开发和利用，代表着一个国家的经济实力和科学水平；微型机的研制、开发和广泛应用，则标志着一个国家科学普及的程度。

我国在微型计算机方面，研制开发了长城、方正、同方、紫光、联想等系列微型计算机。我国在巨型机技术领域中研制开发了"银河"、"曙光"、"神威"等系列巨型机。

二、计算机的分类

计算机的种类很多，从不同角度对计算机有不同的分类方法，下面从计算机处理数据的方式、使用范围、规模和处理能力三个角度进行说明。

1. 按计算机处理数据的方式分类

计算机处理数据的方式可以分为数字计算机（digital computer）、模拟计算机（analog computer）和数模混合计算机（hybrid computer）三类。

（1）数字计算机

数字计算机处理的是非连续变化的数据，这些数据在时间上是离散的，输入是数字量，输出也是数字量，如职工编号、年龄、工资数据等。基本运算部件是数字逻辑电路，因此其运算精度高、通用性强。

（2）模拟计算机

模拟计算机处理和显示的是连续的物理量，所有数据用连续变化的模拟信号来表示，其基本运算部件是由运算放大器构成的各类运算电路。模拟信号在时间上是连续的，通常称为模拟量，如电压、电流、温度都是模拟量。一般说来，模拟计算机不如数字计算机精确、通用性不强，但解题速度快，主要用于过程控制和模拟仿真。

（3）数模混合计算机

数模混合计算机兼有数字和模拟两种计算机的优点，既能接受、输出和处理模拟量，又能接受、输出和处理数字量。

2. 按计算机使用范围分类

按计算机使用范围可分为通用计算机（general purpose computer）和专用计算机（special purpose computer）两类。

（1）通用计算机

通用计算机是指为解决各种问题，具有较强的通用性而设计的计算机。该机适用于一般的科学计算、学术研究、工程设计和数据处理等广泛用途，这类机器本身有较大的适用面。

（2）专用计算机

专用计算机是指为适应某种特殊应用而设计的计算机，具有运行效率高、速度快、精度高等特点。一般用在过程控制中，如智能仪表、飞机的自动控制、导弹的导航系统等。

3. 按计算机的规模和处理能力分类

规模和处理能力主要是指计算机的体积、字长、运算速度、存储容量、外部设备、输入和输出能力等主要技术指标，大体上可分为巨型机、大/中型机、小型机、微型机、工作站、服务器等几类。

（1）巨型计算机

巨型计算机是指运算速度快、存储容量大，每秒可达 1 亿次以上浮点运算速度，主存容量高达几百兆字节甚至几百万兆字节，字长可达 32 位的机器。这类机器价格相当昂贵，主要用于复杂、尖端的科学研究领域，特别是军事科学计算。由国防科技大学研制的“银河”和国家智能中心研制的“曙光”都属于这类机器。

（2）大/中型计算机

大/中型计算机是指通用性能好、外部设备负载能力强、处理速度快的一类机器。运算速度在 100 万次至几千万次/秒，字长为 32 位至 64 位，主存容量在几十兆字节至几百兆字节。它有完善的指令系统，丰富的外部设备和功能齐全的软件系统，并允许多个用户同时使用。这类机器主要用于科学计算、数据处理或做网络服务器。

（3）小型计算机

小型计算机具有规模较小、结构简单、成本较低、操作简单、易于维护、与外部设备连接容易等特点，是在 60 年代中期发展起来的一类计算机。当时的小型机字长一般为 16 位，存储容量在 32～64KB 之间。DEC 公司的 PDP 11/20 到 PDP 11/70 是这类机器的代表。当时微型计算机还未出现，因而小型计算机得以广泛推广应用，许多工业生产自动化控制和事务处理都采用小型机。近期的小型机，像 IBM AS/400，其性能已大大提高，主要用于事务处理。

（4）微型计算机

微型计算机（简称微机）是以运算器和控制器为核心，加上由大规模集成电路制作的存储器、输入/输出接口和系统总线构成的体积小、结构紧凑、价格低但又具有一定功能的计算机。如果把这种计算机制作在一块印刷线路板上，就称为单板机。如果在一块芯片中包含运算器、控制器、存储器和输入/输出接口，就称为单片机。以微机为核心，再配以相应的外部设备（例如，键盘、显示器、鼠标器、打印机）、电源、辅助电路和控制微机工作的软件就构成了一个完整的微型计算机系统。

（5）工作站

工作站是指为了某种特殊用途而将高性能的计算机系统、输入/输出设备与专用软件结合在一起的系统。它的独到之处是有大容量主存、大屏幕显示器，特别适合于计算机辅助工程。例如，图形工作站一般包括主机、数字化仪、扫描仪、鼠标器、图形显示器、绘图仪和图形处理软件等。它可以完成对各种图形与图像的输入、存储、处理和输出等操作。

（6）服务器

服务器是在网络环境下为多用户提供服务的共享设备，一般分为文件服务器、打印服务器、计算服务器和通信服务器等。该设备连接在网络上，网络用户在通信软件的支持下远程登录，共享各种服务。

目前，微型计算机与工作站、小型计算机乃至中、大型机之间的界限已经愈来愈模糊。无论按哪一种方法分类，各类计算机之间的主要区别是运算速度、存储容量及机器体积等。

计算机的分类汇总如表 1-1 所示。

表 1-1　　　　计算机的分类汇总表

分类方法	分类结果
计算机处理数据的方式	数字计算机
	模拟计算机
	数模混合计算机
计算机使用范围	通用计算机
	专用计算机
计算机的规模和处理	巨型计算机
	大/中型计算机
	小型计算机
	微型计算机
	工作站
	服务器

三、计算机的特点与应用

1. 计算机的特点

计算机的主要特点表现在以下几个方面。

（1）运算速度快

运算速度快是计算机的一个突出特点。计算机的运算速度已由早期的每秒几千次发展到现在的最高可达每秒几千亿次乃至万亿次。计算机高速运算的能力极大地提高了工作效率，过去用人工旷日持久才能完成的计算，而计算机在“瞬间”即可完成。

（2）计算精度高

由于计算机内部采用二进制数进行运算，使数值计算非常精确。一般计算机可以有十几位以上的有效数字。

（3）存储容量大，具有“记忆”功能

计算机的存储设备可以把原始数据、中间结果、计算结果、程序等信息存储起来以备使用，这使计算机具有了“记忆”的功能。目前计算机的存储容量越来越大，已高达千兆数量级的容量。计算机具有“记忆”功能，是与传统计算工具的一个重要区别。

（4）具有逻辑判断能力

计算机不仅能进行计算，还具有逻辑判断能力，并能根据判断的结果自动决定以后执行的命令，因而能解决各种各样的问题。

（5）具有自动化控制能力，通用性强

由于程序和数据存储在计算机中，一旦向计算机发出运行指令，计算机就能在程序的控制下、按事先规定的步骤一步一步执行，直到完成指定的任务为止。这一切都是计算机自动完成的，不需要人工干预。

计算机通用性的特点表现在几乎能求解自然科学和社会科学中一切类型的问题，能广泛地应用各个领域。

2. 计算机的应用

随着计算机技术的不断发展，计算机的应用领域越来越广泛，应用水平越来越高，已经渗透到各行各业，改变着人们传统的工作、学习和生活方式，推动着人类社会的不断发展。

（1）科学计算

科学计算也称为数值计算，是指用于完成科学研究和工程技术中提出的数学问题的计算。通过计算机可以解决人工无法解决的复杂计算问题，50多年来，一些现代尖端科学技术的发展，都是建立在计算机的基础上的，如卫星轨迹计算、气象预报等。

（2）数据处理

数据处理也称为非数值处理或事务处理，是指对大量信息进行存储、加工、分类、统计、查询及报表等操作。一般来说，科学计算的数据量不大，但计算过程比较复杂；而数据处理数据量很大，但计算方法较简单。

（3）过程控制

过程控制也称为实时控制，是指利用计算机及时采集、检测数据，按最佳值迅速地对控制对象进行自动控制或自动调节，如对数控机床和流水线的控制。在日常生产中，有一些控制问题是人们无法亲自操作的，如核反应堆。有了计算机就可以精确地控制，用计算机来代替人完成那些繁重或危险的工作。

（4）人工智能

人工智能是用计算机模拟人类的智能活动，如模拟人脑学习、推理、判断、理解、问题求解等过程，辅助人类进行决策，如专家系统。人工智能是计算机科学研究领域最前沿的学科，近几年来已具体应用于机器人、医疗诊断、计算机辅助教育等方面。

（5）计算机辅助工程

计算机辅助工程是以计算机为工具，配备专用软件辅助人们完成特定任务的工作，以提高工作效率和工作质量为目标。

计算机辅助设计（CAD——Computer-Aided Design）技术，是综合地利用计算机的工程计算、逻辑判断、数据处理功能和人的经验与判断能力结合，形成一个专门系统，用来进行各种图形设计和图形绘制，对所设计的部件、构件或系统进行综合分析与模拟仿真实验。它是近十几年来形成的一个重要的计算机应用领域。目前在汽车、飞机、船舶、集成电路、大型自动控制系统的设计中，CAD技术有愈来愈重要的地位。

计算机辅助制造（CAM——Computer-Aided Manufacturing）技术，是利用计算机进行对生产设备的控制和管理，实现无图纸加工。

计算机基础教育（CBE），主要包括计算机辅助教学（CAI）、计算机辅助测试（CAT）和计算机管理教学（CMI）等。其中，CAI技术是利用计算机模拟教师的教学行为进行授课，学生通过与计算机的交互进行学习并自测学习效果，是提高教学效率和教学质量的新途径。

电子设计自动化（EDA）技术，利用计算机中安装的专用软件和接口设备，用硬件描述语言开发可编程芯片，将软件进行固化，从而扩充硬件系统的功能，提高系统的可靠性和运行速度。

（6）电子商务

“电子商务”是指通过计算机和网络进行商务活动，是在Internet的广阔联系与传统信息技术的丰富资源相结合的背景下应运而生的一种网上相互关联的动态商务活动。

电子商务是在1996年开始的，起步时间虽然不长，但因其高效率、低成本、高收益和全球性等特点，很快受到各国政府和企业的广泛重视，有着广阔的发展前景。目前，世界各地的许多公司已经开始通过Internet进行商业交易，他们通过网络方式与顾客、批发商和供货商等联系，在网上进行业务往来。

（7）娱乐

计算机正在走进家庭，在工作之余人们使用计算机欣赏 VCD 影碟和音乐，进行游戏、娱乐等。

【知识支撑】

“了解计算机”这一工作任务中，李琳主要给父母讲述了计算机的基本知识，涉及的知识如下所述。

① 计算机是一种能够按照事先存储的程序，自动、高速地进行大量数值计算和各种信息处理的现代化智能电子设备。

② 世界上第一台计算机是 1946 年在美国的宾夕法尼亚大学研制成功的 ENIAC。

③ 一般认为，计算机的发展经历了电子管计算机、晶体管计算机、集成电路计算机、大规模和超大规模集成电路计算机四个发展阶段。

④ 按计算机处理数据的方式分，有数字计算机、模拟计算机、数模混合计算机；按计算机使用范围分，有通用计算机、专用计算机；按计算机的规模和处理分，有巨型计算机、大/中型计算机、小型计算机、微型计算机、工作站、服务器。

⑤ 计算机有运算速度快、计算精度高、存储容量大，具有“记忆”功能、具有逻辑判断能力、具有自动化控制能力，通用性强等特点。

⑥ 计算机的主要应用有：科学计算、数据处理、过程控制、人工智能、计算机辅助工程、电子商务和娱乐等。

思考练习

1. 查找资料，了解微型计算机的最新发展动态。
2. 查找资料，了解计算机发展史上的趣闻逸事。
3. 上网查找计算机发展历史以及计算机发展历程中的关键人物，了解图灵奖。
4. 上网查找计算机最新发展，你认为未来的计算机应该是什么样的?
5. 观察并记录生活中用到计算机的案例，归纳出你自己使用计算机的主要方面。

拓展练习

1. 世界上第一台电子数字计算机诞生在（　　）。

   A. 1945 年　　B. 1946 年　　C. 1947 年　　D. 1948 年

2. 计算机的发展通常认为经历了四代，第二代计算机的主要元器件是（　　）。

   A. 电子管　　B. 晶体管

   C. 中小规模集成电路　　D. 大规模、超大规模集成电路

3. 下列对计算机发展趋势的描述中（　　）是不对的。

   A. 网络化　　B. 智能化

   C. 规格化　　D. 高度集成化

4. 办公自动化不属于下列计算机应用中的（　　）项应用。

   A. 科学计算　　B. 数据处理

C. 过程控制　　D. 辅助教育

5. 世界上第一台电子计算机命名为（　　）。

A. ENIAC　　B. 巨型机　　C. 超人　　D. 电脑

6. 计算机按使用范围分为两种类型，它们是（　　）。

A. 大/中型计算机和微型计算机　　B. 专用机和通用机

C. 模拟计算机和数字计算机　　D. 工业控制和单片机

7. 计算机最突出的工作特点是（　　）。

A. 高速度　　B. 高精度

C. 存储程序与自动化　　D. 记忆力强

8. 计算机辅助制造的英文简称是（　　）。

A. CAD　　B. CAM　　C. CAI　　D. CAT

9. 现代计算机内部采用（　　）数进行运算。

A. 十进制　　B. 八进制　　C. 十六进制　　D. 二进制

10. 微处理器的英文简称是（　　）。

A. MPU　　B. CPU　　C. PPU　　D. UPU

工作任务二　准备购买计算机

【任务要求】

经过李琳的知识普及，其父母也觉得在信息社会确实得掌握计算机的相关知识和信息处理能力，同意购买计算机。在购买计算机前，李琳想对计算机的组成有进一步的了解。

【任务分析】

为了能购买到合适的计算机，最好对计算机系统的组成有全面的了解，主要包含以下 3 个方面。

① 计算机系统的基本组成。

② 硬件系统的组成及各个部件的主要功能。

③ 指令、程序、软件的概念以及软件的分类。

【任务实施】

一个完整的计算机系统包括硬件系统和软件系统两部分。组成一台计算机的物理设备的总称叫计算机硬件系统，是实实在在的物体，是计算机工作的基础。指挥计算机工作的各种程序的集合称为计算机软件系统，是计算机的灵魂，是控制和操作计算机工作的核心。

1. 硬件系统

计算机硬件或称硬件平台，是指计算机系统所包含的各种机械的、电子的、磁性的装置和设备。每个功能部件各尽其职、协调工作，缺少其中任何一个就不能成为完整的计算机系统。

硬件是组成计算机系统的物质基础，人通过硬件向计算机系统发布命令、输入数据，并得到计算机的响应，计算机内部也必须通过硬件来完成数据存储、计算及传输等各项任务。

匈牙利数学家冯·诺依曼在 1964 年提出了“存储程序”的思想，简化了计算机的结构，大大提高了计算机的速度，奠定了现代计算机的体系结构。从计算机的产生发展到今天，各种类型的计算机都是基于冯·诺依曼思想而设计的。这种结构的计算机具有 3 个特点：计算机硬件系统由运算器、控制器、存储器、输入设备和输出设备五个部分组成；计算机内部的指令和数据采用二进制来表示；程序和数据存放在存储器中，然后计算机自动地逐条取出指令和数据进行分析、处理和执行。

微型计算机硬件系统由主机和外部设备两部分组成。主机由中央处理器（CPU）和内部存储器组成；外部设备由外部存储器、输入设备、输出设备和其他接口设备等组成，如图 1-1 所示。

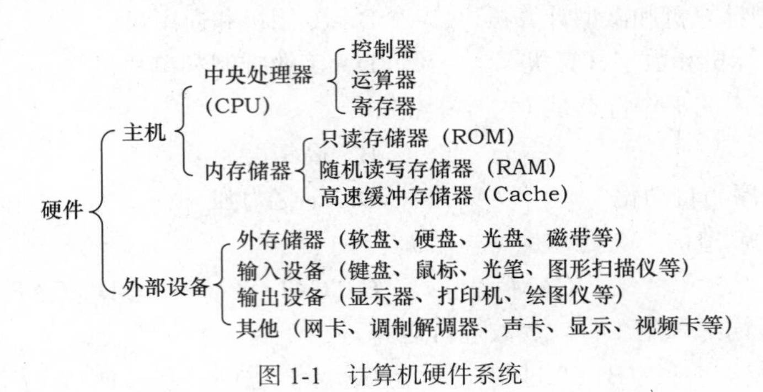

图 1-1　计算机硬件系统

典型的立式微型计算机系统外观如图 1-2 所示。

图 1-2　计算机硬件系统示例

（1）主机

① 控制器。控制器是对输入的指令进行分析，并统一控制计算机的各个部件完成一定任务的部件。它是整个计算机系统的控制中心，指挥计算机各部分协调地工作。

② 运算器。运算器又称算术逻辑单元 ALU（Arithmetic Logic Unit），它的主要任务是执行各种算术运算（如加、减、乘、除等）和逻辑运算（如与、或、非等）。

控制器、运算器和若干寄存器通常集中在一块芯片上，称为中央处理器（CPU）。它是计算机系统的核心设备。计算机以 CPU 为中心，输入和输出设备与存储器之间的数据传输和处理都通过 CPU 来控制执行。微型计算机的中央处理器又称为微处理器。

（2）内存储器

存储器是计算机的记忆部件，它是用于存放程序和数据的装置。存储器按其作用可分为内存储器和外存储器两种。

内存储器，一般简称为内存或主存，它可以与 CPU 直接交换或传递信息。计算机在运行时，要把执行的程序和数据存入内存中。

主存储器划分为许多单元，通常是每个单元包括 8 个二进制位，称为一个字节。每个单元都有一个相应的编号，称为地址。向主存储器送出某个地址编码，就能根据地址选中相应的一个单元，可见主存储器的一项重要特性是：能按地址（单元编号）存放或读取内容，也就是允许 CPU 直接编址访问，以字节为编址单位。

内存可以分为两大类：随机存取存储器和只读存储器。

随机存取存储器（Random Access Memory，RAM），是计算机工作的存储区，一切要执行的程序和数据都要先装入该存储器内。随机存取的含义是指既能读数据，也可以往里写数据。

RAM 的两大特点：一是存储器中的数据可以反复使用，只有向存储器写入新数据时存储器中的内容才被更新；二是存储器中的信息会随着计算机的断电自然消失，所以说 RAM 是计算机处理数据的临时存储区，要想使数据长期保存起来，必须将数据保存在外存中。

只读存储器（Read Only Memory，ROM），是指只能读数据，而不能往里写数据的存储器。ROM 中的数据是由设计者和制造商事先编制好固化在里面的一些程序，使用者不能随意更改。其特点是计算机断电后存储器中的数据仍然存在。ROM 可分为可编程只读存储器 PROM、可擦除可编程只读存储器 EPROM、电擦除可编程只读存储器 EEPROM。

（3）外部设备

① 外存储器。外存储器，简称外存或辅存。外存是存放程序和数据的“仓库”，可以长期保存大量信息。外存与内存相比容量要大得多，但外存的访问速度要比内存慢。

② 输入设备。输入设备用来接受用户输入的原始数据和程序，并将它们变为计算机能识别的二进制存入到内存中。常用的输入设备有键盘、鼠标、扫描仪、光笔等。

③ 输出设备。输出设备用于将存入在内存中的由计算机处理的结果转变为人们能接受的形式输出。常用的输出设备有显示器、打印机、绘图仪等。

（4）计算机的工作原理

计算机的工作方式是执行程序，计算机在执行程序时须先将要执行的相关程序和数据放入内存储器中，在执行程序时 CPU 根据当前程序指针寄存器的内容取出指令并执行指令，然后再取出下一条指令并执行，如此循环下去直到程序结束指令时才停止执行。其工作过程就是不断地取指令和执行指令的过程，最后将计算的结果放入指令指定的存储器地址中，如图 1-3 所示。

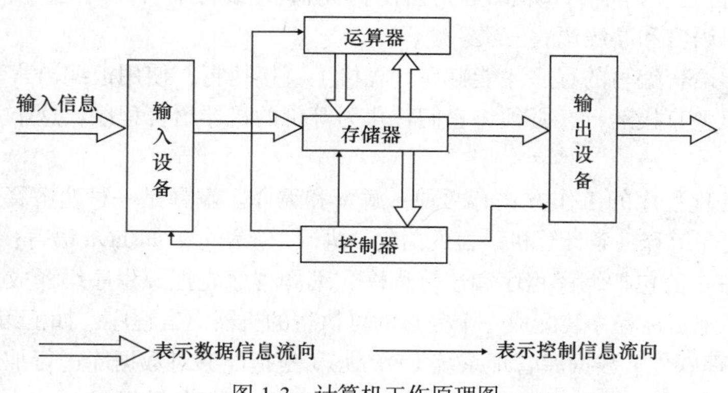

表示数据信息流向 表示控制信息流向

图 1-3 计算机工作原理图

2. 计算机软件系统

计算机软件是相对于硬件而言的，脱离软件的计算机硬件称为“裸机”，它是不能做任何有意义的工作的，硬件只是软件赖以运行的物质基础。因此，一个性能优良的计算机硬件系统能否发挥其应有的功能，很大程度上取决于所配置的软件是否完善和丰富。软件不仅提高了机器的效率、扩展了硬件功能，也方便了用户使用。

软件和程序、指令有着密切的关系。指令是指计算机执行某种操作的命令，通常包括两方面内容：操作码和地址码。其中，操作码用来表示指令的操作特性和功能；地址码给出参与操作的数据在存储器中的地址。计算机程序是指导计算机执行某个功能或功能组合的一套指令。计算机软件是指计算机程序、程序运行时所需要的数据，以及相关文档的集合。软件内容丰富、种类繁多，通常根据软件用途可将其分为系统软件和应用软件两类，如图1-4所示。

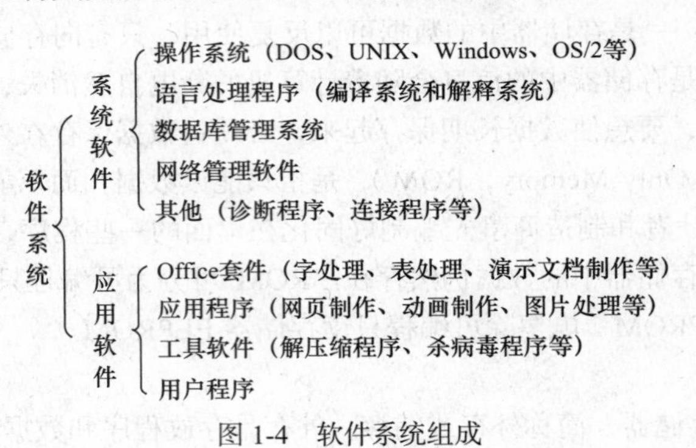

图1-4 软件系统组成

（1）系统软件

系统软件又称系统程序，它的主要功能是对整个计算机系统进行调度、管理、监控及维护服务等。它可以使计算机系统的资源得到合理的调度以及有效的利用。系统软件主要包括操作系统、计算机语言处理程序、数据库管理系统与网络管理软件等。

① 操作系统。操作系统是为了合理、方便地利用计算机系统，面对其硬件资源和软件资源进行管理和控制的软件。操作系统具有处理机管理（进程管理）、存储管理、设备管理、文件管理和作业管理五大管理功能。按照操作系统所提供的功能进行分类，可以分为批处理操作系统、分时操作系统、实时操作系统、单用户操作系统、网络操作系统和分布式操作系统等。目前常用的操作系统有Windows 7，Windows 8，Unix，Linux等。

② 计算机语言处理程序。计算机程序是用计算机程序设计语言编写的。程序设计语言通常分为机器语言、汇编语言和高级语言三类。

只有使用机器语言编写的程序才能够在计算机上直接执行，使用汇编语言和高级语言编写的程序不能在计算机上直接运行，必须将它们转化为等价的机器语言程序，这个过程由计算机语言处理程序完成。

计算机语言处理程序的工作方式有两种：解释和编译。解释是一种边解释边执行的方法，即计算机语言处理程序解释一条计算机语言的语句，执行一条语句，如Java语言；采用编译方法的计算机语言处理程序一般包括编译程序和连接程序，编译程序先把源程序编译成机器语言的目标程序，然后连接程序把目标程序装配成一个完整的可执行的机器语言程序，如汇编语言、C/C++等。

③ 数据库管理软件。数据库管理系统（DBMS）是指能够对数据库进行加工、管理的系统软件。其主要功能是建立、删除、维护数据库及对库中数据进行各种操作。

（2）应用软件

应用软件是针对某一个专门目的而开发的软件。如字处理、表处理软件、图形处理软件、工具软件、用户程序等。

3. 计算机系统的层次结构

一个完整的计算机系统，硬件和软件是按一定的层次关系组织起来的。最内层是硬件，然后是软件中的操作系统，而操作系统的外层为其他软件，最外层是用户程序。所以说，操作系统是直接管理和控制硬件的系统软件，自身又是系统软件的核心，同时也是用户与计算机打交道的桥梁——接口软件。

计算机系统的层次结构如图 1-5 所示。

计算机软件随硬件技术的迅速发展而发展，软件的不断发展与完善，又促进了硬件的新发展。实际上计算机某些硬件的功能可以由软件来实现，而某些软件的功能也可以由硬件来实现。

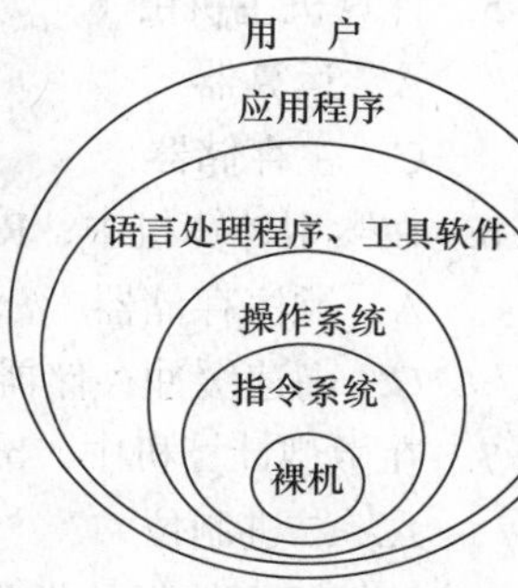

图 1-5 计算机系统层次结构

【知识支撑】

在这项工作任务中，主要需要了解计算机系统的组成、硬件系统的组成、软件系统的作用与分类、计算机工作原理。

思考练习

1. 观摩计算机，了解计算机的组成。
2. 查找资料，了解软硬件系统的最新发展动态。

拓展练习

1. 计算机的基本配置包括（ ）。

   A. 主机、键盘和显示器　　B. 计算机与外部设备

   C. 硬件系统和软件系统　　D. 系统软件与应用软件

2. 以下属于高级语言的有（ ）。

   A. 机器语言　　B. C 语言

   C. 汇编语言　　D. 以上都是

3. 基于冯·诺依曼思想而设计的计算机硬件系统包括（ ）。

   A. 主机、输入设备、输出设备

   B. 控制器、运算器、存储器、输入设备、输出设备

   C. 主机、存储器、显示器

   D. 键盘、显示器、打印机、运算器

4. 关于硬件系统和软件系统的概念，下列叙述不正确的是（ ）。

   A. 计算机硬件系统的基本功能是接受计算机程序，并在程序控制下完成数据输入和数据输出任务

   B. 软件系统建立在硬件系统的基础上，它使硬件功能得以充分发挥，并为用户提供一个操作方便、工作轻松的环境

   C. 没有装配软件系统的计算机不能做任何工作，没有实际使用价值

   D. 一台计算机只要装入系统软件后，即可进行文字处理或数据处理工作

5. 计算机主机由（ ）组成。
A. 运算器
B. 控制器
C. 主存储器
D. A、B和C
6. 在微型计算机中，ROM是（ ）。
A. 顺序存储器
B. 只读存储器
C. 高速缓冲存储器
D. 随机读写存储器
7. 在微型计算机中，bit的中文含义是（ ）。
A. 二进制位
B. 字
C. 字节
D. 双字
8. 计算机可执行的指令一般都包含（ ）。
A. 数字和文字两部分
B. 操作码和地址码两部分
C. 数字和运算符号两部分
D. 源操作数和目的操作数两部分
9. 下列软件中，属于系统软件的是（ ）。
A. 字处理Word
B. WWW浏览器
C. 操作系统
D. KV3000
10. 系统软件与应用软件的关系是（ ）。
A. 前者以后者为基础
B. 后者以前者为基础
C. 每一类都不以另一类为基础
D. 每一类都以另一类为基础
11. 计算机的软件系统包括（ ）。
A. 操作系统
B. 编译软件和连接程序
C. 各种应用软件包
D. 系统软件和应用软件
12. 冯·诺依曼曾在他的EDVAC计算机方案中提出了两个重要的概念，它们是（ ）。
A. 采用二进制和存储程序控制的概念
B. 引入CPU和内存储器的概念
C. 机器语言和十六进制
D. ASCII编码和指令系统
13. 双字一共有（ ）个二进制位。
A. 8
B. 16
C. 32
D. 64
14. 在下面的叙述中，正确的是（ ）。
A. 外存中的信息可直接被CPU处理
B. 键盘是输入设备，显示器是输出设备
C. 操作系统是一种很重要的应用软件
D. 计算机中使用的汉字编码和ASCII码是一样的
15. 下列可选项中，都是硬件的是（ ）。
A. CPU、RAM、和DOS
B. ROM、运算器和BASIC
C. 键盘、打印机和WPS
D. 软盘、硬盘和光盘
16. 计算机系统软件中，最基本、最核心的软件是（ ）。
A. 操作系统
B. 数据库系统
C. 程序语言处理系统
D. 系统维护工具

工作任务三 购买计算机

【任务要求】

经过对计算机系统的了解，李琳决定去电脑市场为自己选购一台计算机。为了使自己能对计算机系统及其大概工作原理有更好的了解，李琳放弃了选购品牌计算机的选择，考虑在技术人员的帮助下自己动手组装一台兼容计算机。这台计算机要满足其学习、工作、娱乐等方面的需求。

【任务分析】

经过技术人员的指点，这次购机主要经历如下所述过程。

① 选择主机部分设备，包含机箱、电源、CPU、主板、内存、硬盘、显卡、声卡、网卡、光驱、软驱等设备。

② 根据需求选择外部设备，包含显示器、音箱、打印机、键盘、鼠标等外部设备。

③ 各部件的组装，完成硬件系统的安装。

④ 软件系统的安装。

【任务实施】

一、硬件设备的选购

① 主机系统各部件的选购

主要购买 CPU（风扇）、主板、内存以及容纳这些部件的主机箱（含电源盒）。

② 外部存储器的选购

主要购买硬盘、可读写光驱。由于目前软驱使用较少，可以不考虑购买。另外为了方便数据移动式携带，可以选择购买移动硬盘或者 U 盘。

③ 常用外部设备的选购

主要购买鼠标、键盘、显卡、显示器、打印机。目前显示器一般采用液晶型。

④ 其他设备的选购

若要达到多媒体娱乐效果及上网，需要购买声卡、音箱以及 MODEM 或者网卡。

一般来说，家用型计算机可以配置多媒体功能的外设，而商用型计算机可以不做考虑。如果对显示效果和音响效果要求不高，则可以购买集成有声卡、显卡以及网卡、Modem 的主板。

二、硬件各系统的组装

1. 安装 CPU

首先把主板平放在桌面上，找到 CPU 插座，如图 1-6 所示。抬起 CPU 的 ZIF 插座手柄，将手柄拉杆抬起与 CPU 插座成 90°，然后将 CPU 缺针位置对准 CPU 插座相应位置，如图 1-7 所示，此时可以将 CPU 放入 CPU 插座。

2. 安装 CPU 散热风扇

微机 CPU 具有较大功耗，为了使 CPU 能正常工作，必须安装风扇对 CPU 散热，若风扇底部没有自带硅脂，则要准备硅脂涂抹到风扇底部，硅脂的作用是起到粘合作用。将风扇放到 CPU 上，注意要粘合牢固，然后对准卡扣的位置扣紧卡扣。最后将风扇电源线的插头插到主板上相应的供电插座上。

图 1-6　CPU 插槽

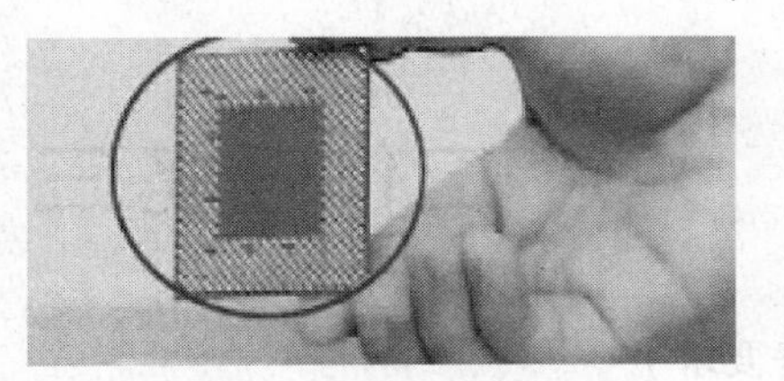

图 1-7　CPU 缺针位置

3．安装内存条

首先把主板平放在桌面上，找到内存条插座，如图 1-8 所示。掰开插座两端的扣具，将内存条缺口的位置对准内存条插座相应的位置，不要用蛮力将内存条插入插座中。

4．安装电源盒

微机电源从外形上看是一个方形的金属盒子，一般开有一个散热的通风口，由电源内放置的一个排风扇将电源内热气排出。电源的输入为交流 220V 电压，输出为微机所用直流 3.3 ~ 14V、± 5V、± 12V、± 15V（一般在电源盒上都有标注，注意线的颜色和电流的大小）。

电源盒应安装在机箱已经预先设计好的位置上，用螺钉拧紧。将微机电源的输出插头和磁盘驱动器或主板等用电设备的插座紧密连接。一般出售的机箱内已装有电源盒。

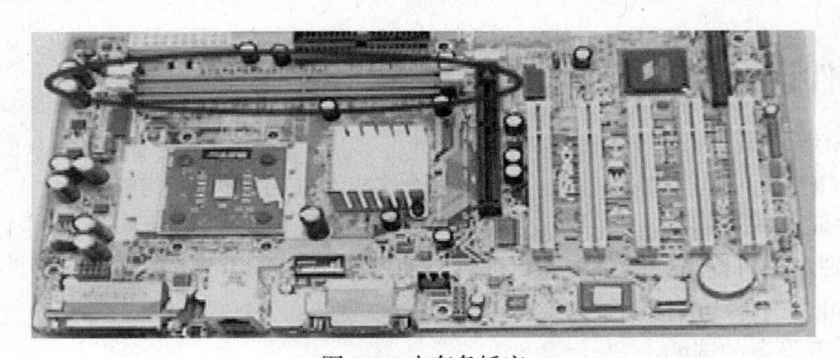

图 1-8　内存条插座

5．安装主板

首先把机箱平放在桌面上，一般机箱为金属材料，注意不要与主板直接接触以避免造成短路。为此，在固定主板的所有位置孔处应预先拧上螺母，然后将主板的固定孔对准螺母位置，拧上螺钉固定好主板。

从电源盒的多条电缆中找到一个 20 芯的插头，该 20 芯的插头上有一个起到固定作用的夹子，如图 1-9 所示；将它插入主板的一个 20 芯的插座上，如图 1-10 所示。

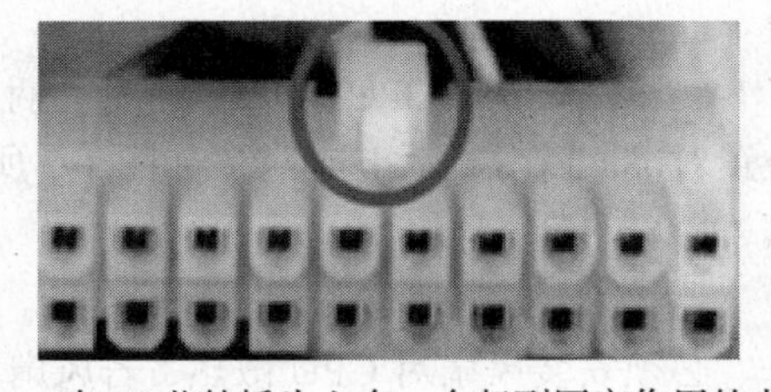

图 1-9　在 20 芯的插头上有一个起到固定作用的夹子

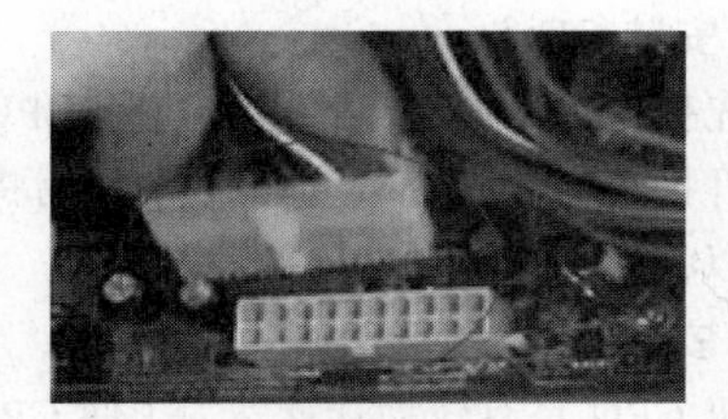

图 1-10　将 20 芯的插头插入主板的一个 20 芯的插座上

6．安装显卡

在主板上找到显卡插座，如图 1-11 所示，将显卡插入显卡插座，然后拧上螺钉固定好显卡。

7. 安装光驱

从机箱面板上取下一个 5 寸槽口的塑料挡板；将光驱从槽口处推进去直至光驱全部推入，光驱与机箱面板在同一平面；然后在机箱拧上螺钉固定光驱。最后将光驱的数据线一端插入主板的 IDE 接口，另一端插入光驱的 IDE 接口，将机箱内电源盒的电源线插入光驱的电源插口。

图 1-11　显卡插座

8. 安装硬盘

在机箱内找到安装硬盘的支架，将硬盘放入硬盘的支架内，让硬盘侧面的螺丝孔与硬盘的支架上的螺丝孔对齐，然后拧上螺钉固定硬盘。最后将硬盘的数据线一端插入主板的 IDE 接口，另一端插入硬盘的 IDE 接口，将机箱内电源盒的电源线插入硬盘的电源插口。

硬盘驱动器的外壳上往往标有硬盘的类型号、磁头数、磁道数、扇区数等信息。

9. 连接主板控制线

在机箱内靠近前端处可以找到一些控制线，他们分别是硬盘指示灯（H.D.D.LED）、复位开关（RESET SW）、电源开关（POWER SW）、电源指示灯（POWER LED）、扬声器（SPEAKER）这样的控制线。根据主板说明将这些控制线连接到主板的相应位置。

10. 连接键盘和鼠标

在机箱后找到键盘、鼠标的 PS2 接口（如果键盘、鼠标是 PS2 接口，见图 1-12），将键盘、鼠标的 PS2 接头插入 PS2 接口，注意要一一对应。

11. 连接显示器

将显示器上一个有 3 排针的插头（见图 1-13）插到微机显卡的输出接口，插入后并将其拧紧，最后将显示器电源线插入电源插座。

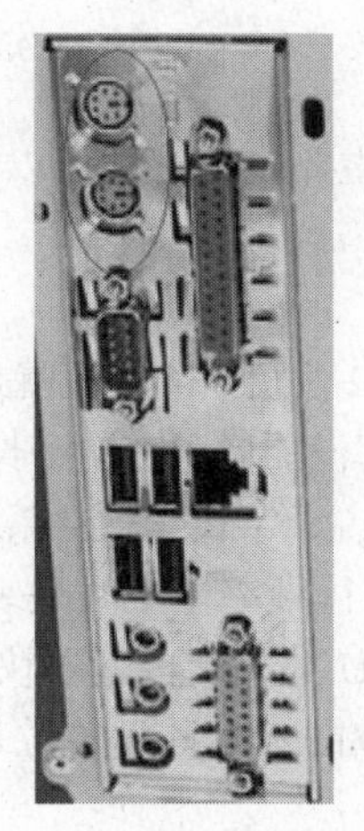

图 1-12　PS2 接口

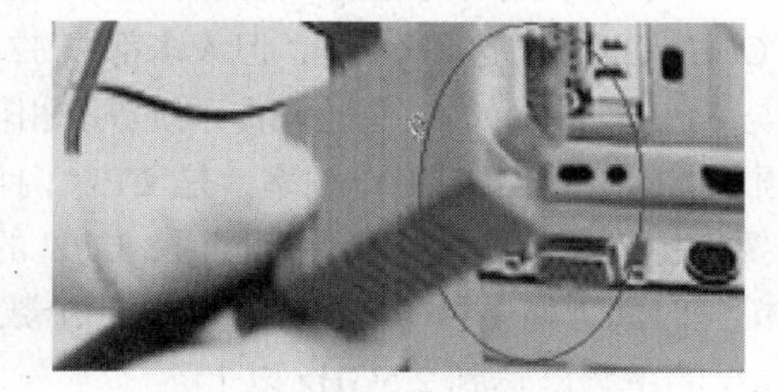

图 1-13　显示器 3 排针插头

12. 连接外部电源

所有的设备都连接好后，接通外部电源，开机测试组装是否成功。

三、软件系统的安装

① 根据需要对硬盘进行分区和格式化。

② 安装操作系统 Windows7，对于不同版本的 Windows，其硬件配置的要求也不完全一样。

安装 Windows7，首先要检查计算机系统是否具备运行 Windows7 的基本环境，以确保计算机系统的运行正常。安装 Windows7 有两种方式：第一种是在计算机已装有 Windows 系统升级安装 Windows7；第二种是全新安装 Windows7。这两种安装方法没有本质上的区别，当插入 Windows7 系统安装盘后，根据系统提示一步一步进行即可。

③ 安装相关硬件设备驱动，如主板驱动、显卡驱动、声卡驱动等。

④ 安装一些常用工具软件，在以后的章节中会涉及，在此不具体介绍。

【知识支撑】

现今市场上的电脑品种繁多，有品牌电脑，有兼容电脑，品牌电脑有众多厂家，兼容电脑又有不同散件。在购买电脑前，首先要选择是买品牌机还是买兼容机。一般来说，品牌机性能稳定，售后服务好一些，但同等性能下价格偏高。兼容机最大的实惠就是性价比高，并且还可以根据自己的喜好来选配，不足之处是售后服务可能不如品牌机好，另外选购时如果没有一双惠眼可能会买到假货。其次购机要从这几方面来比较：配置与价格、易用性与外观、售后服务与技术支持等。在确定好究竟该买哪个牌子的电脑后，就得选择购买地点了。建议用户在品牌电脑专卖店购买，那里不但货源多、技术力量较强，而且还经常有一些优惠活动。在购买时不要忘了索取发票（这是日后售后服务的凭证）及随机软件。

微型计算机系统通常由主机和外部设备组成，结构如下。购买计算机要了解各部分的功能和性能参数，下面介绍常用的硬件设备。

一、中央处理器（CPU）

1. 功能

微机中的中央处理器（CPU）称为微处理器（MPU），是构成微机的核心部件。CPU 被集成在一片超大规模集成电路芯片上，插在主板的 CPU 插槽中。

2. 主要技术参数

CPU 质量的高低直接决定了一个计算机系统的档次，而 CPU 的主要技术特性可以反映出 CPU 的基本性能。

CPU 的主要技术参数如下所述。

① 字长，CPU 可以同时处理的二进制数据的位数。通常所说的 32 位机、64 位机就是说的字长。目前常用的 CPU 大部分已达到 64 位，但大多都以 32 位字长运行，都没能展示它的字长的优越性，因为它必须与 64 位软件（如 64 位的操作系统等）相辅才成，也就是说，字长受软件系统的制约。

② 主频，CPU 主频也叫工作频率，是 CPU 内核电路的实际运行频率。主频是表示 CPU 工作速度的重要指标，在其他性能指标相同时，CPU 的主频越高，CPU 的速度也就越快。在电子技术中，将在单位时间（如 1 秒）内所产生的脉冲个数称为频率。频率的标准计量单位是 Hz（赫）。目前 pentiumⅣ的主频已达到 2.5GHz 以上。

二、内存储器

1. 功能结构

内存储器即内存，是直接与 CPU 相联系的存储设备，是微型计算机工作的基础，位于主板上。目前 PC 机中使用较多的是 DDR3 的内存。

高速缓冲存储器（Cache），是指在 CPU 与内存之间设置一级或两级高速小容量存储器，称之为高速缓冲存储器，固化在主板上。在计算机工作时，系统先将数据由外存读入 RAM 中，再由

RAM 读入 Cache 中，然后 CPU 直接从 Cache 中取数据进行操作。设置高缓就是为了解决 CPU 速度与 RAM 的速度不匹配问题。

2. 性能指标

存储容量是存储器的性能指标之一，指某个存储设备所能容纳的二进制信息量的总和。为了表示存储容量的大小，介绍一下数据计量单位。

① 位（bit），是计算机存储设备的最小单位，由二进制数字 0 或 1 组成， 译为“比特”。

② 字节（Byte），8 个二进制位编为一组称为一个字节，即：1B = 8bit。字节是计算机处理数据的基本单位，计算机以字节为单位解释信息。字节简写为“B”，译为“拜特”。

③ 存储容量用字节数来表示，其常用单位及换算方法如下：

1KB=2^{10}B=1024B，称作千字节；

1MB=2^{20}B=1024KB，称作兆字节；

1GB=2^{30}B=1024MB，称作吉（10 亿）字节；

1TB=2^{40}B=1024GB，称作太（万亿）字节。

内存容量是指为计算机系统所配置的主存总字节数，如 512MB，2GB。内存容量越大，所存储的可执行程序和数据就越多，计算机的运行效率也就越高，系统处理能力也就越强。

外存多以硬盘和光盘为主，每个设备所能容纳的信息量的总字节数称为外存容量，如 800MB、80GB。外存容量的大小决定了整个计算机系统存取数据、文件和记录的能力。

三、微机主板

主板是微机系统中最大的一块电路板，是由多层印刷电路板和焊接在其上的 CPU 插槽、内存槽、高速缓存、控制芯片组、总线扩展（ISA、PCI、AGP）、外设接口（键盘口、鼠标口、COM 口、LPT 口、GAME 口）、CMOS 和 BIOS 控制芯片等构成。按结构分为 AT 主板和 ATX 主板，按其大小分为标准板、Baby、Micro 板等几种。

1. 主板的功能

主板有两个主要功能：一是提供安装 CPU、内存和各种功能卡的插座，部分主板甚至将一些功能卡的功能制作在主板上。二是为各种常用外部设备，如打印机、扫描仪、调制解调器、外部存储器等提供通用接口。

2. 微机主板的典型逻辑结构

微机通过主板将 CPU 等各种器件和外部设备有机地结合起来形成一套完整的系统。微机在正常运行时对系统内存、存储设备和其他 I/O 设备的操控都必须通过主板来完成。微机主板的典型逻辑结构如图 1-14 所示。

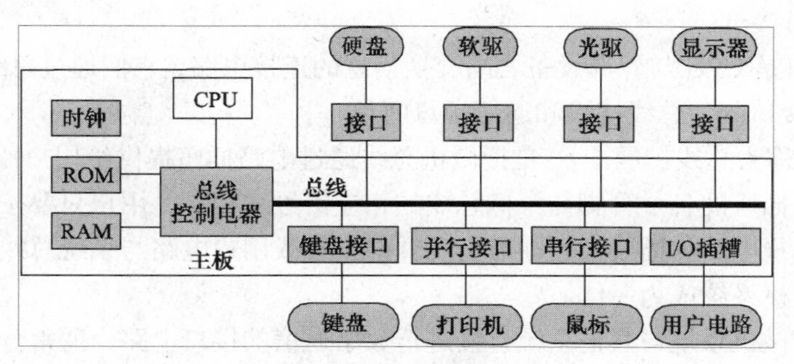

图 1-14 微机主板的典型结构

3. ATX 主板

ATX 结构规范是由 Intel 公司提出的一种主板标准，该标准的设计充分考虑到主板上 CPU、RAM、长短卡的位置，其中将 CPU、外接槽、RAM、电源插头的位置固定，较好地解决了硬件散热的问题，为安装、扩展硬件提供了方便。

典型 ATX 主板的物理结构如图 1-15 所示。

主板的主要部件包括：芯片组、CPU 插座、内存插槽、总线扩展槽、输入输出接口、基本输入输出 BIOS 和 CMOS。

（1）芯片组

芯片组是主板的灵魂，由一组超大规模集成电路芯片构成。芯片组控制和协调整个计算机系统的正常运转和各个部件的选型，它被固定在母板上，不能像 CPU、内存等进行简单的升级换代。芯片组的作用是在 BIOS 和操作系统的控制下，按照统一规定的技术标准和规范为计算机中的 CPU、内存、显卡等部件建立可靠的安装、运行环境，为各种接口的外部设备提供可靠的连接。

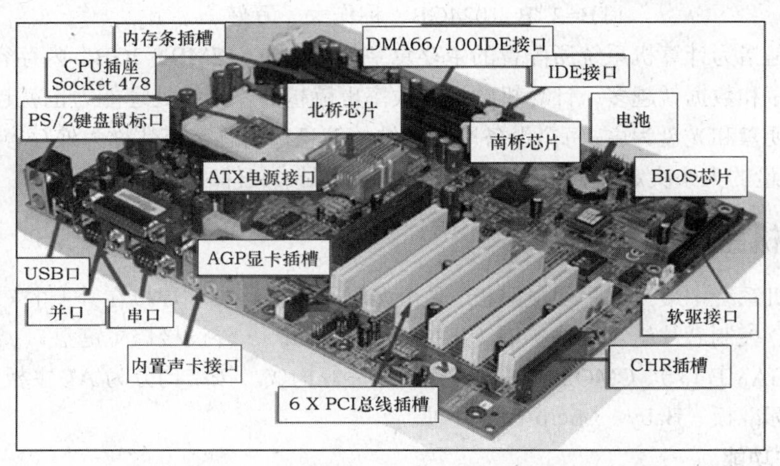

图 1-15　典型 ATX 主板的物理结构

（2）CPU 插座

用于固定连接 CPU 芯片。由于集成化程度和制造工艺的不断提高，越来越多的功能被集成到 CPU 上。为了使 CPU 安装更加方便，现在 CPU 插座基本上采用零插槽式设计。

（3）内存插槽

随着内存扩展板的标准化，主板给内存预留专用插槽，只要购买所需数量并与主板插槽匹配的内存条，就可以实现扩充内存和即插即用。

（4）输入/输出接口

输入/输出接口是 CPU 与外部设备之间交换信息的连接电路，它们通过总线与 CPU 相连，简称 I/O 接口。I/O 接口分为总线接口和通信接口两类。

总线接口（也称为总线扩展槽），是把微机总线通过电路插座提供给用户的一种总线插座，供插入各种功能卡。插座的各个管脚与微机总线的相应信号线相连，用户只要按照总线排列的顺序制作外部设备或用户电路的插线板，即可实现外部设备或用户电路与系统总线的连接，使外部设备或用户电路与微机系统成为一体。

通信接口是指微机系统与其他系统直接进行数字通信的接口电路，通常分串行通信接口和并行通信接口两种，即串口和并口。

四、微机总线

在微机中常用一组线路，配置以适当的接口电路，把 CPU 与各部件和外部设备连接，这组共用的连接线路称之为总线。采用总线结构便于部件和设备的扩充，尤其是制定了统一的总线标准后就更容易使不同设备间实现互联。

根据在总线上传输信号的不同，可以把总线分为 3 类，即地址总线（AB）、控制总线（CB）和数据总线（DB）。

当前系统总线的标准主要有如下几种。

① ISA 总线，即工业标准总线。

② EISA 总线，即扩展的工业标准总线。

③ PCI 总线，即外围设备互连总线。

④ AGP 总线，即图形加速接口。

五、外存储器

1. 软盘存储器

软磁盘由盘片、盘套组成，盘片与盘轴连接，上有读写定位机构，在盘套上开设有读写窗口和写保护块。目前比较常用的软磁盘是 3.5 英寸双面高密度磁盘，其容量为 1.44MB。目前已不太使用。

2. 硬盘存储器

（1）硬盘的结构

硬盘与软盘一样，也使用相同的基本系统来组织磁道、扇区和读写磁盘。每张盘片按磁道、扇区来组织硬盘数据的存取。

硬盘的容量取决于读写头的数量、柱面数、磁道的扇区数。若一个扇区容量为 512 B，那么硬盘容量为：512 × 读写磁头数 × 柱面数 × 磁道的扇区数。

（2）硬盘的种类

硬盘大体分为 3 类，即内部硬盘、盒式硬盘、硬盘组。

内部硬盘固定在计算机机箱之内，一般作为计算机中的一个标准配置，当容量不足时，可再扩充另一个硬盘。内部硬盘可以提供快速的访问，但是内部硬盘的存储容量固定且不易移动。

盒式硬盘像录像带一样易于更换和携带，适合于备份数据时使用，也称为移动硬盘，通常有 USB 接口。

硬盘组是用于存储巨大数量信息的可移动存储设备，一般用于服务器。

（3）硬盘格式化

在使用硬盘之前要对硬盘格式化。硬盘格式化需要分 3 个步骤进行，即，硬盘的低级格式化、硬盘分区和硬盘高级格式化。

① 硬盘的低级格式化。硬盘的低级格式化即硬盘的初始化，其主要目的是对一个新硬盘划分磁道和扇区，并在每个扇区的地址域上记录地址信息。初始化工作一般由硬盘生产厂家在硬盘出厂前完成。

② 硬盘分区。为了方便用户使用，系统允许把硬盘划分成若干个相对独立的逻辑存储区，每一个逻辑存储区称为一个硬盘分区。只有分区后的硬盘才能被系统识别使用，这是因为经过分区后的硬盘具有自己的名字，也就是通常所说的硬盘标识符，系统通过标识符访问硬盘。

硬盘分区工作一般也是由厂家完成，但有时要求用户重新对硬盘进行分区。硬盘分区操作也是由系统的专门程序完成的，如 DOS 下的 FDISK 命令等。

③ 硬盘的高级格式化。硬盘建立分区后，使用前必须对每一个分区进行高级格式化，格式化后的硬盘才能使用。高级格式化的主要作用有两点：一是装入操作系统，使硬盘兼有系统启动盘的作用；二是对指定的硬盘分区进行初始化，建立文件分配表以便系统按指定的格式存储文件。硬盘格式化是由格式化命令完成的，如 DOS 下的 FORMAT 命令。注意：格式化操作会清除硬盘中原有的全部信息，所以在对硬盘进行格式化操作之前一定要做好备份工作。

（4）硬盘的性能指标

硬盘性能的技术指标一般包括存储容量、速度、访问时间及平均无故障时间等。

3. 光盘存储器

光盘存储器是利用光学方式进行读写信息的存储设备，主要由光盘、光盘驱动器（即 CD-ROM 驱动器）和光盘控制器组成。

光盘是存储信息的介质，按用途可分为只读型光盘和可重写型光盘两种。只读型光盘包括 CD-ROM 和只写一次型光盘。

光盘的主要特点是：存储容量大、可靠性高，一张 4.72 inch CD-ROM 的容量可达 600MB。只要存储介质不发生问题，光盘上的信息就永远存在。

DVD 是一种新的大容量存储设备。其容量视盘片的制作结构不同而不同，采用单面单层结构时，容量为 4.7GB；采用单面双层结构时，容量为 8.5GB；采用双面双层结构时，容量为 17GB。现在使用的 DVD 一般为单面双层结构。

从 DVD 的读写方式来分，可以分为 DVD-ROM（只读）、DVD-R（一次性写入）、DVD-RAM（可擦写型）和 DVD-RW（多次重写型）。DVD 驱动器的基准数据传输率为 1.385Mbit/s（即 1 倍速=1.385Mbit/s），比 CD 驱动器快得多。

目前为止，蓝光是最先进的大容量光碟格式，容量达到 25G 或 50G，在速度上，蓝光的单倍 1X 速率为 36Mbit/s，即 4.5Mbit/s，允许 1× ~ 12× 倍速的记录速度，及每秒 4.5 ~ 54Mbit/S 的记录速度。

4. U 盘存储器

U 盘是闪存的一种，也叫闪盘、优盘，最大的特点就是：小巧、存储容量大、价格便宜。一般的 U 盘容量有 1G、2G、4G、8G、16G、32G 等，它携带方便，属移动存储设备，我们可以把它挂在胸前、吊在钥匙串上、甚至放进钱包里。U 盘都是 USB 接口的，属 USB 设备。

六、输入设备

输入设备用于将系统文件、用户程序及文档、运行程序所需的数据等信息输入到计算机的存储设备中以备使用。常用的输入设备有键盘、鼠标器、扫描仪、数字化仪和光笔等。

1. 键盘

键盘是微型计算机的主要输入设备，是计算机常用的人工输入数字、字符的输入设备。通过它可以输入程序、数据、操作命令，也可以对计算机进行控制。

（1）键盘的结构

键盘中配有一个微处理器，用来对键盘进行扫描、生成键盘扫描码和数据转换。微机键盘已标准化，以 104 键为主。用户使用的键盘是组装在一起的一组按键矩阵，包括字符键、功能键、控制键和数字键等。

（2）键盘接口

键盘通过一个有 5 针插头的五芯电缆与主板上的 DIN 插座相连，使用串行数据传输方式。

2. 鼠标

鼠标是用于图形界面的操作系统和应用系统的快速输入设备。其主要功能是用于移动显示器上的光标并通过菜单或按钮向主机发出各种操作命令，但不能输入字符和数据。

（1）鼠标的类型与结构

鼠标的类型、型号很多，按结构可分为机电式和光电式两类。机电式鼠标内有一滚动球，在普通桌面上移动即可使用。光电式鼠标内有一个光电探测器，需要在专门的反光板上移动才能使用。

鼠标的外观如一方形盒子，其上有两个或 3 个按钮。通常，左按钮用作确定操作；右按钮用做特殊功能，如在任一对象上单击鼠标右按钮会弹出当前对象的快捷菜单。

（2）鼠标接口

安装鼠标一定要注意其接口类型。早期的鼠标多为串口，接在 PC 的 COM1 或 COM2 上，现在的鼠标大多为 PS/2 接口和 USB 接口，另外还有无线鼠标。

七、输出设备

输出设备用于将计算机处理的结果、用户文档、程序及数据等信息输出到计算机的输出设备中。这些信息可以通过打印机打印在纸上、显示在显示器屏幕上，也可以输出到磁盘上保存起来。常用的输出设备有显示器、打印机、绘图仪和磁盘等。

1. 显示器

显示器是计算机的主要输出设备，用来将系统信息、计算机处理结果、用户程序及文档等信息显示在屏幕上，是人机对话的一个重要工具。

（1）显示器的主要指标

包括显示器的屏幕大小、显示分辨率等。屏幕越大，显示的信息越多；显示分辨率越高，显示图像就越清晰。

（2）显示器的分类

按结构分有 CRT 显示器、液晶显示器等。液晶显示器具有体积小、重量轻，只要求低压直流电源便可工作等特点。CRT 显示器，其工作原理基本上和一般电视机相同，只是数据接收和控制方式不同。

按显示效果可以分为单色显示器和彩色显示器。单色显示器只能产生一种颜色，即只有一种前景色（字符或图像的颜色）和一种背景色（底色），不能显示彩色图像。彩色显示器所显示的图像，其前景色和背景色均有许多不同的色彩变化，从而构成了五彩缤纷的图像。之所以能显示出色彩，不仅取决于显示器本身，更主要的是取决于显示卡的功能。

按分辨率可分为中分辨率和高分辨率显示器。中分辨率为 320×200，即屏幕垂直方向上有 320 根扫描线，水平方向上有 200 个点。高分辨率为 1024×768、1280×1024 等。

2. 显示卡

显示器与主机相连必须配置适当的显示适配器，即显示卡。显示卡的功能主要用于主机与显示器数据格式的转换，是体现计算机显示效果的必备设备，它不仅把显示器与主机连接起来，而且还起到处理图形数据、加速图形显示等作用。

3. 打印机

打印机也是计算机的基本输出设备之一，与显示器最大的区别是将信息输出在纸上。打印机并非是计算机中不可缺少的一部分，它是仅次于显示器的输出设备。用户经常需要用打印机将在计算机中创建的文稿、数据信息打印出来。

（1）打印机的分类

按照打印机打印的方式可分为字符式、行式和页式三类。字符式是一个字符一个字符地依次打印；行式是按行打印；页式是按页打印。按照打印色彩可分为单色打印机和彩色打印机。按照打印机的工作机构可分为击打式和非击打式两类。常见的非击打式打印机有激光打印机、喷墨打印机等。

（2）打印机与计算机的连接

打印机与计算机的连接均以并口或串口为标准接口，通常采用并行接口，计算机端为 25 针插座，打印机端为 36 针插座。

（3）打印机驱动程序

将打印机与计算机连接后，必须要安装相应的打印机驱动程序才可以使用打印机。

4. 其他外部设备

（1）声卡

声卡是处理声音信息的设备，也是多媒体计算机的核心设备。声卡的主要功能是把模拟声音变成相应数字信号（A/D）记录到硬盘上；将数字信号转换成声音（D/A）以及从硬盘上读取重放。常见的声卡除了大家熟知的声霸卡（Sound Blaster 及 Sound BlasterPro）外，还有 Sound Magic、Sound Wave 等。

声卡的安装方法是将声卡插到计算机主板的任何一个总线插槽（要求声卡类型与总线类型一致），然后将 CD-ROM 音频接口通过 CD 音频线和声卡相连，最后，安装相应的声卡驱动程序。

（2）视频卡

视频卡是多媒体计算机中的主要设备之一，其主要功能是将各种制式的模拟信号数字化，并将这种信号压缩和解压缩后与 VGA 信号叠加显示；也可以把电视、摄像机等外界的动态图像以数字形式扑获到计算机的存储设备上，对其进行编辑或与其他多媒体信号合成后，再转换成模拟信号播放出来。典型的产品为新加坡 Creative Technology Ltd.生产的 Video Blaster 视霸卡系列。

视频卡的安装方法是将其插入计算机中的任何一个总线插槽，然后安装相应的视频卡驱动程序即可。

八、微型计算机主要技术指标

① CPU 芯片型号。

② 字长。

③ 主频。

④ 速度。

⑤ 内、外存储器容量。

思考练习

1. 进行电脑的拆装练习。
2. 到电脑市场进行市场调研，完成家用电脑选配配置单。

拓展练习

1. 微型计算机的核心设备是（　　）。
   A. 主机　B. 显示器　C. 键盘、鼠标　D. CPU
2. 把存储器、微处理器、I/O 接口集成在同一芯片上构成的具有完整的运算功能的计算机，称为（　　）。
   A. 微处理器　B. 微型计算机
   C. 单片计算机系统　D. 单片微型计算机
3. CPU 由（　　）组成。
   A. 内存储器和控制器　B. 控制器和运算器
   C. 内存储器和运算器　D. 内存储器、控制器和运算器
4. 在下列各种设备中，读取数据快慢的顺序为（　　）。
   A. RAM、Cache、硬盘、软盘　B. Cache、RAM、硬盘、软盘
   C. Cache、硬盘、RAM、软盘　D. RAM、硬盘、软盘、Cache
5. 下面列出的四种存储器中，易失性存储器是（　　）。
   A. RAM　B. ROM　C. 硬盘　D. CD-ROM
6. I/O 接口位于（　　）。
   A. 总线和外部设备之间　B. CPU 和 I/O 设备之间
   C. 主机和总线之间　D. CPU 和主存储器之间
7. 把 CPU、存储器、I/O 设备连接起来，用来传送各部分之间信息的是（　　）。
   A. 总线　B. 外部设备　C. I/O 总线　D. 总线逻辑控制
8. 在微型计算机的性能指标中，内存储器容量通常是指（　　）。
   A. ROM 的容量　B. RAM 的容量
   C. ROM 和 RAM 的容量总和　D. CD-ROM 的容量
9. 在微型计算机中，内存容量为 32MB 是指（　　）。
   A. 32 千位　B. 32 兆字节　C. 32 吉字节　D. 32000 千字
10. 如果按字长来划分，微型计算机可以分为 8 位机、16 位机、32 位机和 64 位机。所谓 32 位机是指该计算机所用的 CPU（　　）。
   A. 同时能处理 32 位二进制数　B. 具有 32 位的寄存器
   C. 只能处理 32 位二进制定点数　D. 有 32 个寄存器
11. 下列关于微型计算机的叙述中正确的是（　　）。
   A. 外存储器中的信息可以直接进入 CPU 进行处理

B. 只有将软盘格式化以后，它才可以在计算机上使用

C. 软盘驱动器和软盘属于主机系统

D. 计算机断电后，RAM 中的信息仍然保留

12. 硬盘驱动器（　　）。

A. 全封闭，耐震性好，不易损坏　　B. 不易碎，不像显示器那样要注意保护

C. 耐震性差，搬运时要注意保护　　D. 不用时应套入纸套，防止灰尘进入

13. 设当前工作盘是硬盘，存盘命令中没有指明盘符，则信息将存放于（　　）。

A. 内存　　B. 软盘　　C. 硬盘　　D. 硬盘和软盘

14. 70 年代发展起来的利用激光写入和读出的信息存储装置，被人们称为（　　）。

A. 激光打印机　　B. EPROM　　C. 光盘　　D. OCR

15. 在微型计算机中，下列设备属于输入设备的是（　　）

A. 打印机　　B. 显示器　　C. 内存储器　　D. 键盘

16. 下列设备中，既可作为输入设备又可作为输出设备的是（　　）。

A. 鼠标器　　B. 打印机　　C. 键盘　　D. 磁盘驱动器

17. 计算机中处理声音信息的设备是（　　）。

A. 音箱　　B. 话筒　　C. 录音机　　D. 声卡

18. 视频卡的主要功能是（　　）。

A. 录制声音

B. 将各种制式的模拟信号数字化，并将这种信号压缩和解压缩后与 VGA 信号叠加显示

C. 播放电视节目

D. 制作动画

19. 当前流行的移动硬盘或优盘进行读 / 写利用的计算机接口是（　　）。

A. 串行接口　　B. 平行接口　　C. USB　　D. UBS

20. 度量处理器 CPU 时钟频率的单位是（　　）。

A. MIPS　　B. MB　　C. MHZ　　D. Mbit/s

项目二
初次使用计算机

计算机在当今信息社会应用越来越广泛，会操作计算机的人越来越多，但人们对计算机的使用熟悉程度及操作正确程度参差不齐。

本部分主要通过李琳初次使用计算机的经历，使读者掌握正确的启动、关闭计算机系统的方法；掌握鼠标、键盘的正确使用；掌握中文输入法及正确的信息输入方法；了解计算机中信息的存储与表示。以及了解计算机病毒的知识。

工作任务一　启动与关闭计算机

【任务要求】

开机、关机虽然是件小事，但也不能忽视。开机时应先打开显示器等外设，然后再开主机。如果将程序颠倒，显示器打开时产生的瞬间高压会对主机内的各部件产生冲击。关机时要跟开机相反，先关主机，再关外设。如果不管电脑是不是还在运行程序，就把电源断掉，这样对电脑的负面影响是很大的，一方面可以破坏你的数据，另一方面也可能破坏你的硬件。

计算机买回来后，李琳很爱护自己的计算机，想按照正确的启动与关闭系统的方式进行操作。

【任务分析】

计算机系统的启动与关闭必须按照一定的步骤，才能很好地保护好自己的计算机系统。计算机的启动分为冷启动（加电启动）和热启动（重新启动）两类。计算机的启动包含硬件设备加电和操作系统的启动，计算机的关闭包含操作系统的退出和硬件设备断电。

操作系统 Windows7 的启动与 Windows XP 相同。Windows7 也是多用户操作系统，允许多个用户同时登录一台计算机。虽然实际上只有一个用户能够使用计算机，但登录 Windows 的所有用户都可以运行程序。Windows7 允许快速切换用户，切换时不需要结束当前用户所进行的任何操作。

退出操作系统 Windows7 是指结束 Windows 系统的运行，将计算机的控制权交给其他操作系统或关机，对个人计算机用户就是关机。由于在 Windows 退出前要结束所有当前操作，所以要以正确的方式退出 Windows 系统，以避免直接关闭计算机电源出现文件丢失、系统紊乱等问题。

【任务实施】

一、冷启动

① 打开要使用的外部设备（如打印机、音箱等）的电源开关。

② 打开计算机主机电源开关。

③ 系统首先进行自检，接着引导系统。如果计算机上安装了多个操作系统，则会显示操作系统列表，按"↑"或"↓"键选择 Windows7，然后再按"Enter"键，系统进入 Windows7 启动状态出现 Windows 欢迎界面，这时分两种情况进行。

第一种情况，如果系统没有创建计算机系统管理员用户，便直接进入 Windows7 系统工作界面，启动完成，用户即可在 Windows 的管理和控制下操作计算机，以完成自己的工作。

第二种情况，如果创建了计算机系统管理员用户，且是多用户，这时系统不直接进入 Windows7 桌面，请求输入用户名和密码。只有输入正确的用户名和密码后，才能进入 Windows7 系统工作界面；否则系统进入锁定状态，直到激活某个用户，如图 2-1 所示。

图 2-1　Windows7 系统验证窗口

④ 单击『开始』按钮，选择"关闭计算机"命令，弹出"关闭 Windows7"对话框窗口，单击『关闭』按钮，系统进入退出 Windows7 检测状态，自动关闭所有打开的程序和文件，并关闭计算机电源。

⑤ 关闭外部设备的电源开关。

二、热启动

单击『开始』按钮，选择"关闭计算机"命令，弹出"关闭 Windows7"对话框窗口，单击『重新启动』按钮，系统将自动关闭所有打开的程序和文件，安全退出 Windows7，再次重新启动计算机；接下来的步骤和冷启动一致。

三、其他操作

1. 切换用户

切换用户是 Windows7 系统一个显著特色，用户可以在不注销当前用户的情况下登录或切换到 Windows7 的另一个用户。单击『开始』按钮，选择"注销"命令弹出"注销 Windows"对话框，单击『切换用户』按钮。此时，Windows 回到登录 Windows 欢迎界面，单击要切换的用户即可。

2. 待机

单击『开始』按钮，选择"关闭计算机"命令，弹出"关闭 Windows7"对话框窗口，单击『待机』按钮，系统进入睡眠状态，将计算机处于低功耗状态，按任意键即可"唤醒"Windows，进入注册 Windows 用户界面。"待机"状态仅适合于短时间离开计算机的情况，因为它并不保存当前打开的程序和文件，此时一旦发生意外掉电，将会使数据丢失。

【知识支撑】

计算机系统的启动一定要注意先打开外设的电源然后再打开主机电源；计算机系统的关闭一定要使用关闭系统这个程序。

要理解掌握 Windows 7 操作系统的启动、登录、关闭、切换用户、注销、待机、关闭系统等操作。

思考练习

1. 自己练习用不同的方法安装 Windows 7 系统。
2. 练习 Windows 7 系统的启动与退出。
3. 尝试进行 Windows 的切换用户、注销、待机等操作，并体会它们之间的区别。
4. 讨论非正常方式关机对计算机的影响。

拓展练习

1. 启动计算机的顺序是（　　）。
   A. 先外部设备，后主机　　B. 先主机，后打印机
   C. 先主机，后显示器　　D. 先外部设备，后显示器
2. 在 Windows7 系统中，下列操作不需要重新启动系统的是（　　）。
   A. 从一个应用程序退出时　　B. 发生系统故障时
   C. 从断电状态进入工作状态时　　D. 修改系统配置文件时
3. 退出 Windows7 系统的快捷键是（　　）。
   A. Alt+F2　　B. Ctrl+F2　　C. Alt+F4　　D. Ctrl+F4
4. 下列叙述中，错误的是（　　）。
   A. 计算机要长期使用，不要长期闲置不用
   B. 为了延长计算机的寿命，应避免频繁开关机
   C. 在计算机附近应避免磁场干扰
   D. 计算机使用几小时候，应关机一会儿再用
5. 计算机工作时，应特别注意避免（　　）
   A. 光线直射　　B. 强烈振动　　C. 噪音　　D. 卫生环境
6. 目前计算机的基本工作原理是（　　）
   A. 集成电路　　B. 程序设计　　C. 二进制　　D. 存储程序控制
7. 我国自行研制的“曙光”、“银河”计算机是（　　）
   A. 微型计算机　　B. 小型计算机
   C. 超级计算机　　D. 大型计算机

工作任务二　信息的输入

【任务要求】

要学电脑，不仅要知道键盘和鼠标是用来做什么的，还要知道键盘上每个键的作用及鼠标每个部分的作用。这样我们才能跟计算机友好地交流。李琳对键盘的分布不是很熟练，于是想通过练习打字来进一步熟悉键盘。

【任务分析】

要快速地进行信息的输入，首先要了解鼠标与键盘的操作，注意输入姿势，锻炼自己的盲打能力，另外要对如何使用输入法也要掌握。

【任务实施】

一、指法练习

① 准备一段英文。

② 熟悉并掌握正确的指法。

键盘是微机最基本的输入设备，从第一次上机开始就要养成良好的使用键盘的习惯，从而达到快速、准确输入的目的。

键盘上的字符键与标准打字机的键盘相同，由于字符键使用率较高，因此在使用键盘时，首先要熟悉字符键，字符键中的 A、S、D、F、J、K、L 和；键称为导键（home key），键盘练习时要首先认识导键并从导键开始练习。

使用键盘时应注意正确的按键方法。在按键时，手抬起，伸出要按键的手指，在键上快速击打一下，不要用力太猛，更不要按住一个键长时间不放。在按键时手指也不要抖动，用力一定要均匀。在进行输入时，正确姿势是坐势端正、腰背挺直、两脚平稳踏地；身体微向前倾、双肩放松、两手自然地放在键盘上方；大臂和小肘微靠近身体、手腕不要抬得太高、也不要触到键盘；手指微微弯曲、轻放在导键上、右手拇指稍靠近空格键。

输入时，两眼应注视屏幕或要输入的原稿，尽量不要看键盘。手指按规定的指法敲击键盘，敲键盘时肘和腕不要使劲，而是通过手指关节活动的力量敲击各键，这样才有可能提高输入速度，长时间操作也不致疲劳。

键盘指法规定使用键盘时将手指微微弯曲，轻放在导键上，即将左手小指、无名指、中指、食指分别置于“A、S、D、F”键上，左手拇指自然向掌心弯曲；将右手食指、中指、无名指、小指分别置于“J、K、L、;”键上，右手拇指轻置于空格键上。如果需要输入导键外的其他字符，手指在键盘上方有规则地进行移动。根据键盘指法对手指的分工，用规定的手指敲击相应的键，击键后再将手指迅速、准确地放回到导键上，具体指法如图 2-2 所示。

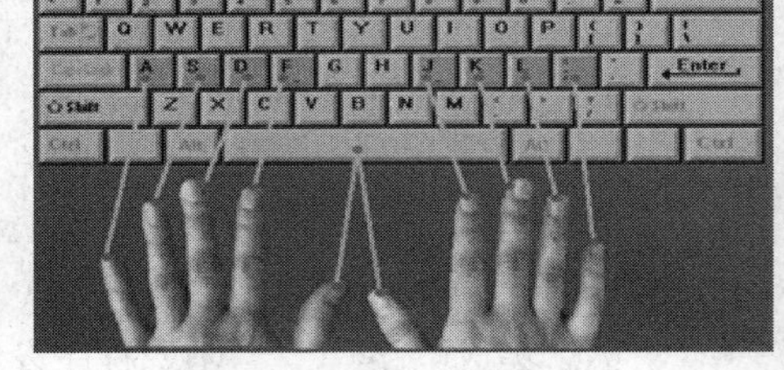

图 2-2　键盘指法示意

③ 打开记事本进行英文段落的输入练习。

进行指法练习时，主要练习符号键的使用。控制键在不同键盘上的位置不是很固定的，而且多数的控制键是与其他键配合使用的，所以指法中不好确定这些键与手指的对应关系，只能根据这些键在键盘上的位置灵活掌握，一般使用最多的是小指和拇指，并且要与其他手指很好地配合。功能键一般排列较整齐，敲击时比较方便，容易练习。进行键盘练习时，应按图 2-2 所示的指法反复练习，达到灵活地敲击各键，不断提高速度的目的。

击键时不要用力过猛或按键时间过长，应有节奏地敲击。如果用力过猛会影响键盘寿命；如果按键时间过长，屏幕上有时会出现多个同样的字符，从而影响输入速度和质量。

二、中文信息输入训练

① 打开记事本。

② 打开输入法。

③ 进行中文信息输入的练习。

【知识支撑】

一、鼠标与键盘操作

1. 鼠标的使用

鼠标是 Windows 环境下使用最频繁的输入设备，鼠标对 Windows 系统的操作既简单又方便。进入 Windows7 桌面系统后，就会有一个单箭头的图标“ ”出现在屏幕上，称为鼠标指针。该指针随着鼠标的移动而在屏幕上同步移动，其指针形状会随着当前执行的任务而发生变化。鼠标操作主要分为如下几种。

移动：移动鼠标时不按任何键，鼠标指针将随着鼠标的移动而移动。

单击：将鼠标停在某一指定对象上，然后按一下鼠标左键或右键。通常情况下，单击鼠标左键为选中对象操作，单击鼠标右键弹出指定对象的快捷菜单。

双击：将鼠标停在某一指定对象上，然后快速按两下鼠标左键，表示打开指定对象窗口或运行应用程序。

拖动：鼠标指针停在某一指定对象上，然后按住鼠标左键拖动鼠标，将对象拖动到某一位置后松开。用这种方法可移动对象、窗口或图标。

指向：将鼠标移动到所要操作的对象上停留片刻，会给出当前对象的功能解释信息。

当鼠标指针指向屏幕的不同部位时，指针的形状会有所不同。此外有些命令也会改变鼠标指针的形状。使用鼠标操作对象不同，鼠标指针形状也不同，如表 2-1 所示。

表 2-1 鼠标指针形状及其功能

指针形状	功 能 说 明
	系统处于“就绪”状态，用于“单击”、“双击”、“选择”、“指向”等操作
	求助符号，单击对话框中的问号按钮即可变成该指针形状，此时指向某个对象并单击，即可显示关于该对象的解释说明
	指示当前操作正在后台运行
	指示当前操作正在进行，等操作完成后，才能往下进行 注意：当长时间不消失时，可能系统已死机或程序已终止运行，此时应按“Ctrl+Alt+Del”键进入 Windows 任务管理器窗口，取消该作业
	指向窗口上/下、左/右两侧边界位置，可上下、左右拖动改变窗口大小
	拖动窗口四角位置，拖动可改变窗口大小
	移动图片、文本框等对象
	指向已建立超级连接的对象，单击可打开相应的对象

2. 键盘的使用

键盘可以完成信息的输入及各类软件的操作控制。在没有鼠标或鼠标出现故障的情况下，了解并掌握键盘的使用是非常必要的。

通常键盘主要由字符键、数字编辑键、功能键和控制键四类组成，其功能与作用如下：

（1）字符键

字母键：26 个英文字母（A ~ Z、a ~ z）。

数字键：10 个数字（0 ~ 9），每个数字键还和一个特殊字符共用一个键。

回车键：键上标有“Enter”或“Enter 回车”。按下此键，标志着命令或语句输入结束。

退格键：标有“←”或“Backspace”，使光标向左退回一个字符的位置。

空格键：位于键盘下方的一个长键，用于输入空格，按一下输入一个空格。

制表键：标有“Tab”。每按一次，光标向右移动一个制表位（制表位长度随软件定义）。

（2）数字编辑键

数字编辑键具有两种功能，既能输入数字和字符，又能移动光标，通过数码锁定“NumLock”键来切换。当数码锁定指示灯“NumLock”亮时，表示执行上档键字符功能。

↑、↓、←、→：光标上移或下移一行，左移或右移一个字符的位置。

Home 键：将光标移到屏幕的左上角或本行首字符。

End 键：将光标移到本行最后一个字符的右侧。

PgUp 和 PgDn 键：上移一屏和下移一屏。

插入键 Ins：插入编辑方式的开关键，按一下处于插入状态，再按一下，解除插入状态。

删除键 Del：删除光标所在处的字符，右侧字符自动向左移动。

（3）功能键

功能键主要是指键盘上的 F1~F12 键，其功能随操作系统或应用程序的不同而不同，如在 Windows 系统中按“F1”键表示进入系统帮助窗口。

（4）控制键

控制键具有特殊功能，尤其是“Ctrl”、“Alt”和“Shift”三个键只有与其他键组合起来才能起作用。

Ctrl：此键必须和其他键配合使用才起作用。如：“Ctrl+Break”表示中断或取消当前命令的执行，按“Ctrl+C”表示复制操作，按“Ctrl+V”表示粘贴操作。

Alt：此键一般用于程序菜单控制、汉字输入方式转换等。例如，在 Windows 环境下，按“Alt+制表键 tab”表示快速在任务间进行切换。

换档键：标有 Shift 或?。此键一般用于输入上档键字符或字母大小写转换。

Esc 键：用于退出当前状态或取消当前操作或进入另一状态或返回系统。

Caps Lock 键：大写或小写字母的切换键。

Print Screen 键：将当前屏幕信息直接复制到剪贴板中，即所谓的屏幕硬拷贝。

Pause 键：用于暂停命令的执行，按任意键继续执行命令。

二、Windows7 中文输入法

在计算机中能够输入汉字的前提是系统安装了相应的中文输入法软件，Windows7 提供了许多输入法，这些输入法程序随 Windows7 的安装自动装入系统，供用户选用。

1. 输入法的启动与切换

要想输入汉字，必须首先选择某一种汉字输入法。可通过 Windows 桌面系统提示栏中的输入法按钮“”实现。单击『』按钮，弹出“输入法列表”菜单，如图 2-3 所示。

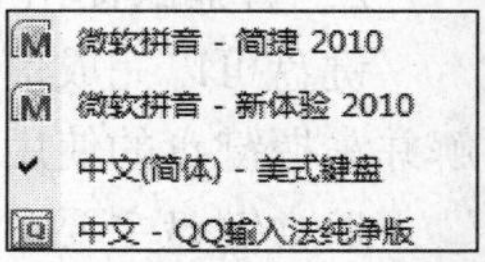

单击输入法对应的按钮即可选中相应的输入法，同时弹出“汉字输入法”提示条，按照输入法提示条的提示输入汉字即可。

微软拼音 - 简捷 2010
微软拼音 - 新体验 2010
中文(简体) - 美式键盘
中文 - QQ输入法纯净版

图 2-3　输入法列表菜单

2. 输入法提示条

不论切换到哪一种输入法，系统都会弹出一个汉字输入法提示条，利用这个提示条可切换输入状态，如中/英文输入法切换、全角/半角设置等。智能 ABC 输入法提示条如图 2-4 所示。

图 2-4 "汉字输入法"提示条

单击『中文/英文输入』按钮，可在中、英文字符输入间切换。切换到英文输入时，输入法提示条上显示字母"A"。单击全/半角字符『●』或『◑』按钮或按"Shift + Space"键，可在全角/半角字符间切换。全角字符占 2 个字节，半角字符占 1 个字节。只有进入英文输入法后，全角/半角字符切换才有意义。单击中/英文标点『。,』按钮或按"Crtl + ."键，可在中文标点状态或英文标点状态间切换。单击『软键盘』按钮，显示软键盘，再次单击即可取消。可以利用软键盘输入字符。

系统默认按"Crtl + Shift"键，可在系统提供的输入法之间进行逐个切换；按"Crtl + 空格键"键，可在中/英文输入法之间进行切换。

思考练习

完成"知识支撑"这一段全部文字的输入。

拓展练习

1. 在 Windows7 系统中，如果鼠标指针变成"I"形状，则表明（　　）。

A. 当前系统正在访问磁盘

B. 当前鼠标指针出现处可接收键盘输入的字符

C. 是阻挡符号，指出鼠标指针出现处不能执行某种操作

D. 可以移动"资源管理器"中的分隔条

2. 在 Windows7 中，在中文标点符号输入状态，如果希望输入"、"（顿号），选择键盘上哪个键（　　）。

A. ~　　B. &　　C. \　　D. /

3. 在 Windows7 中，使用软键盘可以快速地输入各种特殊符号，为了撤消弹出的软键盘，正确的操作是用鼠标（　　）。

A. 左键单击软键盘上的 Esc 键

B. 右键单击软键盘上的 Esc 键

C. 右键单击中文输入法状态窗口中的"开启/关闭软键盘"按钮

D. 左键单击中文输入法状态窗口中的"开启/关闭软键盘"按钮

4. ALT+TAL 组合键的作用是（　　）。

A. 复制　　B. 空格
C. 粘贴　　D. 切换应用程序

5. CTR+A 组合键的作用是（　　）。
A. 打开开始菜单　B. 全选　C. 复制　D. 剪切

6. 在微型计算机键盘上的 Enter 键是（　　）。
A. 输入键　B. 回车键　C. 空格键　D. 换挡键

7. 下列各组设备中，全部属于输入设备的一组是（　　）。
A. 键盘、磁盘和打印机　B. 键盘、扫描仪和鼠标
C. 键盘、鼠标和显示器　D. 硬盘、打印机和键盘

8. 关于组合键 ALT+CTRL+DEL 说法正确的是（　　）。
A. 关机　B. 打开某个应用程序
C. 删除某个文件　D. 结束某个应用程序

9. 键盘上 Tab 键的是（　　）。
A. 退格键　B. 控制键　C. 换挡键　D. 制表定位键

10. 既可以作为输出设备又可以做输入设备的是（　　）。
A. 绘图仪　B. 扫描仪　C. 手写笔　D. 磁盘驱动器

工作任务三　对信息存储的思考

【任务要求】

李琳在对信息进行输入以后，一直在考虑，这些字符、数字、汉字等信息怎么能存储在计算机内呢？它又怎么能表现出来？

【任务分析】

对于李琳的思考，我们就得从数据在计算机的表示方式来了解，主要从数制、编码和数值型数据在计算机中表示来看。

【任务实施】

一、数制

1. 数制定义

按进位的原则进行计数，称为进位计数制，简称“数制”。在日常生活中经常要用到数制，通常以十进制进行计数，除了十进制计数以外，还有许多非十进制的计数方法。例如，60 分钟为 1 小时，用的是 60 进制计数法；每星期有 7 天，是 7 进制计数法；每年有 12 个月，是 12 进制计数法。当然，在生活中还有许多其他各种各样的进制计数法。

在计算机系统中采用二进制，其主要原因是由于电路设计简单、运算简单、工作可靠、逻辑性强。不论是哪一种数制，其计数和运算都有共同的规律和特点。

（1）逢 N 进一

N 是指数制中所需要的数字字符的总个数，称为基数。

例如，十进制数用 0、1、2、3、4、5、6、7、8、9 等 10 个不同的符号来表示数值，这个 10 就是数字字符的总个数，也是十进制的基数，表示逢十进一。

（2）位权表示

位权是指一个数字在某个固定位置上所代表的值，处在不同位置上的数字符号所代表的值不同，每个数字的位置决定了它的值或者位权。

位权与基数的关系是：各进位制中位权的值是基数的若干次幂。因此，用任何一种数制表示的数都可以写成按位权展开的多项式之和。如十进制数“634.28”可以表示为：

$$(634.28)_{10} = 6\times10^{2} + 3\times10^{1} + 4\times10^{0} + 0\times10^{-1} + 8\times10^{-2}$$

位权表示法的原则是：数字的总个数等于基数；每个数字都要乘以基数的幂次，而该幂次是由每个数所在的位置所决定的。排列方式是以小数点为界，整数自右向左 0 次方、1 次方、2 次方、……小数自左向右负 1 次方、负 2 次方、负 3 次方、……

2. 常用的数制

日常生活中使用的数制有很多种，在计算机中采用二进制。由于二进制数与八进制数和十六进制数具有特殊的关系，所以在计算机应用中常常根据需要使用八进制数或十六进制数。

① 十进制数：逢十进一，由数字 0 ~ 9 组成。

② 二进制数：逢二进一，由数字 0、1 组成。

③ 八进制数：逢八进一，由数字 0 ~ 7 组成。

④ 十六进制数：逢十六进一，由数字 0 ~ 9、A ~ F 组成。

常用数制的基数和数制符号如表 2-2 所示。

表 2-2　常用数制的基数和数制符号

基　数	数字符号	基　数	数字符号
十进制	0 ~ 9	八进制	0 ~ 7
二进制	0，1	十六进制	0 ~ 9、A、B、C、D、E、F

3. 二进制数的运算

（1）二进制的算术运算

二进制数的算术运算非常简单，它的基本运算是加法。在计算机中，利用加法就可以实现二进制的减法、乘法和除法运算。

① 二进制的加法运算。

二进制数的加法运算法则：0+0=0　0+1=1　1+0=1　1+1=10（向高位进位）

② 二进制数的减法运算。

二进制数的减法运算法则：0−0=0　0−1=1（向高位借位）1−0=1　1−1=0

③ 二进制数的乘法运算。

二进制数的乘法运算法则：0 * 0 = 0　0 * 1 = 0　1 * 0 = 0　1 * 1 = 1

④ 二进制数的除法运算。

二进制数的除法运算法则：0 ÷ 0 = 0　0 ÷ 1 = 0　1 ÷ 0 = 0（无意义）　1 ÷ 1 = 1

（2）二进制数的逻辑运算

计算机之所以具有很强的数据处理能力，是由于在计算机里装满了处理数据所用的电路。这些电路都是以各种各样的逻辑为基础而构成的简单电路经过巧妙组合而成的。

逻辑变量之间的运算称为逻辑运算，逻辑变量的取值只有两种：真和假，也就是 1 和 0。

逻辑运算包括三种基本运算：逻辑加法（又称“或”运算）、逻辑乘法（又称“与”运算）和逻辑否定（又称“非”运算）。此外，还有异或运算和符合运算，等等。计算机的逻辑运算是按位进行的，不像算术运算那样有进位或借位的联系。

① 逻辑加法（或运算）。

逻辑加法通常用符号“+”或“∨”来表示。逻辑加运算规则如下：

0 + 0=0　0 + 1=1　1 + 0=1　1 + 1=1　或　0∨0=0　0∨1=1　1∨0=1　1∨1=1

逻辑加法有“或”的意义。它表示参与运算的逻辑变量中，只要有一个为 1，其逻辑加的结果为 1；两者都为 0 则逻辑加为 0。

② 逻辑乘法（与运算）。

逻辑乘法通常用符号“*”或“∧”或“·”来表示。逻辑乘法运算规则如下：

0*0=0　0∧0=0　0 · 0=0

0*1=0　0∧1=0　0 · 1=0

1*0=0　1∧0=0　1 · 0=0

1*1=1　1∧1=1　1 · 1=1

逻辑乘法有“与”的意义，它表示参与运算的逻辑变量都为 1 时，其逻辑乘积才等于 1，其他情况逻辑乘积都等于 0。

③ 逻辑否定（非运算）。

逻辑非运算也叫逻辑否运算，其运算规则为：

0=1，读作非 0 等于 1；1=0，读作非 1 等于 0

4. 数制间的转换

将数由一种数制转换成另一种数制称为数制间的转换。由于计算机采用二进制，但用计算机解决实际问题时对数值的输入输出通常使用十进制，这就有一个十进制向二进制转换或由二进制向十进制转换的过程。也就是说，在使用计算机进行数据处理时首先必须把输入的十进制数转换成计算机所能接受的二进制数；计算机在运行结束后，再把二进制数转换为人们所习惯的十进制数输出。这两个转换过程完全由计算机系统自动完成不需人们参与。

（1）余数法

十进制整数转换成非十进制整数时采用余数法（即除基数取余数），用十进制整数除基数，当商是 0 时，将余数由下而上排列即可。

例：将十进制 44 转换成二进制数

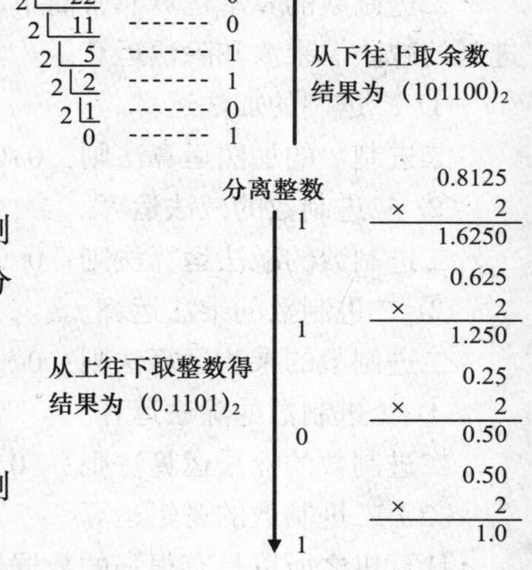

（2）进位法

十进制小数转换成非十进制小数时采用进位法，用十进制小数乘基数，当积值为 0 或达到所要求的精度时，将整数部分由上而下排列。

例：将十进制数 0.8125 转换成二进制数

（3）位权法

非十进制数转换成十进制数时采用位权法，把各非十进制数按权展开求和。

转换公式：$F_x = a_{n-1} \times x^{n-1} + a_{n-2} \times x^{n-2} + \cdots + a_1 \times x^1 + a_0 \times x^0 + a_{-1} \times x^{-1} + \cdots$

例：将二进制数 1011.101 转换成十进制数

$$(1011.101)_2 = 1\times2^3 + 0\times2^2 + 1\times2^1 + 1\times2^0 + 1\times2^{-1} + 0\times2^{-2} + 1\times2^{-3}$$

$$= 8 + 0 + 2 + 1 + 0.5 + 0 + 0.125 = (11.625)_{10}$$

（4）二进制数与八进制、十六进制数之间的转换方法

二进制数与八进制数之间的转换采用三位并一位、一位拆三位的方法；二进制数与十六进制数之间的转换采用四位并一位、一位拆四位的方法；如图 2-5 所示。

整数部分从右向左、小数部分从左向右，位数不足的补 0。

例：将二进制数 10011011.01 转换成八进制数

010　011　011 .　010

2　　3　　3　　2

$(10011011.01)_2=(233.2)_8$

例：将八进制数 371.53 转换为二进制数

3　　7　　1　 .　5　　3

011　111　001　　101　011

$(371.53)_8=(11111001.101011)_2$

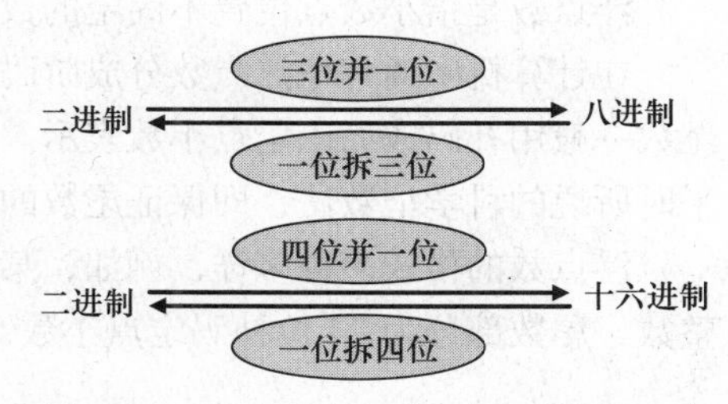

图 2-5　二、八、十六进制之间的转换示意

二、数值型数据在计算机中的表示方式

计算机处理的数据分为数值型和非数值型两类。数值型数据指数学中的代数值，具有量的含义，且有正负之分、整数和小数之分；而非数值型数据是指输入到计算机中的所有信息，没有量的含义，如数字符号 0～9、大写字母 A～Z 或小写字母 a～z、汉字、图形、声音及其一切可印刷的符号+、-、!、#、%、》等。由于计算机采用二进制，所以输入到计算机中的任何数值型和非数值型数据都必须转换为二进制。

任何一个非二进制整数输入到计算机中都必须以二进制格式存放在计算机的存储器中，且用最高位作为数值的符号位，并规定二进制数“0”表示正数，二进制数“1”表示负数，每个数据占用一个或多个字节。这种连同数字与符号组合在一起的二进制数称为机器数，由机器数所表示的实际值称为真值。

例如：求十进制数 77 的机器数

因为十进制数 77 的二进制数为 1001101，如果用一个字节表示机器数，则 77 在计算机中的表示如图 2-6 所示。

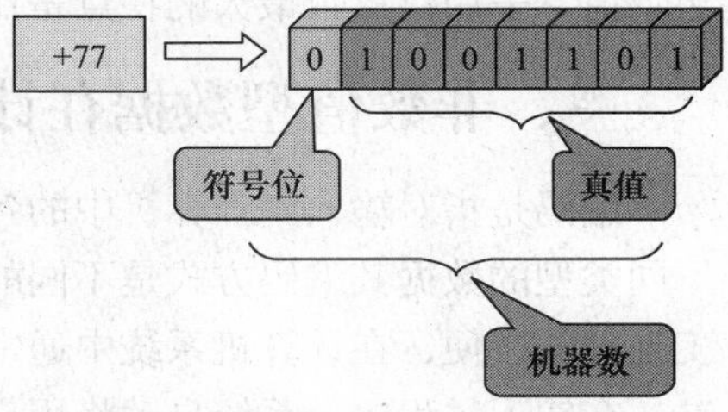

图 2-6　用机器数表示十进制数“77”

1. 机器数的表示方法

在计算机中，机器数也有不同的表示方法，通常用原码、反码和补码三种方式表示，其主要目的是解决减法运算。任何正数的原码、反码和补码的形式完全相同，负数则各自有不同的表示形式。

① 原码：正数的符号位用 0 表示，负数的符号位用 1 表示，数值部分用二进制形式表示，这种表示法称为原码。

② 反码：正数的反码和原码相同，负数的反码是对该数的原码除符号位外各位取反。

③ 补码：正数的补码和原码相同，负数的补码是反码加 1。

2. 带小数点数的表示方法

带小数点的数在计算机中用隐含规定小数点的位置来表示。根据小数点的位置是否固定，分为定点数和浮点数二种类型，相应的具有数的定点表示和浮点表示两种方式如图 2-7 所示。

（1）定点整数

定点整数是指小数点隐含固定在整个数值的最右，符号位右边所有的位数表示的是一个整数，最小数为 1。

（2）定点小数

定点小数是指小数点隐含固定在最高数据位的左边，最大数为 0。

（3）浮点数

浮点数是指小数点位置不固定的数，它既有整数部分又有小数部分，如 123.55、33.789 等。

在计算机中通常把浮点数分成阶码和尾数两部分来表示，其中阶码一般用补码定点整数表示，尾数一般用补码或原码定点小数表示。为保证不损失有效数字，对尾数进行规格化处理，也就是平时所说的科学记数法，即保证尾数的最高位为 1，实际数值通过阶码进行调整。

浮点数的格式多种多样，例如，某计算机用 4 个字节表示浮点数，阶码部分为 8 位补码定点整数，尾数部分为 24 位补码定点小数，如图 2-8 所示。

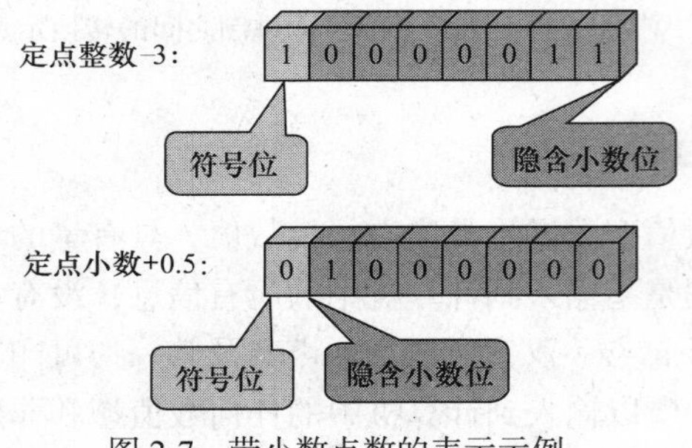

图 2-7　带小数点数的表示示例

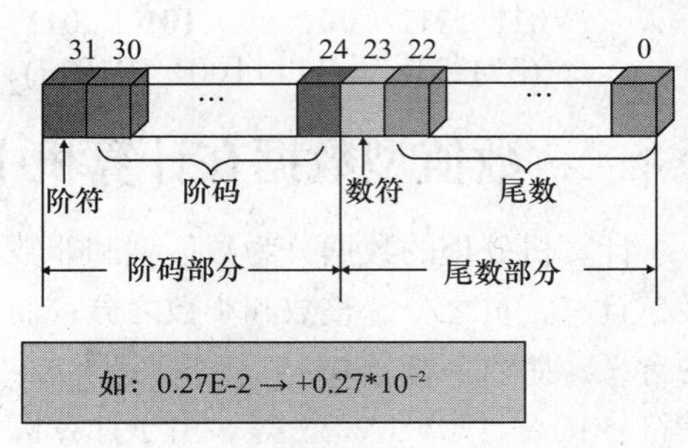

图 2-8　浮点数表示示例

其中：阶符表示数的符号位、阶码表示幂次、数符表示尾数的符号位、尾数表示规格化后的小数值。采用浮点数最大的特点是比定点数表示的数值范围大。

三、非数值型数据在计算机中的表示方式

编码是指对输入到计算机中的各种非数值型数据用二进制数进行编码的方式。对于不同机器、不同类型的数据其编码方式是不同的，编码的方法也很多。为了使信息的表示、交换、存储或加工处理的方便，在计算机系统中通常采用统一的编码方式，因此制定了编码的国家标准或国际标准。在输入过程中，系统自动将用户输入的各种数据按编码的类型转换成相应的二进制形式存入计算机存储单元中。在输出过程中，再由系统自动将二进制编码数据转换成用户可以识别的数据格式输出给用户。

1. ASCII 码

字符是计算机中使用最多的非数值型数据，是人与计算机进行通信、交互的重要媒介，通常使用 ASCII 码或 EBCDIC 码。ASCII（American Standard Code for Information Interchange）码是美国标准信息交换码，已被国际标准化组织定为国际标准，是目前最普遍使用的字符编码，ASCII 码有 7 位码和 8 位码两种形式。

7 位 ASCII 码是用七位二进制数进行编码的，可以表示 128 个字符。

第 0 ~ 32 号及 127 号（共 34 个）为控制字符，主要包括换行、回车等功能字符；第 33 ~ 126 号（共 94 个）为字符，其中第 48 ~ 57 号为 0 ~ 9 10 个数字符号，65 ~ 90 号为 26 个英文大写字母，97 ~ 122 号为 26 个小写字母，其余为一些标点符号、运算符号等。

例如，大写字母 A 的 ASCII 码值为 1000001，即十进制数 65，小写字母 a 的 ASCII 码值为 1100001，即十进制数 97。

在计算机的存储单元中，一个 ASCII 码值占一个字节（8 个二进制位），其最高位（b7）用作奇偶校验位。

2. 汉字编码

计算机在处理汉字信息时也要将其转化为二进制代码，这就需要对汉字进行编码。

（1）国标码

计算机处理汉字所用的编码标准是我国于 1980 年颁布的国家标准 GB 2312-80，即《中华人民共和国国家标准信息交换汉字编码》，简称国标码。国标码的主要用途是作为汉字信息交换码使用。

国标码与 ASCII 码属同一制式，可以认为它是扩展的 ASCII 码。在 7 位 ASCII 码中可以表示 128 个信息，其中字符代码有 94 个。国标码是以 94 个字符代码为基础，其中任何两个代码组成一个汉字交换码，即由两个字节表示一个汉字字符。在国标码表中，共收录了一、二级汉字和图形符号 7445 个。其中图形符号 682 个，分布在 1 ~ 15 区；一级汉字（常用汉字）3755 个，按汉语拼音字母顺序排列，分布在 16 ~ 55 区；二级汉字（不常用汉字）3008 个，按偏旁部首排列，分布在 56 ~ 87 区；88 区以后为空白区，以待扩展。

（2）区位码

国家标准将汉字和图形符号排列在一个 94 行、94 列的二维代码表中，分为 94 个区，每个区有 94 个位。由一个区号和一个位号就可以唯一地确定一个汉字或字符。这样有区号和位号组成的码，称为区位码。在区位码中，两位区号在高位，两位位号在低位。区位码可以唯一确定一个汉字或字符，反之任何一个汉字或字符都对应唯一的区位码。例如，汉字“啊”的区位码是“1601”，即在 16 区的第 01 位。

区位码和国标码并不相同，它们之间可以相互转换。区位码转换为国标码的方法为：先将十进制区码和位码分别转换为十六进制的区码和位码；再将这个代码的第一个字节和第二个字节分别加上 20H，就得到国标码。如，“保”字的国标码为 3123H，它是经过下面的转换得到的，1703D→1103H→+20H→3123H。

（3）机内码

机内码是指在计算机中表示一个汉字的编码。正是由于机内码的存在，输入汉字时就允许用户根据自己的习惯使用不同的汉字输入码，例如，拼音、五笔、自然、区位等，进入系统后再统一转换成机内码存储。国标码也属于一种机器内部编码，其主要用途是将不同的系统使用的不同编码统一转换成国标码，使不同系统之间的汉字信息进行相互交换。

机内码一般都采用变形的国标码。所谓变形的国标码是国标码的另一种表示形式，即将每个字节的最高位置 1。这种形式避免了国标码与 ASCII 码的二义性，通过最高位来区别是 ASCII 码字符还是汉字字符。

【知识支撑】

在本工作任务中，解决了信息如何在计算机中存储的问题，主要涉及以下内容。

① 数制。对数制进行了全面了解，由于电路设计简单、运算简单、工作可靠、逻辑性强，所以计算机系统采用了二进制。常用的进制有二进制、八进制、十进制、十六进制，进制之间可以互相转换。二进制的算术运算和逻辑运算法则。

② 数值型数据的表示方式主要了解机器数的原码、反码、补码表示方式以及带小数点的数值表示方式。

③ 非数值型数据的表示方式主要了解英文字符编码：ASCII 码和汉字的编码方式。其中汉字的编码方式从汉字在计算机中的处理过程来说，分别需要分解为输入，汉字的存储，输出等环节，且每个环节用的编码也不相同，且关键点在于要进行一系列的编码转换，输入环节所对应的是输入码，存储环节对应的是内部码，输出环节对应的是字形码。

汉字的输入码，具体可分为数字编码，如区位码、拼音码，如微软拼音、字型码，如五笔字形三类。

内部码也成为机内码。

字形码：字形码是通过点阵及矢量函数表示的。当需要输出汉字时，利用汉字字形检索程序根据汉字的内码从字模库中找到相应的字形码。

另外要注意国标码、区位码和机内码三者的相互转换关系。区位码+2020H=国标码；国标码+8080H=机内码。

思考练习

1. 计算机为何采用二进制？
2. 进行进制转换练习。
3. 二进制逻辑运算练习。

拓展练习

1. 计算机硬件系统能够直接识别的数据形式是（ ）。

A. 区位码　B. ASCII 码　C. 十进制编码　D. 二进制编码

2. 英文字符“B”的 ASCII 码的十进制表示为 66，那么英文字符“Z”的 ASCII 码的十进制表示应为（ ）。

A. 91　B. 42　C. 90　D. 任意数

3. 在计算机中，带符号的整数以（ ）方法表示。

A. 二进制　B. 十进制　C. ASCII 码　D. 原码、反码和补码

4. 二进制数“101110”所对应的八进制数是（ ）。

A. 45　B. 56　C. 67　D. 78

5. 字符的 ASCII 编码在机器中的表示方法准确地描述应是（ ）。

A. 使用 8 位二进制代码，最右边一位为 1

B. 使用 8 位二进制代码，最左边一位为 0

C. 使用 8 位二进制代码，最右边一位为 0

D. 使用 8 位二进制代码，最左边一位为 1

6. 二进制数“1010.11”所对应的十进制数为（ ）。

A. 20.3　B. 22.6　C. 14.125　D. 10.75

7. 数字字符“1”的 ASCII 码的十进制表示为 49，那么数字字符“8”的 ASCII 码的十进制表示为（ ）。

A. 54　　B. 56　　C. 58　　D. 60

8. 在下列各叙述中，正确的是（　　）。

A. 所有的十进制小数都能准确地转换为有限位二进制小数

B. 正数的补码是原码本身

C. 汉字的计算机机内码就是国标码

D. 存储器具有记忆能力，其中的信息任何时候都不会丢失

9. 已知 X = −44，Y = 57，利用补码计算 X + Y 的值是（　　）。

A. 10001101　　B. 00001101　　C. 11100101　　D. 01000101

10. 某汉字的区位码为“2010”，正确的说法是（　　）。

A. 该汉字的区码是 20，位码是 10

B. 该汉字的区码是 10，位码是 20

C. 该汉字的机内码高位是 20，低位是 10

D. 该汉字的机内码高位是 10，低位是 20

11. 某汉字的十进制区位码为“2138”，该汉字的机内码十六禁止数表示为（　　）。

A. B5C6H　　B. C1D8H　　C. B538H　　D. 21C6H

12. 把十进制数 512 转换成二进制数是（　　）。

A. 111011101B　　B. 1111111111B　　C. 100000000 B　　D. 1000000000B

13. 若要表示 0~16 的十进制数，使用二进制数最少需要（　　）位。

A. 2　　B. 3　　C. 4　　D. 5

14. 假设给定一个十进制整数 D，转换成对应的二进制整数 B，那么就这两个数字的位数而言，B 与 D 相比，下列描述正确的是（　　）。

A. B 的位数大于 D　　B. D 的位数大于 B

C. B 的位数大于等于 D　　D. D 的位数大于等于 B

15. 字符比较大小实际是比较它们的ASCII码值，下列正确的是（　　）。

A. A 比 B 大　　B. H 比 h 小　　C. F 比 D 小　　D. 9 比 D 大

16. 已知“装”字的拼音输入码是“zhuang”，而“大”字的拼音输入码是“da”，则存储它们内码分别需要的字节个数是（　　）。

A. 6，2　　B. 3，1　　C. 2，2　　D. 3，2

17. 在标准 ASCII 编码表中，数字码、小写英文字母和大写英文字母的前后次序是（　　）。

A. 数字、小写英文字母、大写英文字母

B. 小写英文字母、大写英文字母、数字

C. 数字、大写英文字母、小写英文字母

D. 大写英文字母、小写英文字母、数字

18. 在不同进制的四个数中，最小的一个数是（　　）。

A. 11011001（二进制）　　B. 75（十进制）

C. 37（八进制）　　D. 2A（十六进制）

19. 微机中，西文字符所采用的编码是______。

A. EBCDIC 码　　B. ASCII 码　　C. 原码　　D. 反码

20. 下列两个二进制数进行算术加运算，10100+111=______。

A. 10211　　B. 110011　　C. 11011　　D. 10011

项目三 管理计算机

Windows 7 是微软公司推出的新一代客户端操作系统，是当前主流的微机操作系统之前，与以往版本的 Windows 系统相比，Windows 7 在性能、易用性、安全性等方面有了非常明显的提高。

工作任务一　了解 Windows 7 新特点

【任务要求】

公司给所有员工的计算机的操作系统更换成 Windows 7，李琳以前一直使用的是 Windows XP 系统，对新的操作系统还不熟悉，于是决定先研究一下 Windows 7 系统。

【任务分析】

李琳决定主要了解一下 Windows 7 新特点。

【任务实施】

一、Windows 7 简介

Windows 7 包含 6 个版本，分别为 Windows 7 Starter（初级版）、Windows 7 Home Basic（家庭普通版）、Windows 7 Home Premium（家庭高级版）、Windows 7 Professional（专业版）、Windows 7 Enterprise（企业版）以及 Windows7 Ultimate（旗舰版）。

1. Windows 7 Starter（初级版）

这是功能最少的版本，缺乏 Aero 特效功能，没有 64 位支持，没有 Windows 媒体中心和移动中心等，对更换桌面背景有限制。它主要设计用于类似上网本的低端计算机，通过系统集成或者 OEM 计算机上预装获得，并限于某些特定类型的硬件。

2. Windows 7 Home Basic（家庭普通版）

这是简化的家庭版，中文版预期售价 399 元。支持多显示器，有移动中心，限制部分 Aero 特效，没有 Windows 媒体中心，缺乏 Tablet 支持，没有远程桌面，只能加入不能创建家庭网络组（Home Group）等。它仅在新兴市场投放，例如中国、印度、巴西等。

3. Windows 7 Home Premium（家庭高级版）

面向家庭用户，满足家庭娱乐需求，包含所有桌面增强和多媒体功能，如 Aero 特效、多点触控功能、媒体中心、建立家庭网络组、手写识别等，不支持 Windows 域、Windows XP 模式、多语言等。

4. Windows 7 Professional（专业版）

面向爱好者和小企业用户，满足办公开发需求，包含加强的网络功能，如活动目录和域支持、远程桌面等，另外还有网络备份、位置感知打印、加密文件系统、演示模式、Windows XP 模式等功能。64 位可支持更大内存（192GB）。 可以通过全球 OEM 厂商和零售商获得。

5. Windows 7 Enterprise（企业版）

面向企业市场的高级版本，满足企业数据共享、管理、安全等需求。包含多语言包、UNIX 应用支持、BitLocker 驱动器加密、分支缓存（BranchCache）等，通过与微软有软件保证合同的公司进行批量许可出售。不在 OEM 和零售市场发售。

6. Windows 7 Ultimate（旗舰版）

拥有所有功能，与企业版基本是相同的产品，仅仅在授权方式及其相关应用及服务上有区别，面向高端用户和软件爱好者。专业版用户和家庭高级版用户可以付费通过 Windows 随时升级（WAU）服务升级到旗舰版。

二、桌面

1. 添加桌面图标

Windows 7 安装完成后，默认的 Windows 7 桌面只显示“回收站”“我的电脑”、“Internet Explorer 图标”、及 “我的文档” 等都不显示，可以通过下述方法打开。

① 在桌面空白处右击鼠标，选择 “个性化”，如图 3-1 所示。

② 在个性化设置窗口，单击左侧的 “更改桌面图标” 链接，如图 3-2 所示。

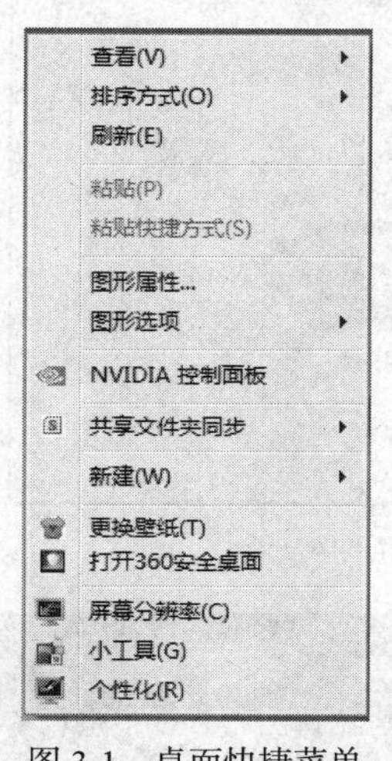

图 3-1 桌面快捷菜单

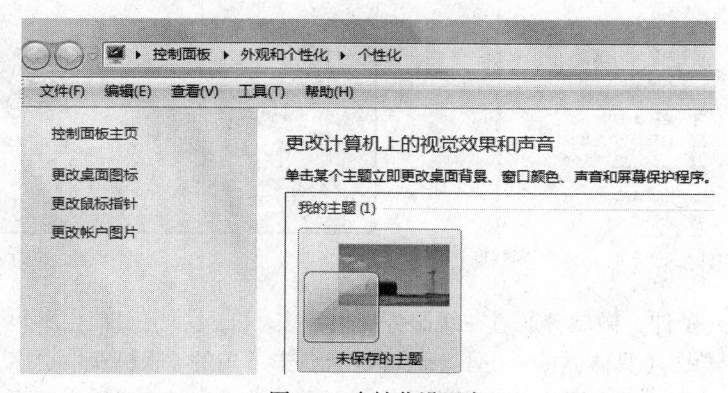

图 3-2 个性化设置窗口

③ 在弹出的 “桌面图标设置” 窗口，选中需要显示的桌面图标，单击确定即可，如图 3-3 所示。

2. 图标大小设置

右击桌面，选择查看，然后按需要选择 “大图标”、“中等图标” 或 “小图标”，如图 3-4 所示。或者按住 Ctrl 键的同时，滚动鼠标中间的滚轮，即可调整图标大小。

3. 小工具运用

① 在桌面空白处，单击鼠标右键，在弹出的菜单中选择 “小工具”，如图 3-5 所示。

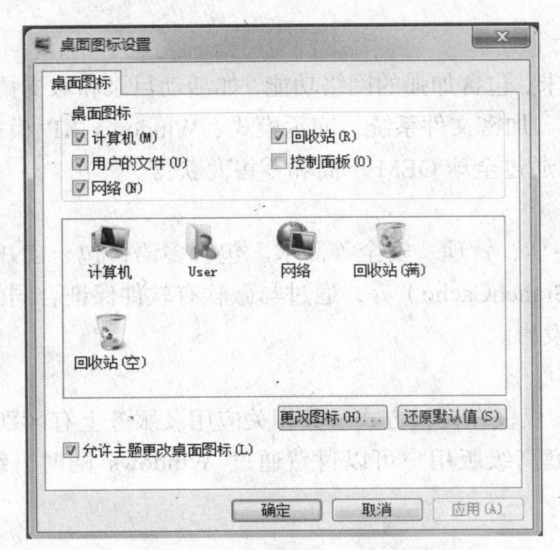

图 3-3 “桌面图标设置”窗口

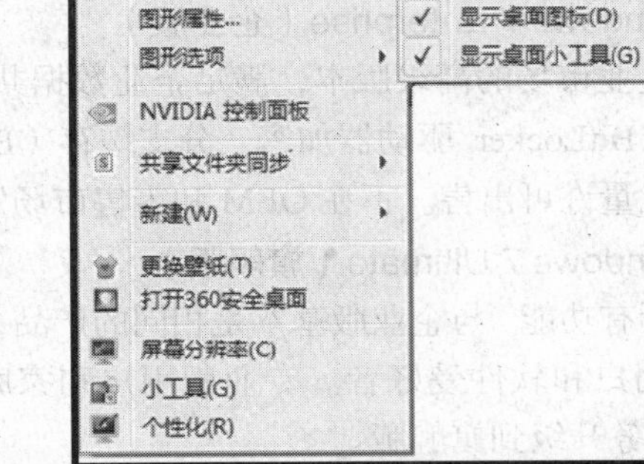

图 3-4 设置桌面图标大小

② 在弹出的“小工具”窗口（见图 3-6），选择所需的小工具，双击鼠标或直接拖动到桌面即可。添加小工具后桌面效果如图 3-7 所示。

图 3-5 “小工具”命令

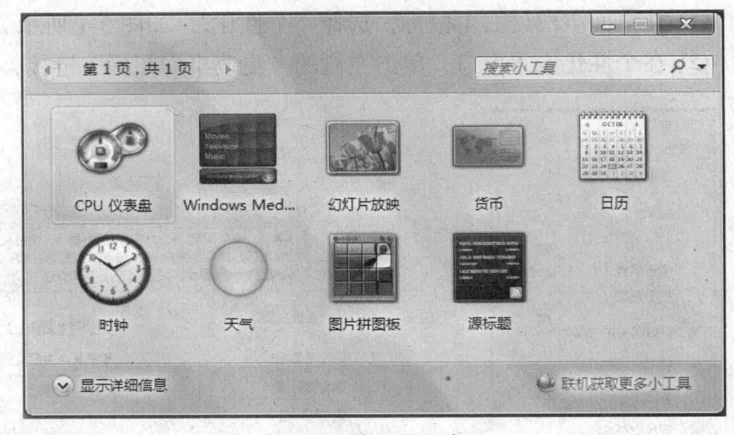

图 3-6 “小工具”窗口

延伸：微软曾通过在线服务提供更多小工具，但目前已不再这样做。（具体做法：在小工具面板上右击下角的“联机获取更多小工具”，可以联机获取更多的小工具）微软网站还建议用户不要从不可信来源获取小工具。微软表示，如果继续使用这些功能，那么可能会被植入恶意代码，导致黑客完全控制用户的计算机，建议用户关闭 Windows 7 中的小工具，以避免受到安全威胁。在 Windows 8 中，用“应用”代替了“小工具”。

图 3-7 桌面添加小工具效果图

4. 个性化设置

个性化设置可以更改计算机上的视觉效果和声音，具体包括桌面背景、窗口颜色、声音、屏幕保护程序等。

① 在桌面空白处单击鼠标右键，在弹出的菜单中选择“个性化”。打开“个性化”窗口后，

单击“桌面背景”链接，如图 3-8 所示。

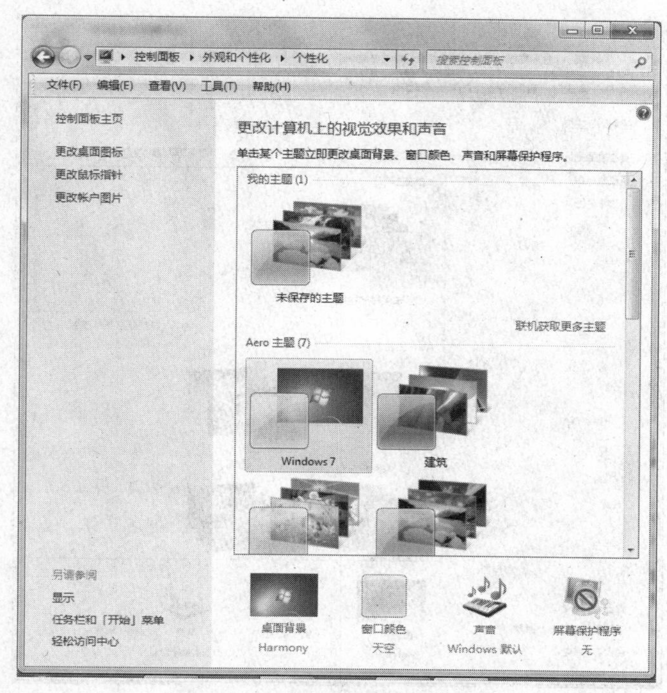

图 3-8 “桌面背景”链接

② 在“桌面背景”窗口（见图 3-9），选择希望在桌面出现的图片，然后修改下方的“更改图片时间间隔”选项，在规定的时间内将自动更换桌面。

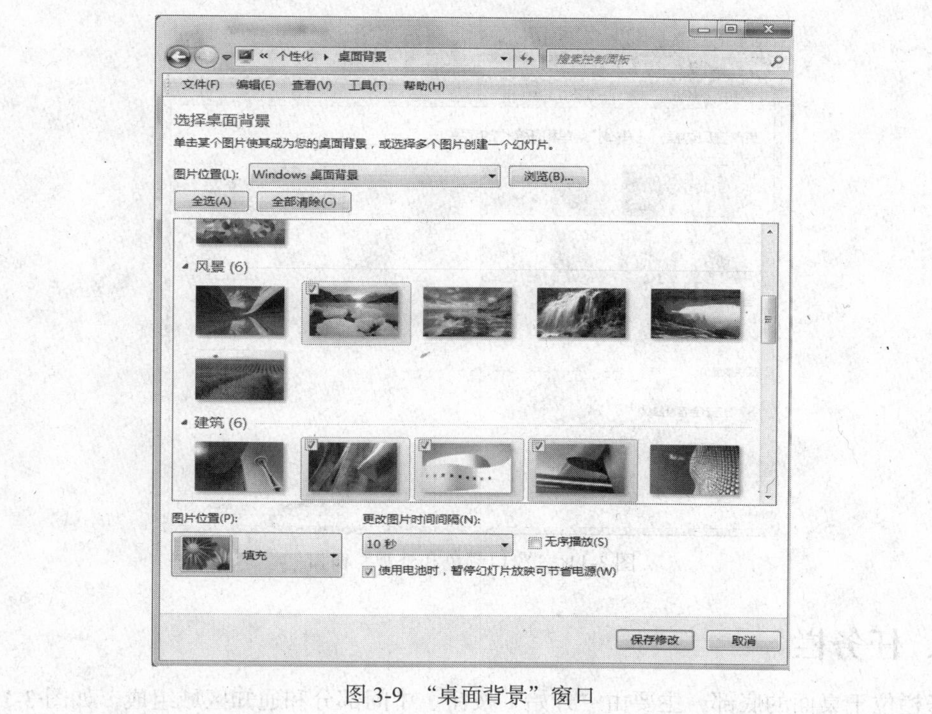

图 3-9 “桌面背景”窗口

③ 在“个性化”窗口，单击“窗口颜色”链接，如图 3-10 所示。

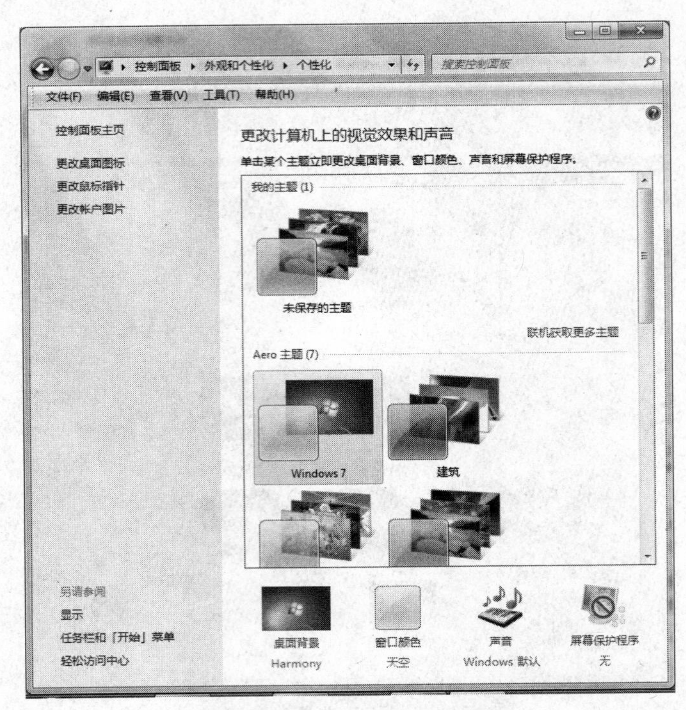

图 3-10 “窗口颜色”链接

④ 在“窗口颜色和外观”窗口（见图 3-11），更改窗口边框、开始菜单和任务栏的颜色和透明效果。

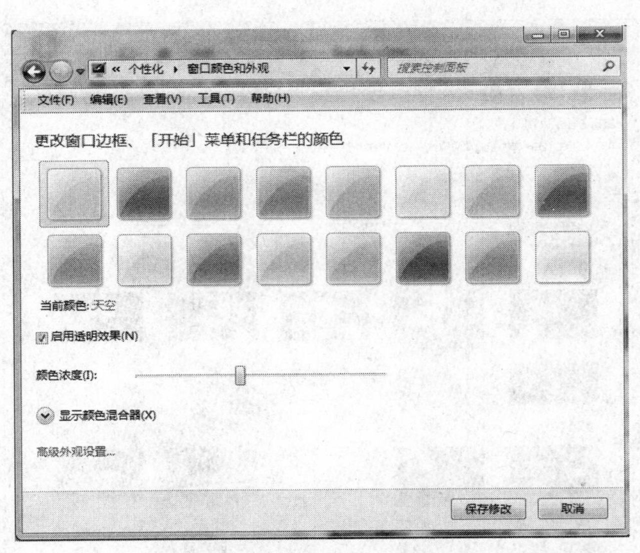

图 3-11 “窗口颜色和外观”窗口

三、任务栏

任务栏位于桌面的底部，主要由“开始”按钮、中间部分和通知区域组成，如图 3-12 所示。

“开始”按钮用于打开“开始菜单”，来启动大部分的应用程序；中间部分默认以大图标方式显示已打开的程序或文档；通知区域显示一些特定程序和计算机设置状态的图标，主要包括一些程序和时钟、音量、网络、操作中心等系统图标。

图 3-12 桌面“任务栏”

1. 开始菜单

（1）设置个性化的开始菜单

Windows 7 系统的开始菜单左列中会显示最近使用过的程序或项目的快捷方式，如图 3-13 所示。通过以下步骤可以自定义“开始”菜单里出现的项目。

① 右击任务栏上的“开始”按钮，选择“属性”，如图 3-14 所示。

图 3-13　开始菜单

图 3-14　开始按钮的快捷菜单

② 在打开的“任务栏和开始菜单属性”窗口，选择“开始菜单”选项卡，在其中的“隐私”设置里，可以选择是否储存最近打开过的程序和项目，这两个功能默认为勾选，所以一般都可以从 Windows 7 开始菜单左列中看到最近使用过的程序和项目。如果不想显示这些，可以在这里取消相关的勾选设置，如图 3-15 所示。

③ 右击桌面上 Word 图标，在弹出的快捷菜单中选择“附到开始菜单”，如图 3-16 所示。

④ 经过上述操作后，开始菜单显示。如图 3-17 所示。

⑤ 右击任务栏的空白位置，选择“属性”，打开“任务栏和开始菜单属性”窗口，选择“开始菜单” 选项卡，

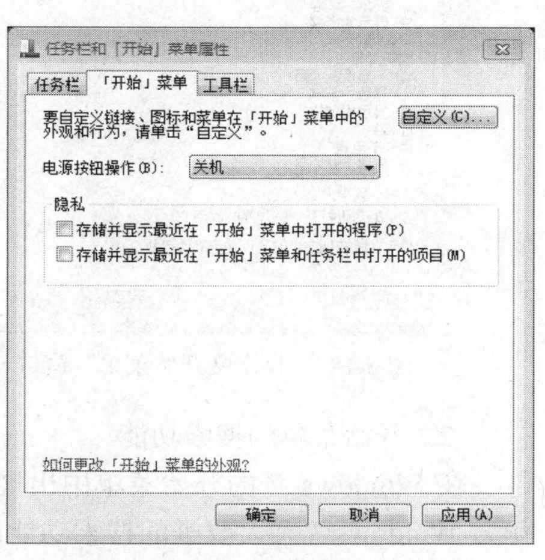

图 3-15　“任务栏和开始菜单属性”窗口

单击“自定义”按钮。

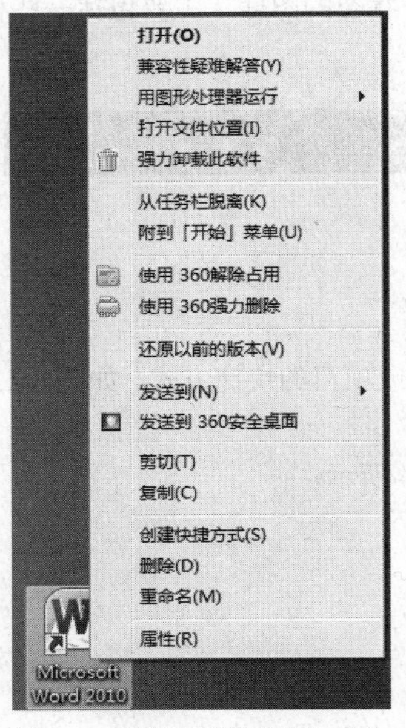

图 3-16 “附到开始菜单”命令

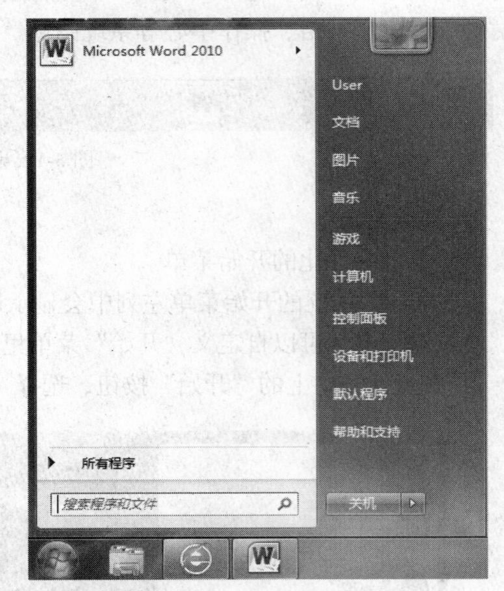

图 3-17 设置后的开始菜单

⑥ 打开“自定义开始菜单”窗口，将“计算机”那项设定为“不显示此项目”。如图 3-18 所示。单击“确定”按钮。

⑦“计算机”这一链接从开始菜单的右列消失，如图 3-19 和图 3-20 所示。

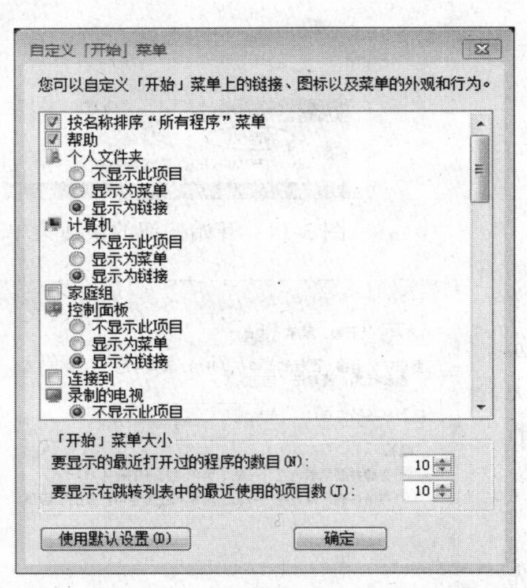

图 3-18 “自定义开始菜单”窗口

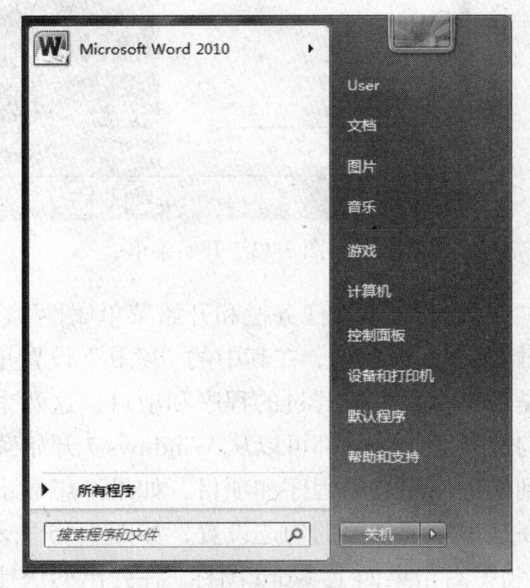

图 3-19 设置前

（2）开始菜单的搜索功能

在 Windows 7 的开始菜单中出现了一个新的项目——“开始搜索”框，如图 3-21 所示。作为 Windows 7 大大改进的搜索功能的一部分，通过这里的开始搜索框，我们能够快速进行即时搜索。

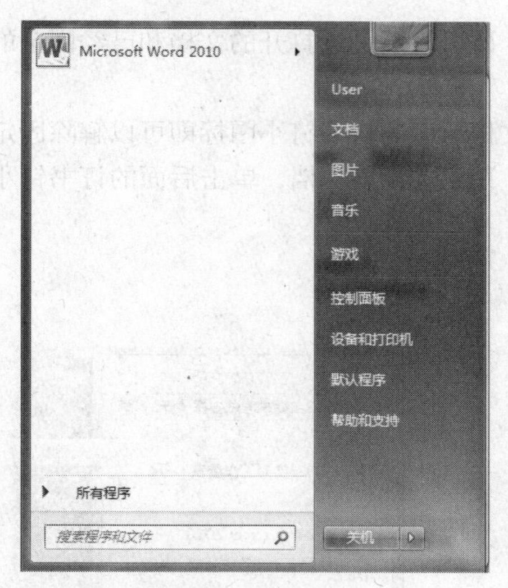

图 3-20　设置后

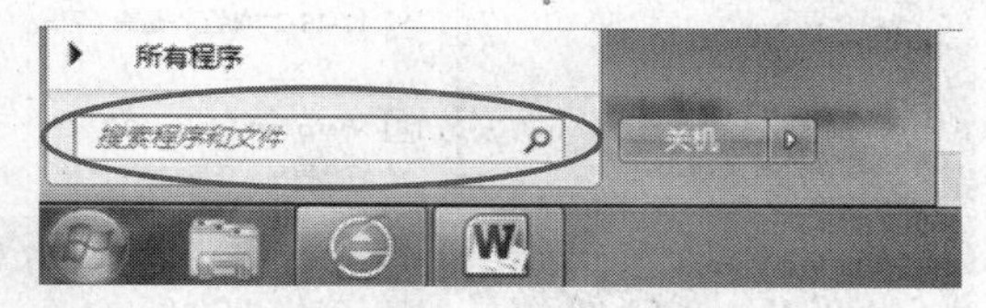

图 3-21　“开始搜索”框

① 启动开始菜单，在搜索框中键入关键词（如“QQ”）后，便可自动开始搜索，并且搜索结果会即时显现在搜索框上面的空白处，如图 3-22 所示。

② 如果搜索结果不是自己想要的，可以单击“查看更多结果”。获得更多跟搜索词有关的文件。如果要对搜索出来的文件进行修改（如进行把“文件进行压缩”、“发送到 U 盘”等操作）、打开或者编辑等操作，方法很简单，选中将要操作的文件，击右键，效果和在原文件单击鼠标右键一样。

2. 订书钉功能

订书钉功能是指可以把桌面上的图标以及开始菜单里的其他程序添加到任务栏，像订书钉一样排列，方便打开经常使用的程序和查看最近打开的文档。

① 在要锁定的软件（如 Excel）的图标上单击鼠标右键，选择“锁定到任务栏”命令，或者直接将程序拖动到任务栏，任务栏就会新增一个 Excel 图标，如图 3-23 所示。

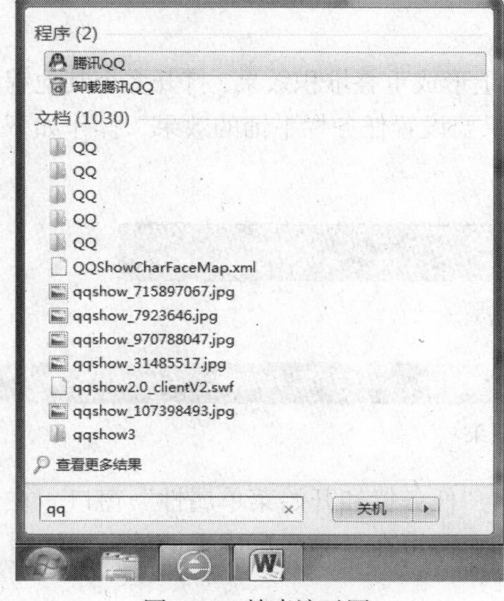

图 3-22　搜索演示图

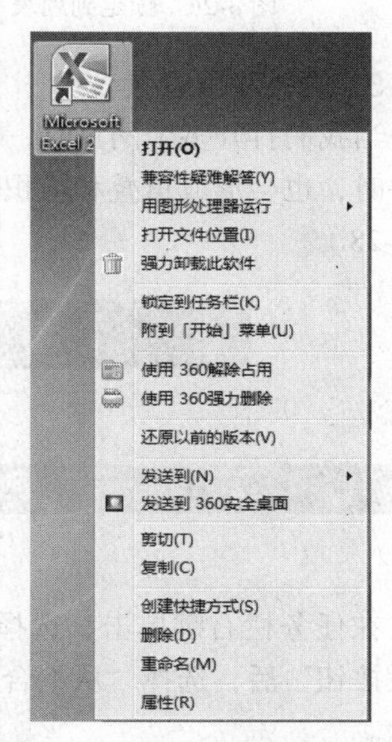

图 3-23　“锁定到任务栏”命令

② 在任务栏的 Excel 订书钉图标上单击鼠标右键，即可显示最近打开的文档和已经固定的文档，如图 3-24 所示。

如果想解除上面某文档的固定状态，只要单击该文档后面的订书钉小图标即可以解除固定状态（见图 3-25）。如果想把某个最近打开的文档固定，只要选择该文档，单击后面的订书钉小图标，即可将该文档固定到上面（见图 3-26）。

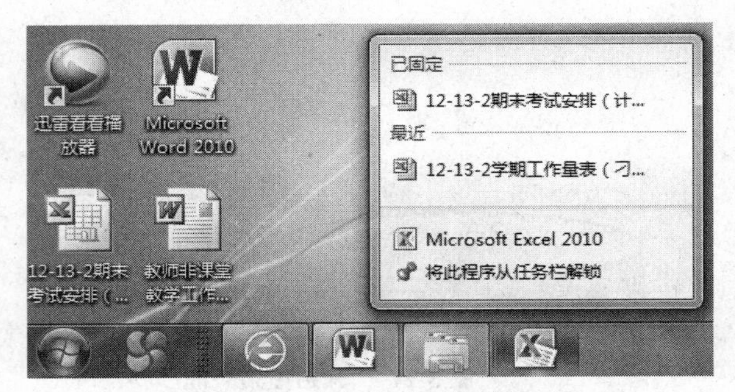

图 3-24　右击任务栏图标的效果

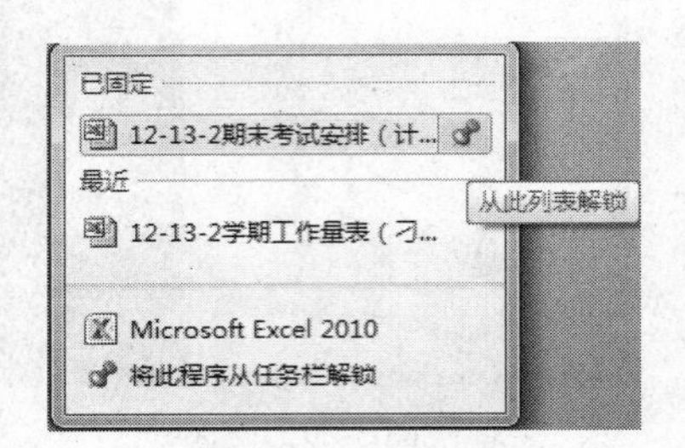

图 3-25　从列表中解除锁定

③ 如果想将程序从任务栏中解锁，则在任务栏的相应软件图标上单击鼠标右键，选择“将此程序从任务栏解锁”，如图 3-27 所示。

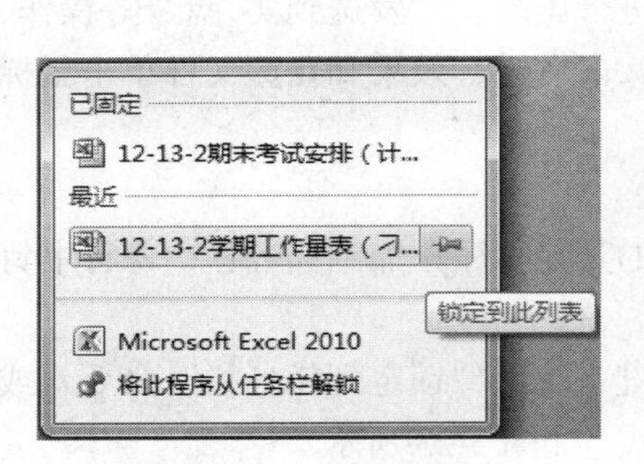

图 3-26　锁定到列表

图 3-27　将程序从任务栏中解锁

3. 合并隐匿设置

当我们打开多个网页时，默认会在任务栏 IE 图标上形成重叠堆积效果，打开多个其他程序和文件时，也会形成重叠和堆积效果（见图 3-28）。如果要设置任务栏平铺的效果，操作如下（见图 3-28）。

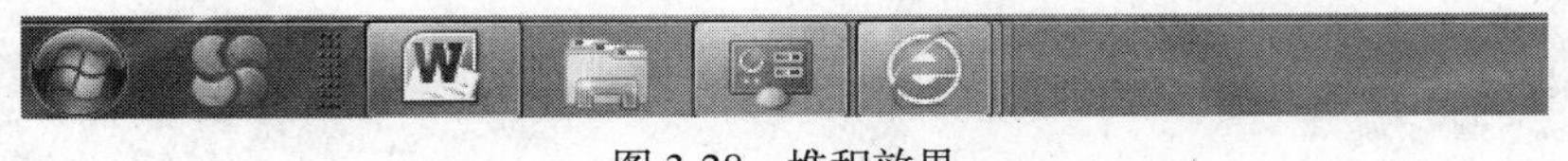
图 3-28　堆积效果

图 3-29　平铺效果

在任务栏右键单击，选择“属性”命令。在弹出“任务栏和开始菜单属性”窗口，在“任务栏按钮”后，选择“从不合并”，单击“确定”按钮，即可在任务栏形成平铺效果，如图 3-30 所示。

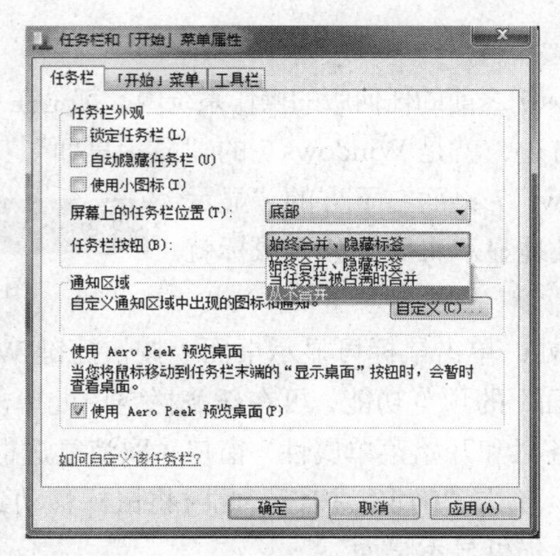

图 3-30 “任务栏和开始菜单属性”窗口

4. 通知区域图标

在使用 QQ 的过程中，我们习惯通过查看 QQ 在任务栏上的闪动，查看是否有好友信息，但在 Windows 7 系统中可能会找不到熟悉的 QQ 图标，这是因为 Windows 7 系统提供了灵活的任务栏通知区域图标设置，可以按自己的需要将指定的程序图标设置为隐藏或者显示。

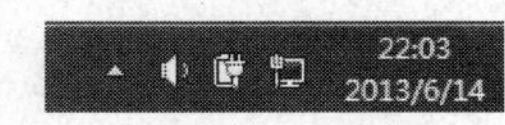

图 3-31 “显示隐藏的图标”按钮

① 鼠标单击任务栏上通知区域的“显示隐藏的图标”按钮，如图 3-31 所示。

图 3-32 “自定义”命令

② 在弹出的界面中，单击“自定义”命令（见图 3-32），弹出“选择在任务栏出现的图标和通知”窗口。选择相应的程序（如“QQ”），在后面“仅显示通知”、“隐藏图标和通知”、“显示图标和通知”三项中选择“显示图标和通知”即可。

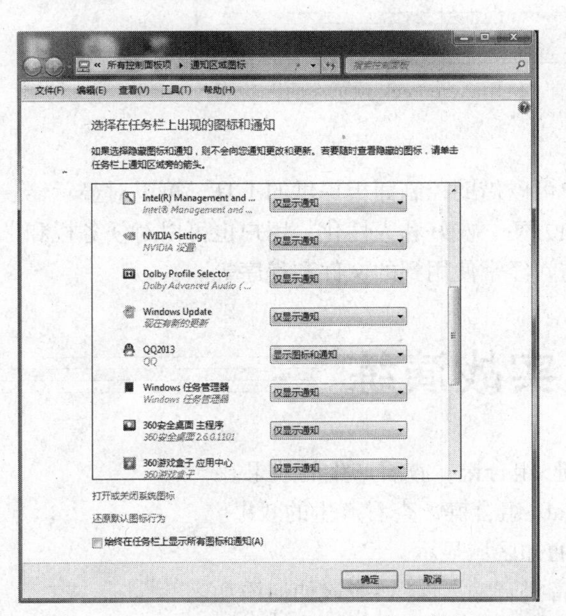

图 3-33 “选择在任务栏出现的图标和通知”窗口

5. 显示桌面

这个常用的功能在Windows 7之前的任何版的操作系统内，都是在“快速启动”栏里，Windows 7里的显示桌面在任务栏的最右边，就是Windows 7的“显示桌面”功能所在了，如图3-34所示。

① 将鼠标移动到Windows 7桌面右下方的“显示桌面”那里不动，就能暂时性地显示桌面，移开鼠标就恢复原来的样子。

图3-34 “显示桌面”按钮

② 在“显示桌面”按钮处，单击鼠标可显示桌面（按快捷键Win+D）。

③ 如果要取消“显示桌面”的预览功能，可在任务栏空白处单击鼠标右键，在弹出的菜单中选择“属性”，在弹出的“任务栏和开始菜单属性”窗口，取消复选框“使用Aero Peek预览桌面”的选中状态，如图3-35所示。单击“确定”按钮，此时将鼠标移动到“显示桌面”处，“预览桌面”功能将失效。如单击鼠标仍可显示桌面。

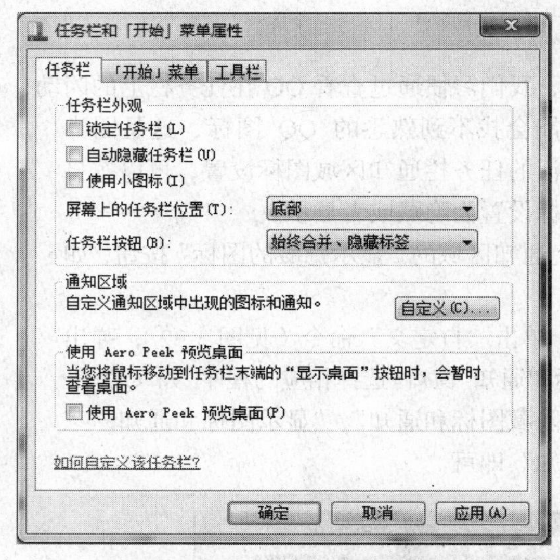

图3-35 取消“使用Aero Peek预览桌面”功能

【知识支撑】

在使用Windows7的过程中，用户可以借助控制面板提供的工具，可以对显示器、鼠标、键盘、输入法进行设置，使工作环境更加方便、友好和人性化。用户也可以对任务栏和“开始”菜单进行设置，让用户更轻松地管理和访问经常使用到的文件和程序等。

实战演练

1. 打开一个窗口，按<Win+方向键>组合键，查看产生的效果。
2. 同时打开多个窗口，按<Win+Tab>组合键，查看产生的效果。
3. 将杀毒程序的图标在任务栏的通知区域显示。
4. 如果目前电脑中没有“搜狗拼音拼音输入法”，应该如何添加。
5. 如果要让屏幕的字大一些，应该怎么设置。
6. 将Word程序锁定到任务栏。

7．将开始菜单中显示的最近打开过的程序数目设置为 5。

拓展练习

创建属于自己的个性化桌面。

工作任务二　管理计算机中的信息

【任务要求】

领导让李琳做一个 2014 年的新员工培训方案，李琳在接到任务后，着手开始做，她想参考一下去年做的方案，可记不清放到什么地方了，决定先整理一下计算机中的文件，然后完成领导的任务。

【任务分析】

具体的操作有：删除掉一些没用的文件；将关联文件移动到同一个文件夹；重命名一些文件；暂不用的文件隐藏掉；常用的文件可以用快捷方式、收藏夹或使用库来管理；新建文件和文件夹。

【任务实施】

一、资源管理器

资源管理器是大家熟悉和常用的 Windows 文件查看和管理工具，和之前的 Windows 版本相比，Windows 7 的资源管理器提供了更加丰富和方便的功能。我们可以使用高效搜索框、库功能、灵活地址栏、丰富视图模式切换、预览窗格等，有效帮助我们轻松提高文件操作效率。

1．资源管理器的打开

方法 1：用鼠标右键单击任务栏上的“开始”按钮，在弹出的菜单中选择“打开 Windows 资源管理器”，即可打开 Windows 7 资源管理器，如图 3-36 所示。

图 3-36　从 Windows 7 开始按钮右键菜单打开 Windows 7 资源管理器

方法 2：单击 Windows 7 桌面左下角的圆形“开始”按钮，在弹出的开始菜单单击右列的“计算机”，即可打开 Windows 7 资源管理器，如图 3-37 所示。

方法 3：将资源管理器固定到 Windows 7 任务栏中后，直接单击图标打开 Windows 7 资源管理器。

用前面介绍的方法打开 Windows 7 资源管理器，然后在任务栏中的资源管理器图标上单击鼠标右键，选择“将此程序锁定到任务栏”，以后就可以随时从 Windows 7 任务栏中单击图标打开资源管理器了，如图 3-38 所示。

方法 4：快捷键“Win + E”打开 Windows 7 资源管理器。

方法 5：双击 Windows 7 桌面计算机图标打开 Windows 7 资源管理器。

2．资源管理器的界面布局

相比 XP 系统来说，Windows 7 对 Windows 资源管理器界面（如图 3-39 所示）设计得更为周到；页面功能布局也较多：设有菜单栏、细节窗格、预览窗格、导航窗格等；内容则更丰富：如收藏夹、库、计算机、网络等。

图 3-37　从开始菜单打开 Windows 7 资源管理器

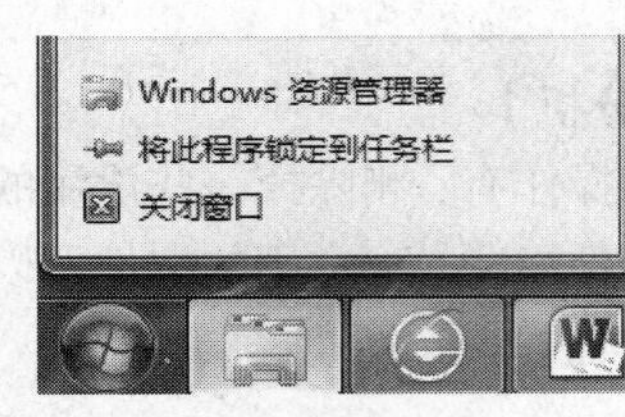

图 3-38　将资源管理器图标固定到 Windows 7 任务栏中

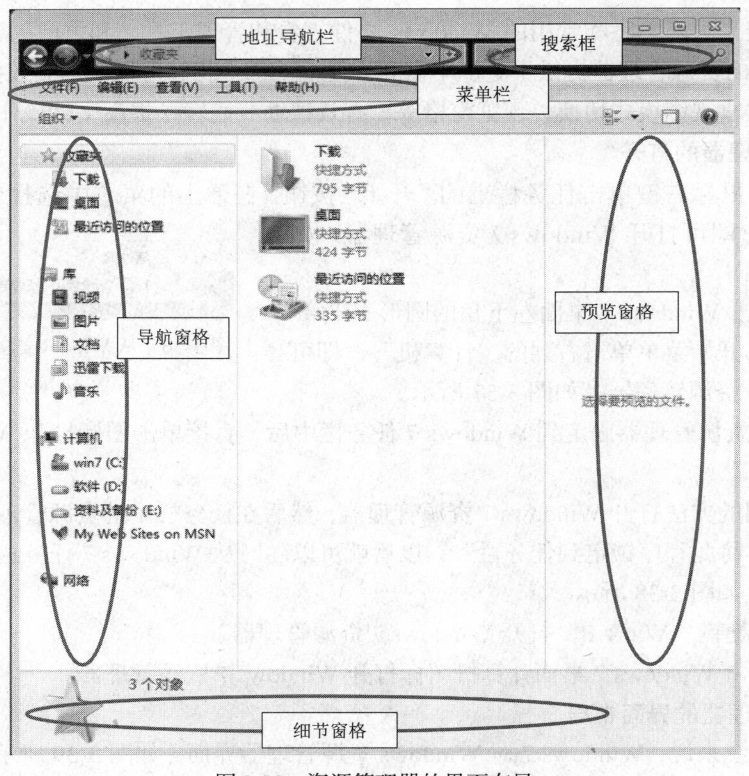

图 3-39　资源管理器的界面布局

（1）地址导航栏

在 Windows 7 的地址栏中，增加了“按钮”的概念，当鼠标移动到地址栏的路径上之后会发现：地址栏为每一级目录都提供了下拉菜单小箭头，单击这些小箭头可以快速查看和选择指定目录中的其他文件夹，非常方便快捷。

① 打开 C:\Windows\addins 文件夹。单击“计算机”后面的黑色右箭头“▸”，可以打开它的子菜单，如图 3-40 所示。

图 3-40　地址导航栏中地址的子菜单

② 在下列菜单中直接选中本地磁盘（D:），就可以直接跳转到 D 盘下了。

③ 打开 C:\Windows\addins 文件夹，在地址栏空白处单击鼠标左键，可以查看和复制当前的文件路径，即可让地址栏以传统的方式显示文件路径，如图 3-41 和图 3-42 所示。

图 3-41　单击前

图 3-42　单击后

（2）搜索框

Windows 7 系统资源管理器的搜索框在菜单栏的右侧，可以灵活调节宽窄。它能快速搜索 Windows 中的文档、图片、程序、Windows 帮助甚至网络等信息。Windows 7 系统的搜索是动态的，当我们在搜索框中输入第一个字的时候，Windows 7 的搜索就已经开始工作，大大提高了搜索效率。

（3）预览窗格

打开 Windows 7 资源管理器，直接单击右上角的“显示/隐藏预览窗格”按钮，或者依次单击界面左上角的菜单“组织—布局”，勾选“预览窗格”就可以打开 Windows 7 资源管理器的预览窗格，如图 3-43 所示。

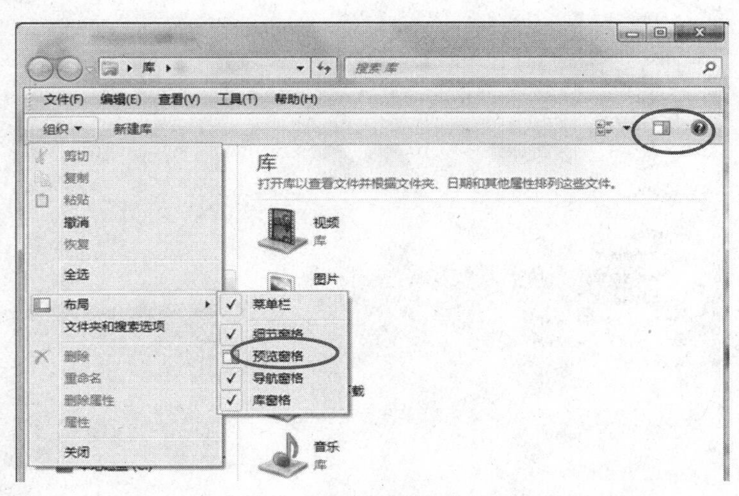

图 3-43　打开预览窗格

开启预览窗格之后，资源管理器界面右侧会多出一栏，这一栏就是文档的预览显示部分，将鼠标移到预览部分左侧分隔线上，鼠标会变成左右箭头，拖动鼠标即可自由调整预览窗格的大小。打开 Windows 7 的图片库，单击中间文件列表中的图片文件，右边的预览窗格即可看到这幅图片。

（4）收藏夹

Windows 7 系统提供了收藏夹的功能。Windows7 默认的窗口布局为树形文件夹显示方式，打开每层文件夹后“收藏夹”便显示在最顶部，可以很方便地预览。如果把经常访问的文件夹加入 Windows7 的“收藏夹”，以后会很方便地找到。这样就不怕目标文件夹被一层套一层地隐藏在很深的目录里了。

首先，找到要添加到 Windows 7“收藏夹”中的文件夹，用鼠标将其拖拽至收藏夹区域。然后松开鼠标，该文件夹就显示在 Windows7 系统的“收藏夹”里了。

如果不用这个文件夹了，可以直接在“收藏夹”里把它给删掉，不用担心删掉后，文件夹就被删除了，因为拖到“收藏夹”里的是这个文件夹的“快捷方式”。

（5）库

我们也可以用库来管理文件夹。用库可以很轻松地组织和访问文件，而不用关心它实际存放的位置。在 Windows7 库里的任一文件夹都可以层层打开以显示其中的具体内容，查看预览很方便。

二、文件及文件夹的管理

1. 文件的常规管理

（1）文件夹的新建

在 D 盘下新建一个名为“新员工培训计划”的文件夹。

① 双击桌面上“计算机”图标，在打开的资源管理器的导航窗格选择 D 盘，如图 3-44 所示。

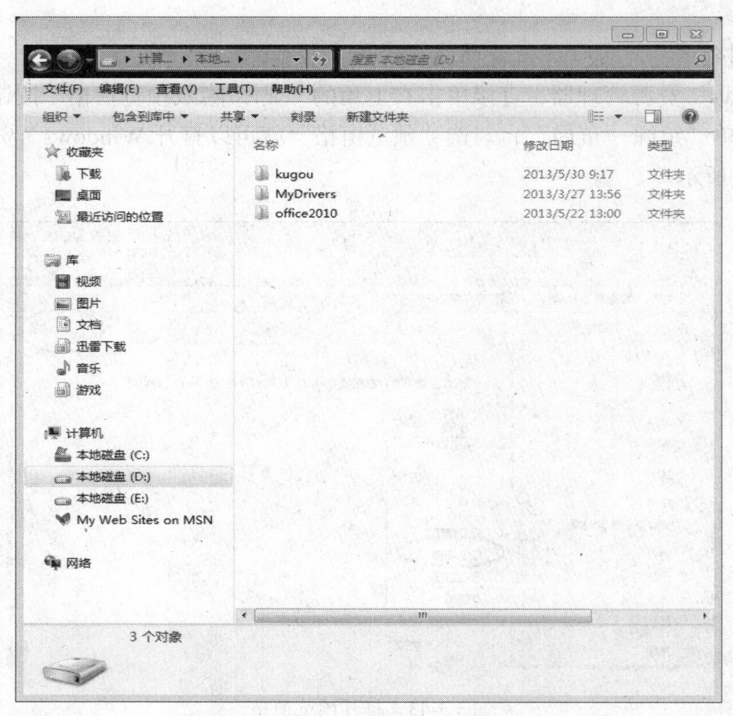

图 3-44　在资源管理器中打开 D 盘

② 右击磁盘的空白区域，在弹出的快捷菜单中依次选择“新建”|“文件夹”，如图 3-45 所示。

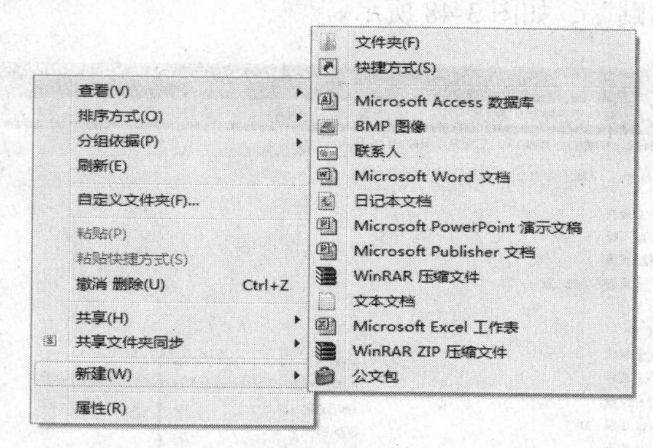

图 3-45 使用快捷菜单命令创建“新建文件夹”

③ 在文件夹的名称框里输入“各年度新员工培训计划”，如图 3-46 所示。

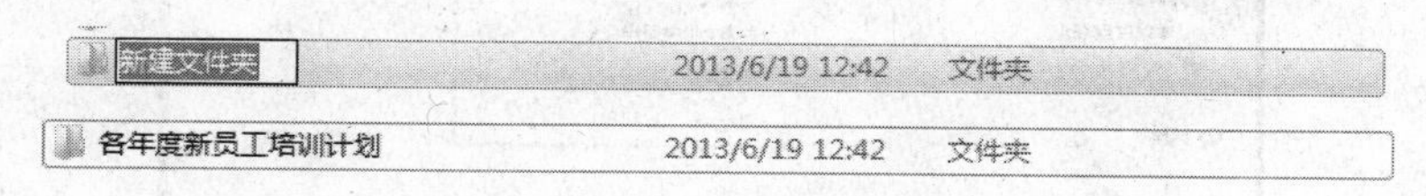

图 3-46 输入文件名

（2）文件的移动

将 D 盘下的名为“2012 年新员工培训计划”和“2013 年新员工培训计划”的两个 Word 文档移动到刚新建的文件夹“各年度新员工培训计划”里。

① 选中“2012 年新员工培训计划”和“2013 年新员工培训计划”的两个 Word 文档，右击鼠标，在弹出的快捷菜单中选择“剪切”，如图 3-47 所示。

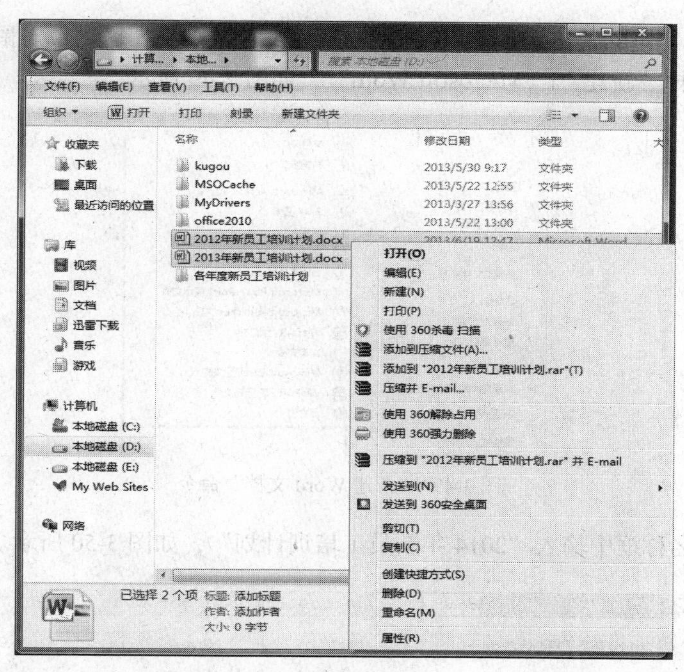

图 3-47 剪切文件

② 双击文件夹“各年度新员工培训计划”，在打开的文件夹的空白区域单击鼠标右击，在弹出的快捷菜单中选择“粘贴”，如图 3-48 所示。

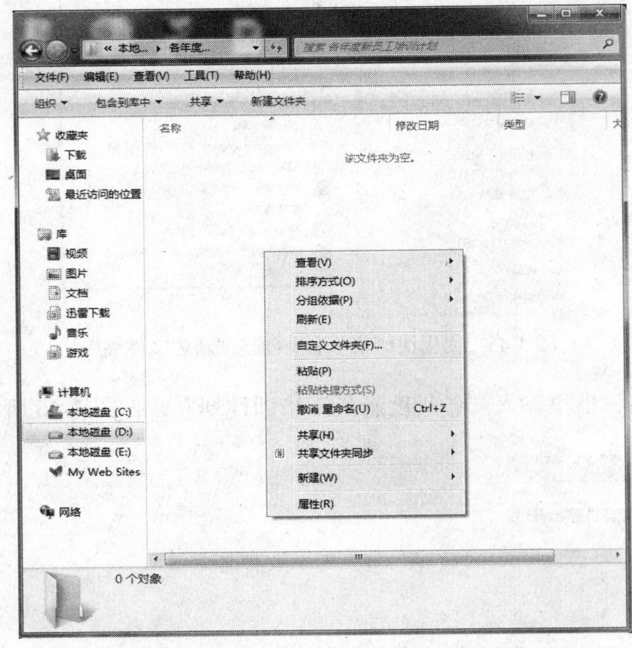

图 3-48　粘贴文件

（3）文件新建

在 D 盘的“各年度新员工培训计划”文件夹下新建一个名为“2014 年新员工培训计划”的 Word 文档。

① D 盘的“各年度新员工培训计划”文件夹，在文件夹的空白区域单击鼠标右键，在弹出的快捷菜单中依次选择“新建”|“Microsoft Word”，如图 3-49 所示。

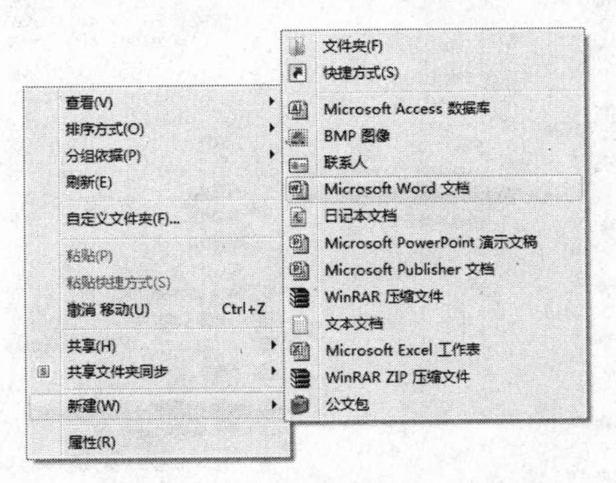

图 3-49　“新建 Word 文档”命令

② 在文件的名称框中输入“2014 年新员工培训计划”，如图 3-50 所示。

新建 Microsoft Word 文档.docx	2013/6/19 13:25	Microsoft Word ...	0 KB
2014年新员工培训计划.docx	2013/6/19 13:25	Microsoft Word ...	0 KB

图 3-50　在名称框中输入文件的名称

（4）文件和文件夹的属性设置

将 D 盘下的文件夹“2010 年前资料”隐藏步骤如下。

① 右击“2010 年前资料”文件夹，在弹出的快捷菜单中选择“属性”，如图 3-51 所示。

② 在弹出的文件夹属性窗口中，选中“隐藏”复选框，单击“确定”按钮，如图 3-52 所示。

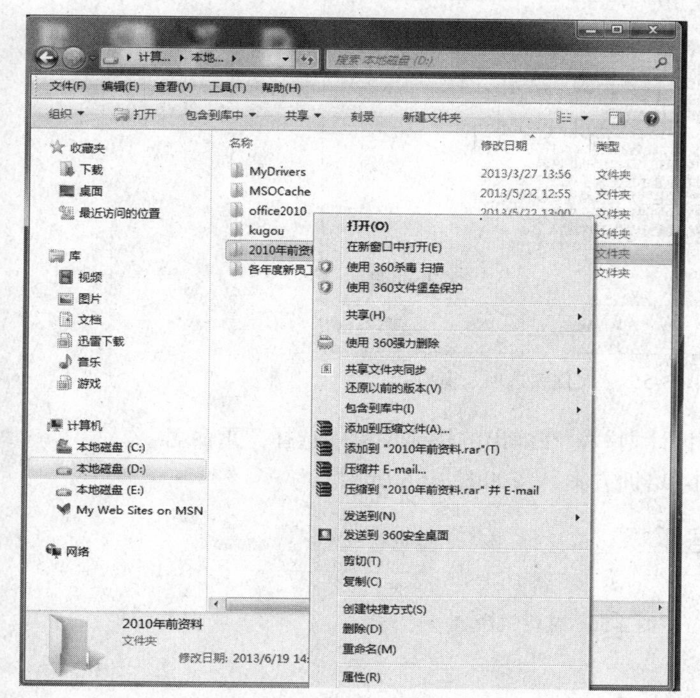

图 3-51　文件夹属性命令

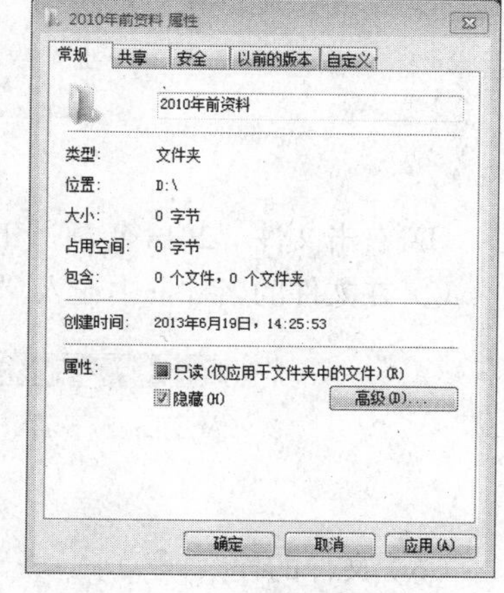

图 3-52　设置隐藏属性

③ 如果“2010 年前资料”文件夹仍然显示，该文件夹的颜色会略淡于其他文件夹，如图 3-53 所示。

④ 如果要隐藏该文件夹，依次单击菜单栏的“工具”|“文件夹选项”，如图 3-54 所示。

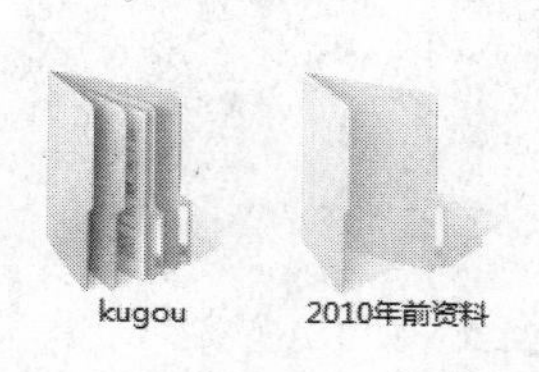

图 3-53　隐藏效果

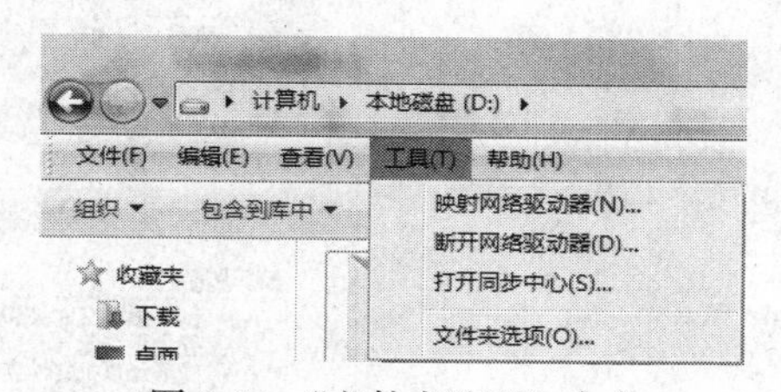

图 3-54　“文件夹选项”命令

⑤ 在弹出的“文件夹选项”窗口，选择“查看”选项卡。将其中的“隐藏文件和文件夹”选项设置为“不显示隐藏的文件、文件夹或驱动器”，单击“确定”按钮，如图 3-55 所示。

⑥ 经过上述设置，名为“2010 年前资料”的文件夹就被隐藏了。如果需显示该文件夹，则将⑤中的“隐藏文件和文件夹”选项设置为“显示隐藏的文件、文件夹或驱动器”。

（5）文件重命名

将文件“2014 年新员工培训计划”重命名为“2014 培训方案”。

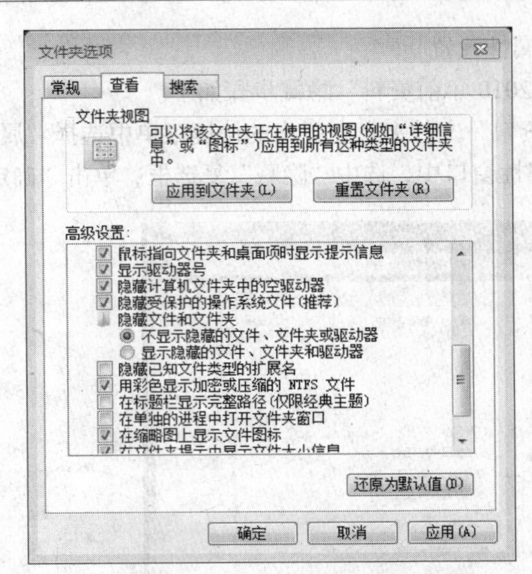

图 3-55 “文件夹选项”窗口

① 右击文件“2014 年新员工培训计划”，在弹出的快捷菜单中选择“重命名”。

② 在文件的名称框中输入“2014 培训方案”，如图 3-56 所示。

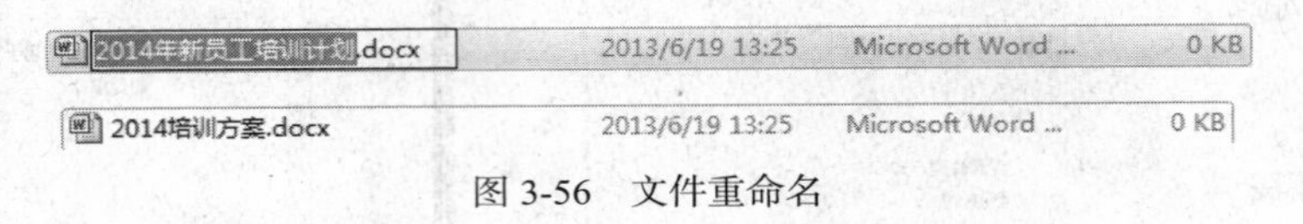

图 3-56 文件重命名

（6）文件的搜索

搜索 D 盘中的名为“2010 年前资料”的文件夹。

① 打开“文件夹选项”窗口，将“隐藏文件和文件夹”设置为“显示隐藏的文件、文件夹和驱动器”，单击“确定”按钮，如图 3-57 所示。

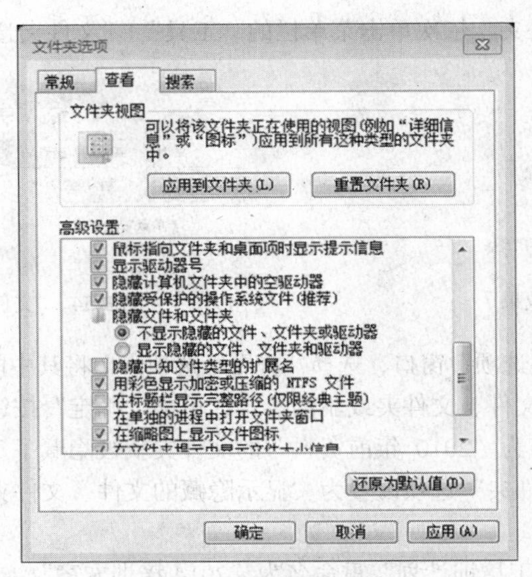

图 3-57 设置“隐藏文件和文件夹”选项

② 在资源管理器中，选中 D 盘，然后在搜索框中输入“2010 年前资料”，如图 3-58 所示。

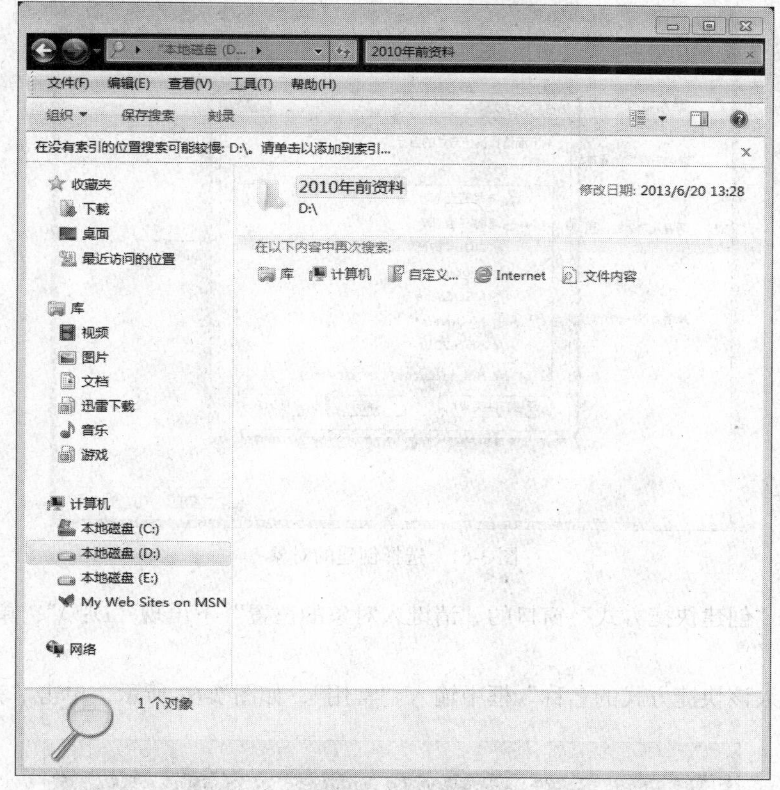

图 3-58 搜索文件夹

（7）创建快捷方式

为计算机的 D 盘在桌面创建一个名为“常用”的快捷方式。

① 右击桌面空白位置，在弹出的快捷菜单中依次选择“新建”|“快捷方式”，如图 3-59 所示。

② 在弹出的“创建快捷方式”窗口（见图 3-60），单击“浏览”按钮。

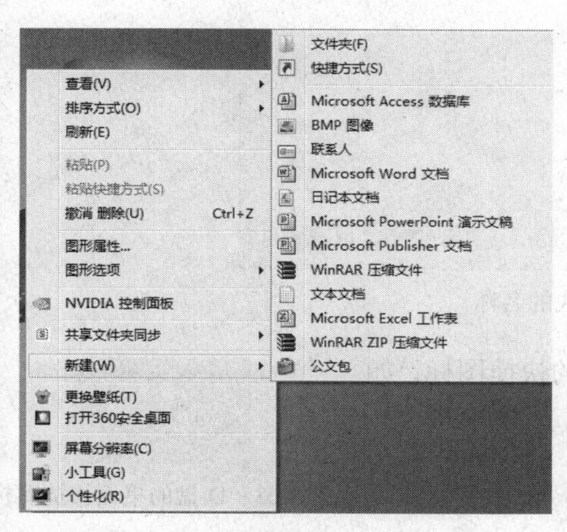

图 3-59 “创建快捷方式”命令

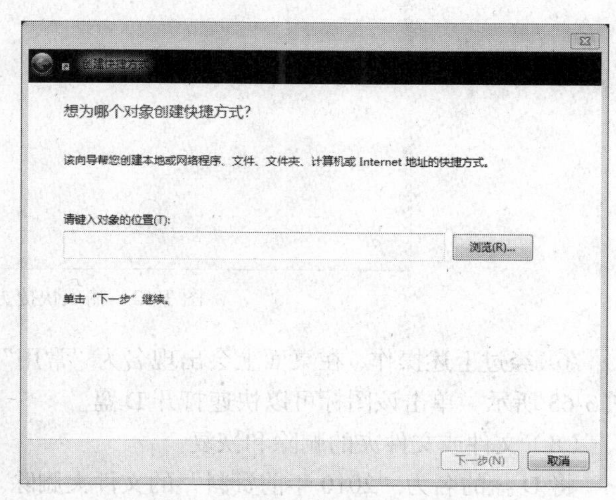

图 3-60 “创建快捷方式”窗口

③ 在弹出的“浏览文件或文件夹”窗口，选中“D 盘”，如图 3-61 所示，单击“确定”按钮。

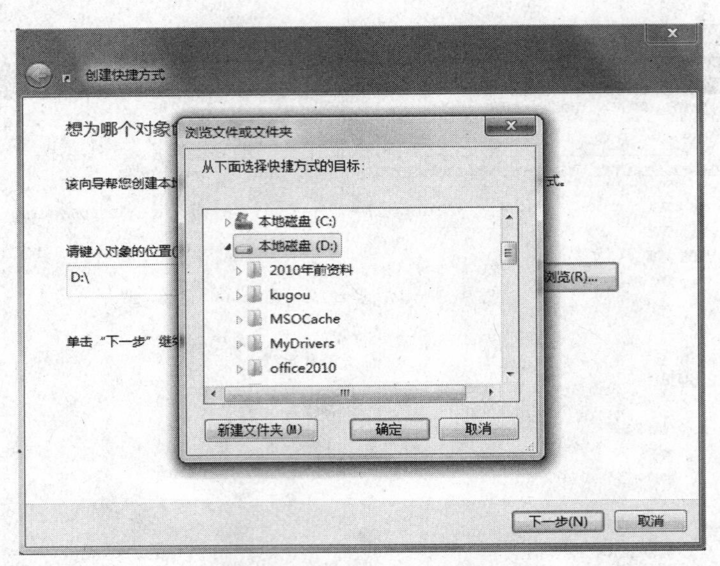

图 3-61　选择创建的对象

④ 此时在“创建快捷方式”窗口的“请键入对象的位置”下出现“D: \”，单击“下一步”按钮。

⑤ 在“键入该快捷方式的名称”框中输入“常用”，如图 3-62 所示，单击“完成”按钮。

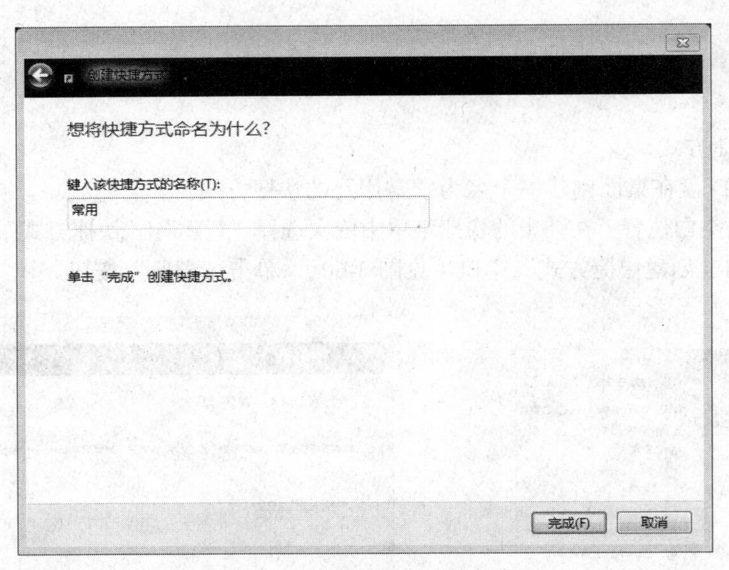

图 3-62　输入快捷方式的名称

⑥ 经过上述操作，在桌面上会出现名为“常用”的快捷图标，如图 3-63 所示。单击该图标可以快速打开 D 盘。

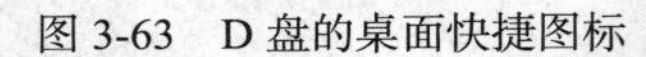

图 3-63　D 盘的桌面快捷图标

（8）文件或文件夹的删除和恢复

将 D 盘的名为“2010 年前资料”的文件夹删除。

① 先找到该文件夹，然后右击该文件夹，在弹出的快捷菜单中选择“删除”。

② 在弹出的“删除文件夹”的窗口（见图 3-64），单击“是”按钮后，该文件夹即从 D 盘删除掉。

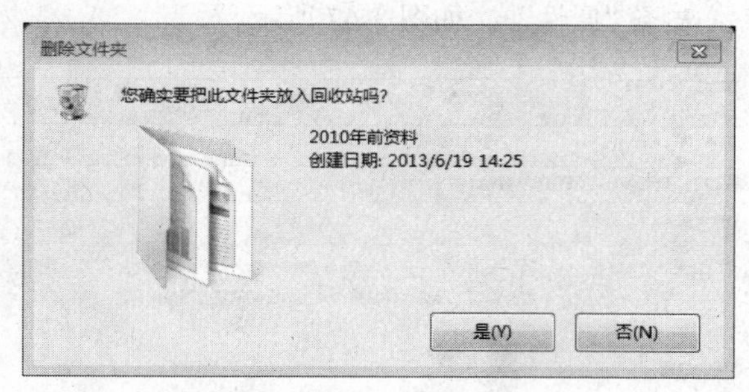

图 3-64　“删除文件夹”的窗口

③ 如果发现该文件夹被误删除，想恢复，则双击桌面的“回收站”图标，打开回收站，在回收站里右击该文件夹，在弹出的快捷菜单中选择“还原”（见图 3-65），即可在 D 盘再次出现该文件夹。

还原(E)
剪切(T)
删除(D)
属性(R)

图 3-65　恢复删除的文件

2. 使用库管理文件

在 Windows 7 中，除了自带的 4 个默认库（文档库、音乐库、图片库和视频库）外，我们还可以根据自己的需要随意创建新库。

（1）新建库

① 打开资源管理器，右击“库”，在弹出菜单中选择“新建”→“库”，如图 3-66 所示。

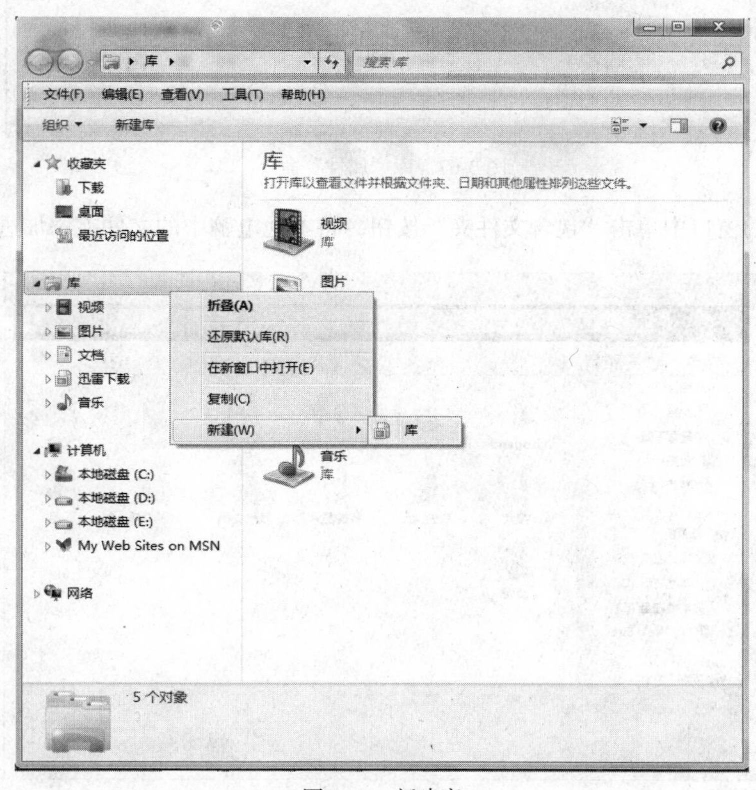

图 3-66　新建库

② 将新建的库重名为“游戏”。

（2）把常用文件夹添加到库中

① 右击“游戏”库，选择“属性”，如图 3-67 所示。

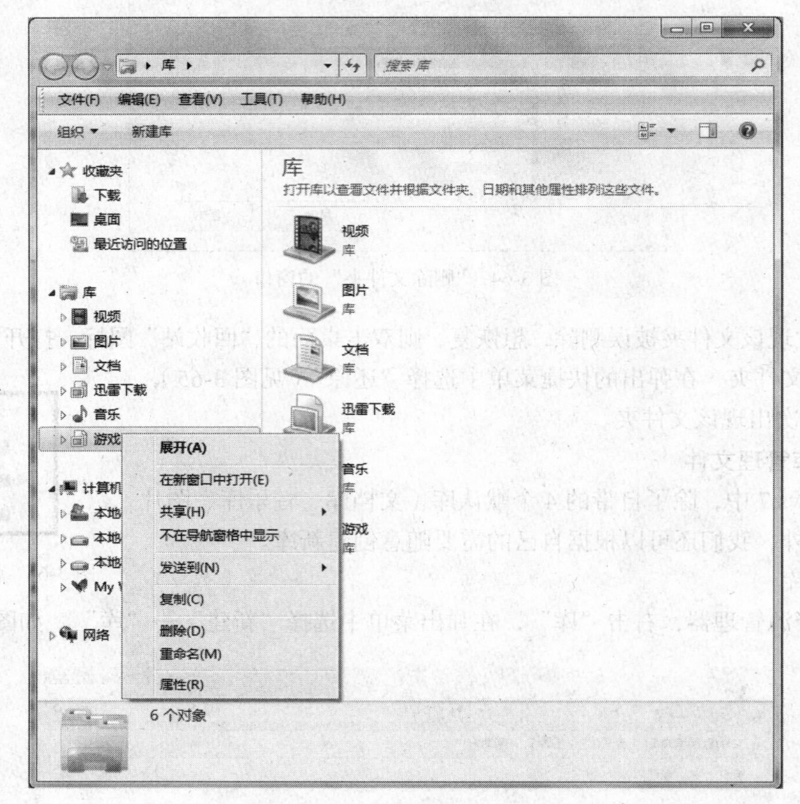

图 3-67　库“属性”命令

② 在弹出的窗口中单击“包含文件夹”按钮，将本地电脑中的文件夹添加进来即可。

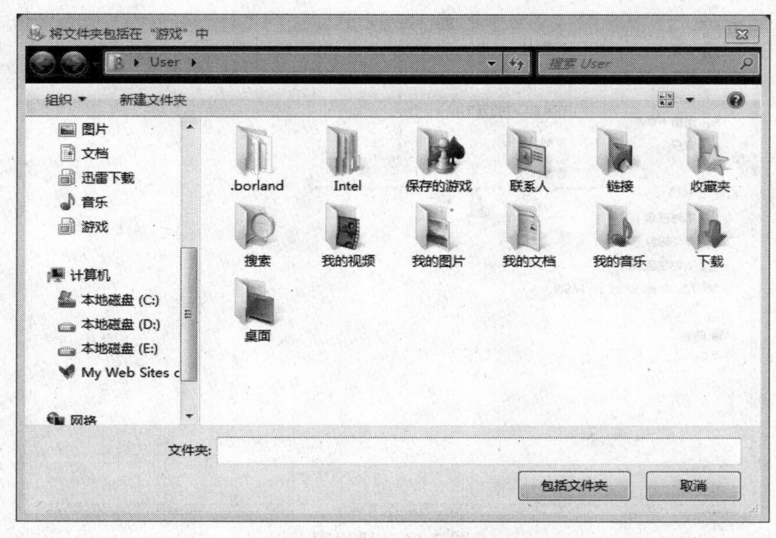

图 3-68　选择添加的文件

这样可以把常用的文件都拖放到自己需要的库中，工作中找到自己的文件夹变得简单容易，而且这是在非系统盘符下生成的快捷链接，既保证了高效的文件夹管理，也不占用系统盘的空间，不影响系统的运行速度。

（3）更改库的默认保存位置

将其他位置的文件或文件夹添加到库中时，会将其添加到库的默认保存位置。如果不习惯使用该位置，则可以重新指定。

【知识支撑】

1. 文件夹的新建

方法 1：右击桌面或磁盘空白区域，从快捷菜单中选择“新建”命令，打开级联菜单。选择级联菜单中的“文件夹”命令。

方法 2：在资源管理器窗口，单击工具栏中的“新建文件夹”窗口。

方法 3：在资源管理器窗口，选择文件创建的位置后，单击菜单栏中的“文件”|“新建”|“文件夹”。

2. 文件新建

方法 1：打开相应的应用程序，然后保存新的文件。

方法 2：使用快捷菜单。右击桌面或磁盘的空白区域，从快捷菜单中选择“新建”命令，打开级联菜单。选择级联菜单中的“Microsoft Word 文档”命令。

3. 文件和文件夹的属性设置

方法 1：使用“属性”对话框进行设置。

打开属性对话框的常用方法有三种：

第 1 种：右击文件图标，从快捷菜单中选择“属性”命令。

第 2 种：按住 Alt 键，双击要查看或更改属性的文件。

第 3 种：在文件夹或者库窗口中选定文件，然后单击“组织”按钮，执行“属性”命令。

方法 2：在文件夹或者库窗口进行设置

具体操作如下：在文件夹或者库窗口中，选择要查看或修改属性的文件，窗口底部的细节窗格中将显示该文件的属性。如果要更改文件的某个属性，请单击该属性并输入新的属性内容。

4. 文件重命名

方法 1：选中文件或文件夹后，将光标对准其文件名称位置，单击鼠标左键。

方法 2：右击文件或文件夹，从快捷菜单中选择“重命名”命令。

方法 3：在资源管理器窗口，单击“组织”按钮，从下拉菜单中选择“重命名”命令，或者在菜单栏中选择“文件”|“重命名”菜单命令。

5. 创建快捷方式

快捷方式是一种特殊类型的文件，用于实现对计算机资源的链接，从而快速的访问相应文件，而不需要知道该文件的具体位置。

6. 文件的搜索

方法 1：使用“开始”菜单的搜索框。

方法 2：使用资源管理器窗口中的搜索框。

当需要对某一类或某一组文件或文件夹进行搜索时，可以使用通配符来表示文件名中不同的字符。Windows 7 中使用“？”和“*”两种通配符，“？”表示任意一个字符，而“*”表示任意多个字符。

开始菜单中的搜索框的职责并不是搜索整个硬盘，而是兼具搜索：Windows 文件夹、programfile 文件夹、path 环境变量指向的文件夹、libraries、run 历史里面搜索文件，甚至可以接受“控制面板命令”。充当运行窗口的作用 Windows 7 文件夹的菜单栏右侧也带有了一个小小的搜索框，那里的搜索范围才是全局的，它能搜索 Windows 中的文档、图片、应用程序、Windows 帮助，甚至网络等信息。

7. 文件或文件夹的复制、移动和删除

复制的快捷键为：Ctrl+C。

粘贴的快捷键为：Ctrl+V。

剪切的快捷键为：Ctrl+X。

复制操作使用 Ctrl+C 组合键和 Ctrl+V 组合键。移动操作使用 Ctrl+X 组合键和 Ctrl+V 组合键。删除可使用 Delete 键或 BackSpace 键。

8. 文件或文件夹的恢复

当用户发现误删除了某些文件或文件夹时，可以通过“回收站”窗口进行还原。如果该文件已从计算机中彻底删除了，可以借助第 3 方软件进行还原。

实战演练

对提供的素材“test”文件夹进行下面的操作：

1. 将 test 文件夹下 jork \ book 文件夹中的文件 text.txt 删除。
2. 在 test 下 water \ lake 文件夹中建立一个新文件夹 intel。
3. 将 test 下 cold 文件夹中的文件 pain.for 设置为隐藏和存档属性。
4. 将 test 下 augest 文件夹中的文件 warm.bmp 移到 test 下，并将该文件改名为 unlx.ops。
5. 将 test 下 begin 文件夹中的文件 start.cpc 复制到 test 下 stop 文件夹中。

拓展练习

1. 清除 Windows 7 资源管理器搜索记录、通知区域图标记录。
2. 用 Windows 7 资源管理器查看 QQ 好友 IP。
3. 给磁盘加密。

项目四 接入与使用网络

计算机网络是计算机技术和通信技术紧密相结合的产物。它始于20世纪50年代，近20年来得到迅猛发展，尤其是进入21世纪，随着数字化、信息化的发展，使我们处在一个以网络为基础的信息时代。

Internet的应用和普及正在改变着我们的学习、生活和工作的各个方面，已经给很多国家带来了巨大的社会和商业效益，加速了全球信息革命的步伐。人们已经习惯了网络化带给人们便利的生活方式，对网络的依赖性越来越强。

本部分内容通过李琳了解网络、接入网络、进行网络浏览和信息搜索、收发电子邮件等任务，介绍网络的形成和发展、计算机网络的分类、网络的拓扑结构、计算机网络的组成、IP地址、Internet接入方式，以及介绍IE浏览器、Outlook等Internet工具软件的使用。

工作任务一 了解网络

【任务要求】

李琳了解到，计算机能够得到更好利用还是要能够连接上网络。网络是什么，怎样才能上网，上网能干什么？这些问题使李琳对网络产生了极大的兴趣，迫切地想了解。

【任务分析】

为了解决这些问题，我们从计算机网络的定义、网络的功能与分类、网络的拓扑结构、计算机网络的组成、Internet基本知识等方面来初步了解网络。

【任务实施】

一、计算机网络的定义

计算机网络是利用通信线路将地理上分散布置的、具有独立功能的多个计算机（或计算机系统）互相联接起来，按照网络通讯协议进行数据通讯，实现网络中资源共享的系统。从该定义可以看出，计算机网络涉及三个方面的内容。

首先，两台或以上的计算机相互连接起来才能构成网络，达到资源共享的目的。

第二，两台或以上的计算机连接，互相通信交换信息，需要有通道。这些通道的连接是物理的，即必须有传输媒体。

第三，计算机之间交换信息需要有某些约定和规则，即通信协议。每一厂商生产的网络产品都有自己的许多协议，从网络互连的角度出发，这些协议需要遵循相应的国际标准。

二、计算机网络的功能

1. 实现资源共享

计算机网络最具吸引力的功能是进入计算机网络的用户可以共享网络中各种硬件和软件资源，使网络中各地区的资源互通有无、分工协作，从而提高系统资源的利用率。利用计算机网络可以共享主机设备，如中型机、小型机、工作站等，以完成特殊的处理任务；可以共享一些较高级和昂贵的外部设备，如：激光打印机、绘图仪、数字化仪、扫描仪等，以节约投资；更重要的是，利用计算机网络共享软件、数据等信息资源，从而避免了不必要的投资浪费，大大提高了资源的利用率。

2. 进行数据传输

数据传输是计算机网络的基本功能之一，用以实现计算机与终端或计算机与计算机之间传送各种信息，利用这一功能，地理位置分散的生产单位或业务部门可通过计算机网络连接起来进行集中的控制和管理，如通过计算机网络实现铁路运输的实时管理与控制，提高铁路运输能力。

在日常社会活动中可以利用计算机网络加强相互间的通信，如通过网络上的文件服务器交换信息和报文、发送电子邮件、相互协同工作等。计算机网络改变了利用电话、信件和传真机通信的传统手段，也解除了利用软盘和磁带传递信息的不便，从而一方面提高了计算机系统的整体性能，另一方面大大方便了人们的工作和生活。

3. 实现分布式数据处理

由于计算机价格下降的速度快，在计算机网络内计算机和通信装置的价格比发生了显著的变化，这便可在获得数据和需进行数据处理的地方分别设置计算机。对于较大型的综合性问题，通过一定的算法，把数据处理的功能交给不同的计算机，达到均衡使用网络资源、实现分布处理的目的。此外，利用网络技术，能将多台微型计算机连成具有高性能的计算机网络系统，处理和解决复杂的问题，但费用却比大、中型机降低许多。

4. 提高计算机的可靠性和可用性

建立计算机网络后，还可减少计算机系统出现故障的概率，提高系统的可靠性。另外对于重要的资源可将它们分布在不同地方的计算机上。这样，即使某台计算机出现故障，用户在网络上可通过其他路径来访问这些资源，不影响用户对同类资源的访问。

三、计算机网络的分类

网络类型的划分方法各种各样，但是从地理范围划分是一种大家都认可的通用网络划分方法。按这种方法可以把网络类型划分为局域网、城域网和广域网三种。

1. 局域网

局域网（Local Area Network，LAN），是指在局部地区范围内将计算机、外设和通信设备互连在一起的网络系统。常见于一幢大楼、一个工厂或一个企业内，它所覆盖的地区范围较小。这是最常见、应用最广的一种网络。局域网在计算机数量配置上没有太多的限制，少的可以只有两台，多的可达上千台。网络所涉及的地理距离一般来说可以是几米至十几公里。

主要特点是：连接范围窄、用户数少、配置容易、连接速率高、误码率较低。

IEEE 的 802 标准委员会定义了多种主要的局域网：以太网（Ethernet）、令牌环网（TokenRing）、光纤分布式接口网络（FDDI）以及无线局域网（WLAN）。其中，局域网最快的速率是 10G 以太网。现在多数局域网采用以太网标准。

2. 城域网

城域网（Metropolitan Area Network，MAN），一般来说是将一个城市范围内的计算机互联，这种网络的连接距离可以在 10~100 公里。MAN 与 LAN 相比扩展的距离更长，连接的计算机数量更多，在地理范围上可以说是 LAN 的延伸。在一个大型城市或都市地区，一个 MAN 通常连接着多个 LAN。如一个 MAN 连接政府机构的 LAN、医院的 LAN、电信的 LAN、公司企业的 LAN 等。由于光纤连接的引入，使 MAN 中高速的 LAN 互连成为可能。

3. 广域网

广域网（Wide Area Network，WAN）也称为远程网，所覆盖的范围比城域网更广，它一般是在不同城市和不同国家之间的 LAN 或者 MAN 互联，地理范围可从几百公里到几千公里。因为距离较远，信息衰减比较严重，目前多采用光纤线路，通过 IMP（接口信息处理）协议和线路连接起来，构成网状结构，解决路径问题。这种广域网因为所连接的用户多，总出口带宽有限，连接速率一般较低。

在上面讲述的几种网络类型中，用得最多的还是局域网，因为它距离短、速度高，无论在企业还是在家庭实现起来都比较容易，应用也最广泛。

不同的局域网、城域网和广域网可以根据需要互相连接，形成规模更大的网际网，如 Internet。

四、计算机网络的拓扑结构

网络的拓扑结构是指通过网中节点与通信线路之间的几何关系表示网络结构，反映网络中各实体间的结构关系。网络拓扑结构包括物理拓扑结构和逻辑拓扑结构两种。

物理拓扑结构，即网络硬件的实际布局。网络的物理拓扑结构有总线型结构、环型结构、星型结构、树型结构和网状结构等。

逻辑拓扑结构即网络中信号的实际传输路径。在这里我们主要讨论物理拓扑结构。

1. 总线型拓扑结构

总线型拓扑结构采用单根数据传输线作为通信介质，所有的站点都通过相应的硬件接口直接连接到通信介质，而且能被所有其他的站点接受。总线型拓扑结构如图 4-1 所示。

总线型网络结构中的节点为服务器或工作站，通信介质为同轴电缆。

总线型拓扑结构在局域网中得到广泛的应用，主要优点有：布线容易、可靠性高、易于扩充、易于安装；但也有自己的局限性：故障诊断困难、故障隔离困难、总线长度受限、信道的利用率和信息的传输过分依赖总线。

2. 星型拓扑结构

星型拓扑结构是中央节点和通过点到点链路连接到中央节点的各节点组成。星型拓扑结构如图 4-2 所示。

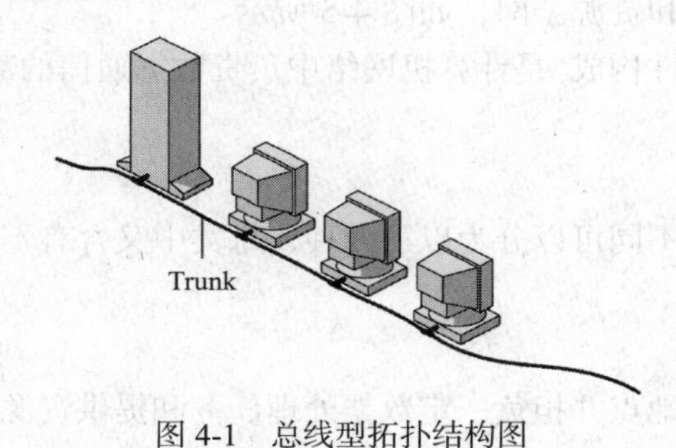

图 4-1　总线型拓扑结构图

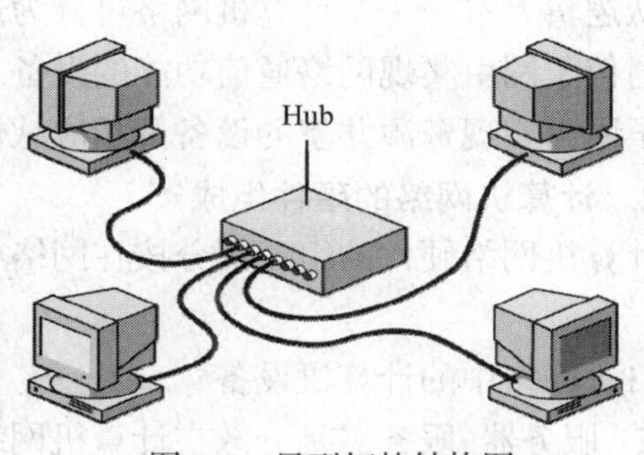

图 4-2　星型拓扑结构图

星型拓扑结构中，中央节点为集线器（HUB），其他外围节点为服务器或工作站；通信介质为双绞线或光纤。

星型拓扑结构的优点为：可靠性高、便于集中控制与管理、故障诊断容易；缺点为：扩展困难、安装费用高、对中央节点的依赖性强。

3．环型拓扑结构

在环型结构中，每个节点均与下一个节点连接，最后一个节点与第一个节点连接，构成一个闭合的环路，信息在环路中单向传递。环型拓扑结构如图 4-3 所示。

环型拓扑结构具有以下优点：网络结构简单、路径选择的控制简单化、易实现高速远距离传输；缺点：扩充不方便、当环中某一节点或线路出现故障可能导致整个网络瘫痪、故障诊断困难。

4．树型结构

树形结构是由星型结构演变而来的。其实质是星型结构的层次堆叠。

优点：易于扩展和故障排除；缺点：对跟结点的依赖性大，各节点之间信息难以流通，资源共享能力较差，高层节点性能要求较高。

这种层次结构使用于上、下级界限严格的军事单位。

5．网状结构

网状结构是由星型、总线型、环型演变而来的，是前三种基本拓扑混合应用的结果。网状结构图如图 4-4 所示。

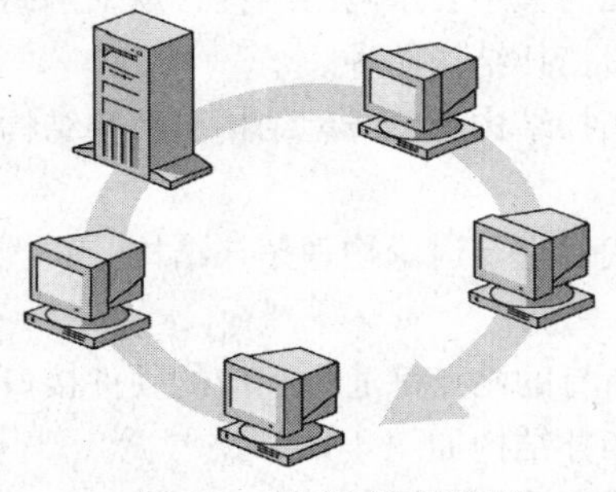

图 4-3　环型拓扑结构图

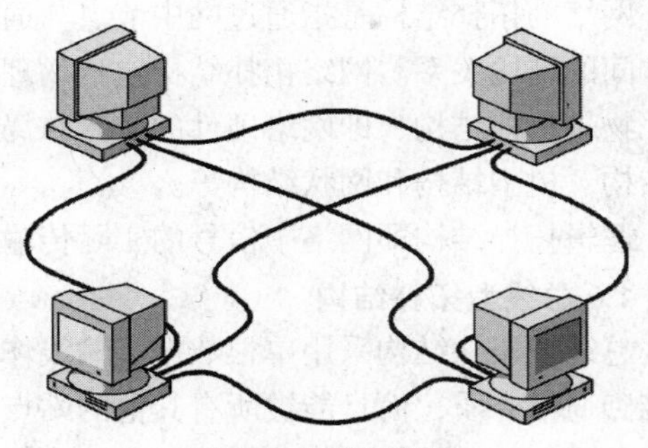

图 4-4　网状结构图

值得提醒的是，在实际应用中，网络的拓扑结构不一定采用单一的形式，而往往是将几种结构结合使用（称混合型拓扑结构）。

五、计算机网络的组成

1．通信子网和资源子网

从逻辑上看，一个计算机网络可分为通信子网和资源子网，如图 4-5 所示。

通信子网由实现网络通信功能的设备及相应软件构成。是计算机网络中负责数据通信的部分。资源子网由实现资源共享的设备及相应软件构成。

2．计算机网络的硬件组成

计算机网络硬件的组成部分按在网络中的功能不同可以分为以下四种，每类中又含有不同的设备。

（1）网络中的计算机设备

① 服务器。服务器是分散在计算机网络中不同地点并担负一定数据处理任务和提供资源的计

算机。它是网络运行、管理和提供服务的中枢，直接影响着网络的整体性能。服务器按功能可划分为文件服务器、通信服务器、数据库服务器等。

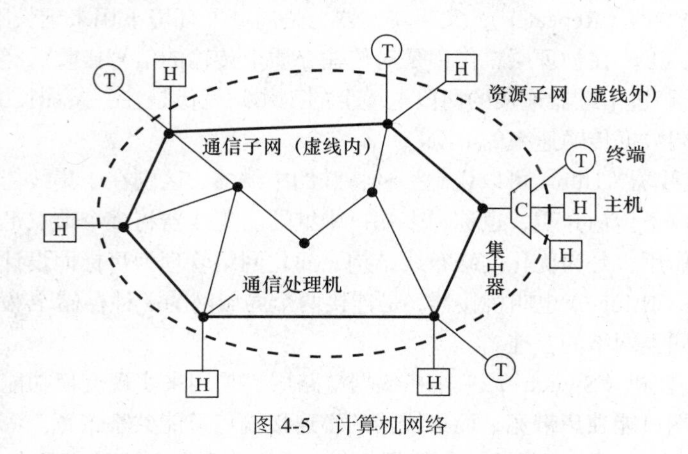

图 4-5　计算机网络

② 工作站。在网络系统中，被连接在网络中的只向服务器提出请求或共享网络资源，不为其他计算机提供服务的计算机称为工作站。工作站要参与网络活动，必须先与网络服务器连接，并且进行登录，按照被授予的一定权限访问服务器。工作站之间可以进行通信，可以共享网络的资源。

（2）网络中的接口设备

① 网络接口卡。网络接口卡（NIC，NetInterfaceCard）俗称网卡，是安装在计算机上的适配器，提供对网络的连接点。网卡作为计算机与传输介质进行数据交互的中间部件，通常插入到计算机总线插槽内或某个外部接口的扩展卡上，进行编码转换和收发信息。

② 调制解调器。调制解调器能把计算机的数字信号翻译成可沿普通电话线传送的脉冲信号，而这些脉冲信号又可被线路另一端的另一个调制解调器接收，并译成计算机可懂的语言。这一简单过程完成了两台计算机间的通信。在把数字信号转化成可以在电话线上传输的模拟信号的一端称为调制器，在把模拟信号转换成可以由计算机识别的数字信号的一端称为解调器。调制解调器按外观可分为内置式、外置式和 PC 卡式三类。

（3）网络中的传输介质

传输介质是通信网络中发送方和接收方之间的物理通路。计算机网络中采用的传输介质分有线和无线两大类。有线传输介质包括双绞线、同轴电缆和光缆等。无线传输介质微波、红外、激光等。

① 双绞线。双绞线是由螺旋状扭在一起的两根绝缘导线组成。双绞线一般分为非屏蔽双绞线（UTP）和屏蔽双绞线（STP）。将多对双绞线扭绞在一起加绝缘保护层就形成双绞线电缆。双绞线可用于传输模拟信号和数字信号，价格低廉，但传输速率较低，抗干扰性较差。一般适用于小范围局域网。

② 同轴电缆。由一根空心的外圆柱导体和一根位于中心轴线的内导线组成，两导体间用绝缘材料隔开。目前，有线电视网较多使用宽带同轴电缆，其特性阻抗为 75Ω，多用于模拟传输。而大多数计算机局域网使用基带同轴电缆，其特性阻抗为 50Ω，多用于数字基带传输。

③ 光缆。由能传导光波的石英玻璃纤维外加保护层构成。光纤的传输频带宽，数据传输率高，抗干扰能力强，传输距离远，绝缘保密性好等优点。光纤分为单模光纤和多模光纤。目前，绝大多数主干网均铺设光纤。

（4）网络中的互联设备

网络中的互联设备主要有：中继器、集线器、网桥、交换机、路由器和网关。

① 中继器。中继器（Repeater），又叫转发器，是局域网环境下用来延长网络距离的最简单、最廉价的互连设备，工作在物理层，作用是对传输介质上传输的信号接收后经过放大和整形再发送到其传输介质上，经过中继器连接的两段电缆上的工作站就像是在一条加长的电缆上工作一样。中继器只能连接相同数据传输速率的 LAN。

② 集线器。集线器（Hub）可以说是一种特殊的中继器，区别在于集线器能够提供多端口服务，每个端口连接一条传输介质，也称为多端口中继器。集线器将多个节点汇接到一起，起到中枢或多路交汇点的作用，是为优化网络布线结构、简化网络管理为目标而设计的。

③ 网桥。网桥（Bridge）也叫桥接器，是连接两个局域网的一种存储/转发设备，工作在数据链路层，用于两个同类网络的互连。

④ 交换机。交换机（Switch），工作在数据链路层，是用来实现交换功能的设备，类似于集线器，但其各连接端口能独享带宽，而集线器的各连接端口只能共享带宽。

⑤ 路由器。路由器（Router）是在网络层提供多个独立的子网间连接服务的一种存储/转发设备，工作在网络层，主要用来在多网络互联环境中建立灵活的连接，对数据包进行转发和过滤，路径选择是其主要任务。在实际应用时，路由器通常作为局域网与广域网连接的设备。

⑥ 网关。网关（Gateway），工作于应用层，在互连网络中起到高层协议转换的作用。

3. 计算机网络的软件组成

在网络系统中，网络中的每个用户都可享用系统中的各种资源。为了协调系统资源，系统需要通过软件工具对网络资源进行全面的管理，进行合理的调度和分配，并采取一系列的保密安全措施，防止用户不合理的对数据和信息的访问，防止数据和信息的破坏与丢失。

网络软件是实现网络功能所不可缺少的软环境。通常网络软件包括网络协议软件、网络通信软件和网络操作系统。

（1）网络操作系统

网络操作系统是为使网络用户能方便而有效地共享网络资源而提供的各种服务的软件及相关规程的集合，一般具有如下功能。

① 管理网络文件和目录服务。

② 网络安全和访问控制。

③ 网络可靠性和系统容错。

④ 网络通信环境。

⑤ 网络系统结构的灵活性和硬件的广泛适应性。

⑥ 网络互联和扩展。

⑦ 网络客户系统。

⑧ 网络管理和监控。

⑨ 网络服务。

⑩ 支持 Internet。

目前常用的网络操作系统有 UNIX、Windows 2003 等。

（2）网络通信软件与协议软件

网络通信软件控制自己的应用程序与多个站点进行通信，并对大量的通信数据进行加工和处理。网络协议软件是计算机网络中各部分所遵守的规则的集合。

（3）网络应用软件

网络应用软件是在网络环境下直接面向用户的软件，它为用户提供信息资源的传输和资源共享服务。为了更好地利用网络还需要网络管理软件，提供性能管理、配置管理、故障管理、计费管理、安全管理、网络运行状态监视与统计等功能。

六、Internet 基础

1. Internet 的发展

Internet 起源于美国，其前身是 Arpanet 网络，其核心技术是分组交换技术，最大的贡献是推出了 TCP/IP（传输控制协议/网际协议）协议，到 1980 年，Arpanet 成为 Internet 最早的主干。随后，Internet 网开始接受其他国家地区接入。目前 Internet 已经是世界上规模最大、信息资源最丰富、发展最快的计算机互连网。可以从事电子商务、远程教学、远程医疗，可以访问电子图书馆、电子博物馆、电子出版物，可以进行家庭娱乐等，它几乎渗透到人们生活、学习、工作、交往的各个方面，同时促进了电子文化的形成和发展。

一般都认为，Internet 是多个网络互联而成的网络的集合。从网络技术的观点来看，Internet 是一个以 TCP/IP（传输控制协议/网际协议）通信协议连接各个国家、各个部门、各个机构计算机网络的数据通信网。从信息资源的观点来看，Internet 是一个集各个领域、各个学科的各种信息资源为一体，并供上网用户共享的数据资源网。

中国于 1994 年加入了 Internet 大家庭，目前国内的 Internet 使用也初具规模，我国有四大计算机网络接入 Internet。

（1）中国公用计算机互联网 ChinaNET

中国公用计算机互联网 ChinaNET（简称“中国互联网”），是 1995 年原邮电部投资建设的国家级网络，于 1996 年 6 月在全国正式开通。其网址是 http://www.bta.net.cn。

（2）中国教育和科研计算机网络 CERNET

中国教育和科研计算机网络是 1994 年教育部负责管理，由清华大学、北京大学等十所高校承担建设。CERNET 主要面向教育和科研单位，是全国最大的公益性互联网络。其网址是 http://www.edu.cn。

（3）中国科学技术计算机网 CSTNET

中国科学技术计算机网 CSTNET 是在中关村教育与科研示范网（NCFC）和中国科学院网（CASNet）的基础上，建设和发展起来的覆盖全国范围的大型计算机网络，是我国最早建设并获国家正式承认具有国际出口的中国四大互联网之一。其网址是 http://www.cnc.ac.cn。

（4）国家公用经济信息通信网 GBNET

国家公用经济信息通信网也称金桥网，它是由原电子工业部所属的吉通公司主持建设，为国家宏观经济调控和决策服务。其网址是 http://www.gb.com.cn。

ChinaNET 和 GBNET 是商业网络，可以从事商业活动；CSTNET 和 CERNET 是教育科研网络，主要为教育和科研服务，不能进行赢利性服务。中国四大骨干网于 2000 年 3 月 27 日实现 155M 互联互通。

2. TCP/IP 协议和 IP 地址

Internet 含有许多不同的复杂网络和许多不同类型的计算机，将它们连接在一起又能互相通信，依靠的是 TCP/IP 协议。

根据 TCP/IP 协议，计算机之间要通信，每台计算机都必须有一个地址，每个地址还必须是独一无二的。在 Internet 世界中有两种主要的地址识别系统：IP 地址和域名系统。

（1）TCP/IP 协议

为了实现 Internet 上各计算机之间的通信，人们研发了 TCP/IP 协议，该协议规定了计算机之间通信的所有细节，它分为两个部分：TCP（传输控制协议）和 IP（网际协议）。

TCP/IP 协议的层次结构由上至下分为：应用层、传输层、网际层和网络接口层。

（2）IP 地址

IP 地址是通过数字来表示一台计算机在 Internet 中的位置。IP 地址具有固定、规范的格式，一个 IP 地址包含 32 位二进制数，被分为 4 段，每段 8 位，段与段之间用圆点“.”分开。IP 地址通常用十进制格式表示：nnn.hhh.hhh.hhh。

每段的取值范围为 0 ~ 255。第一段 nnn 表示网络类型，nnn 取值在 1 ~ 126 之间时，表示为 A 类网，nnn 就是网络的网号，其余三段表示主机号；nnn 取值在 128 ~ 191 时，表示为 B 类网，前两段合在一起表示网络的网号，第三段为子网号，第四段为主机号；nnn 取值为 192 ~ 223 时，表示为 C 类网，前三段合起来表示网络的网号，第四段为主机号。例如，211.100.31.96 就是一个合法的计算机地址。

IP 地址具有唯一性，即连接到 Internet 上的不同计算机不应具有相同的 IP 地址。“Internet 信息网络中心”专门负责向提出 IP 地址申请的网络分配网络地址。

Internet 管理委员会按网络规模的大小将 IP 地址划分为 A、B、C、D、E 五类。每个 IP 地址都由网络号和主机号组成。A 类地址的最高位为 0，网络号占 7 位，主机号占 24 位，所以 A 类地址范围为 0.0.0.0~127.255.255.255；B 类地址的最高两位为 10，14 位标识网络地址，16 位标识主机地址，所以 B 类地址范围为 128.0.0.0~191.255.255.255；C 类地址的高三位为 110，用 21 位用来标识网络地址，8 位标识主机，所以 C 类地址范围为 192.0.0.0~223.255.255.255。在 5 类地址中 A、B、C 为 3 种主要类型，D 类地址用于组播，允许发送到一组计算机，E 类地址暂时保留，用于实验和将来使用，如图 4-6 所示。

A 类	0	7 位网络号	24 位主机号			地址范围：0.0.0.0 ~ 127.255.255.255
B 类	1	0	14 位网络号	16 位主机号		地址范围：128.0.0.0 ~ 191.255.255.255
C 类	1	1	0	21 位网络号	8 位主机号	地址范围：192.0.0.0 ~ 223.255.255.255
D 类	1	1	1	0	多播地址	地址范围：224.0.0.0 ~ 239.255.255.255
E 类	1	1	1	1	预留地址	地址范围：240.0.0.0 ~ 247.255.255.255

图 4-6　IP 地址分类图

目前在全球广泛应用的互联网是以 IPv4 协议为基础的。但 IPv4 的地址系统已不能满足要求，IPv6 使地址空间从 IPv4 的 32 位扩展到 128 位，提供了几乎无限制的公用地址，完全消除了互联网发展的地址壁垒，IPv6 可以支持更多的地址层次，更大数量的节点以及更简便的地址自动配置。同时，IPv6 在服务质量，管理灵活性，安全性等方面有良好的性能。

（3）域名

IP 地址用数字表示不便于记忆，另外从 IP 地址上看不出拥有该地址的组织的名称或性质，同时也不能根据公司或组织名称或组织类型来猜测其 IP 地址。由于这些缺点，出现了域名系统，用字符来表示一台主机的通信地址，如 cn 代表中国的计算机网络，cn 就是一个域。域下面按领域又分子域，子域下面又有子域。在表示域名时，自右到左结构越来越小，用圆点“.”分开。例如，wsoc.edu.cn 是一个域名，edu 表示网络域 cn 下的一个子域，wsoc 则是 edu 的一个子域。同样，一个计算机也可以命名，称为主机名。在表示一台计算机时把主机名放在其所属域名之前，用圆点分隔开，形成主机地址，便可以在全球范围内区分不同的计算机了。例如，www.wsoc.edu.cn 表示 wsoc.edu.cn 域内名为 www 的计算机。国家和地区的域名常使用两个字母表示。常见领域域名：com—商业组织、edu—教育机构、org—非赢利组织、gov—政府部门、net—主要网络支持中心。

域名和用数字表示的 IP 地址就好像一条大街上的一个商店，既可以通过门牌号又可通过商店名称找到它。Internet 上有很多负责将主机地址转为 IP 地址的服务系统——域名服务器（DNS），这个服务系统会自动将域名翻译为 IP 地址。

3. Internet 的常见应用

① 全球信息网（WWW），具有多媒体信息集成功能，它向用户提供一个具有声音、动画等的多媒体的全图形浏览界面，如果想得到关于某一专题的信息，只要用鼠标在页面关键字或图片上一点，就可以看到通过超文本链接的详细资料。

② 电子邮件（E-mail），是通过连网计算机与其他用户进行联络的快速、高效、价廉的现代化通信手段。只要知道收信人的 E-mail 地址，就可以随时与世界各地的朋友进行通信。

③ 文件传输（FTP），用户从一台计算机向另一台计算机传输文件。当用户从授权的异地计算机向本地计算机传输文件时，称为下载（Download）；而把本地文件传输到其他计算机上称为上传（Upload）。

④ 远程登录（Telnet），要在远程计算机上登录，首先要成为该系统的合法用户并有相应的账号和口令。一经登录成功后，用户便可以实时地使用远程计算机对外开放的全部资源。

⑤ 公告板（BBS），BBS 上开设了许多专题，用户可以匿名登录，对感兴趣的话题展开讨论、交流、疑难解答、召开网络会议，甚至可以谈天说地，进行娱乐活动。

【知识支撑】

通过本工作任务，对计算机网络有了一个初步的了解，主要涵盖了以下内容。

① 计算机网络是利用通信线路将地理上分散布置的、具有独立功能的多个计算机（或计算机系统）互相联接起来，按照网络通讯协议进行数据通讯，实现网络中资源共享的系统。

② 计算机网络实现资源共享；进行数据传输；实现分布式数据处理；提高计算机的可靠性和可用性。

③ 计算机网络从地理范围划分可以把网络类型划分为局域网、城域网和广域网三种。

④ 计算机网络的拓扑结构有总线型结构、环型结构、星型结构、树型结构和网状结构等。

⑤ 计算机网络总体说来由通信子网和资源子网两部分组成；计算机网络的硬件组成有四部分：计算机设备（服务器、工作站）、接口设备（网卡）、传输介质（双绞线、同轴电缆、光缆、微波、红外、激光等）、互联设备（中继器、集线器、网桥、交换机、路由器和网关）；计算机网络的软件主要包括网络协议软件、网络通信软件和网络操作系统。

⑥ Internet 含有许多不同的复杂网络和许多不同类型的计算机，将它们连接在一起又能互相通信，依靠的是 TCP/IP 协议。根据 TCP/IP 协议，计算机之间要通信，每台计算机都必须有一个地址，每个地址还必须是独一无二的。在 Internet 世界中有两种主要的地址识别系统：IP 地址和域名系统。

⑦ Internet 的常见应用有全球信息网（WWW）、电子邮件（E-mail）、文件传输（FTP）、远程登录（Telnet）、公告板（BBS）等。

思考练习

1. 思考计算机网络和 Internet 给我们带来了哪些便利。
2. 观察自己的计算机中是否有网卡或调制解调器，如果有，分辨出它们分别属于哪一类型。
3. 如果自己的计算机是连入局域网中，试试与其他人的计算机进行文件的共享。
4. 登录本节介绍的几个我国的公用网的网站，并了解这几个公用网的具体情况。
5. 查看自己计算机的 IP 地址，并分辨出属于哪一类。
6. 你所知道的 Internet 服务都有哪些，哪些是你最常用的？

拓展练习

1. 下面不属于局域网络硬件组成的是（　　）。

   A. 网络服务器　　B. 个人计算机工作站

   C. 网络接口卡　　D. 调制解调器

2. 局域网由（　　）统一指挥，提供文件、打印、通信和数据库等服务功能。

   A. 网卡　　B. 磁盘操作系统 DOS

   C. 网络操作系统　　D. Windows98

3. 广域网和局域网是按照（　　）来分的。

   A. 网络使用者　　B. 信息交换方式

   C. 网络连接距离　　D. 传输控制规程

4. 局域网的拓扑结构主要有（　　）、环型、总线型和树型四种。

   A. 星型　　B. T 型　　C. 链型　　D. 关系型

5. Windows 2003 是一种（　　）。

   A. 网络操作系统　　B. 单用户、单任务操作系统

   C. 文字处理系统　　D. 应用程序

6. 网络服务器是指（　　）。

   A. 具有通信功能的 386 或 486 高档微机

   B. 为网络提供资源，并对这些资源进行管理的计算机

   C. 带有大容量硬盘的计算机

   D. 32 位总线结构的高档微机

7. 计算机网络的主要目标是（　　）。

   A. 分布处理　　B. 将多台计算机连接起来

   C. 提高计算机可靠性　　D. 共享软件、硬件和数据资源

8. Internet 采用的协议类型为（　　）。

   A. TCP/IP　　B. IEEE802.2　　C. X.25　　D. IPX/SPX

9. IP 地址是由（　　）组成。

   A. 三个黑点分隔主机名、单位名、地区名和国家名 4 个部分

B. 三个黑点分隔 4 个 0~255 的数字

C. 三个黑点分隔 4 个部分，前两部分是国家名和地区名，后两部分是数字

D. 三个黑点分隔 4 个部分，前两部分是国家名和地区名代码，后两部分是网络和主机码

10. 因特网的地址系统表示方法有（　　）种。

A. 1　　B. 2　　C. 3　　D. 4

11. 为 Web 地址的 URL 的一般格式为（　　）。

A. 协议名/计算机域名地址[路径[文件名]]

B. 协议名：/计算机域名地址[路径[文件名]]

C. 协议名：/计算机域名地址/[路径[/文件名]]

D. 协议名：//计算机域名地址[路径[文件名]]

12. 域名中的后缀为 cn 的含义是（　　）。

A. CHINA　　B. ENGLISH　　C. USA　　D. TAIWAN

13. 一栋建筑物内的几个办公室之间如果要实现联网，应该选择的方案是（　　）。

A. LAN　　B. PAN　　C. MAN　　D. WAN

14. 因特网上使用最广的服务是（　　）。

A. 电子邮件　　B. 页面浏览　　C. 文件传输　　D. 远程服务

15. TCP 的含义是（　　）。

A. 域名协议　　B. 传输控制协议　　C. 网际协议　　D. 地址协议

16. 为了保证全网的正确通信，与 Internet 联网的每台主机都被分配了一个唯一的地址，该地址称为（　　）。

A. TCP 地址　　B. IP 地址

C. WWW 服务器地址　　D. WWW 客户机地址

工作任务二　接入网络

【任务要求】

李琳的家在某大型企业园区内部，家中有该企业的局域网的网络接口提供。她想使自己的计算机接入网络。

【任务分析】

随着互联网技术的快速发展，人们对互联网的使用日渐频繁，在互联网上传送多媒体信息已是时代所趋。是否能高速地接入 Internet 成为人们是否能方便地使用互联网的前提。

我们可以把需要接入网络的用户分为家庭用户、企业用户、移动用户三类，每类用户都有不同的网络接入的解决方案。而网络的接入方式可以分为两大类：拨号接入方式和局域网接入方式。拨号方式，通过电话线，利用调制解调器（Modem）或 ISDN、ADSL 等拨号上网。局域网方式，通过电缆、网卡与 ISP（因特网接入服务提供商）的服务器相连，并使用 TCP/IP 协议实现与 Internet 的互联。一般来说，家庭用户采用拨号接入方式，企业用户采用局域网接入方式。

利用 MODEM 拨号方式入网时，用户所需要的硬件设备包括一台微型计算机、一条电话线、一台调制解调器（MODEM）和一根 RS-232 电缆。利用调制解调器通过公共电话网与 Internet 连

接。上网价格比较低廉，但速度相对较慢，一般适合家庭或办公室里的个人上网。

ISDN，俗称一线通，对电话网进行数字化改造，将电话、传真、数字通信等业务全部通过数字化的方式传输。

ADSL 是 Asymmetrical Digital Subscriber Loop（非对称数字用户环路）的英文缩写。它是运行在原有普通电话线上接入互联网的一种新的宽带技术。所谓非对称主要体现在上行速率和下行速率的不一致性上，上行速率最高 2Mbit/s，下行速率最高 8Mbit/s。ADSL 速度高、成本低，使用方便、互通性强、应用广泛。

局域网接入方式是由路由器将本地 LAN 作为一个子网连接到 Internet，LAN 中每个主机都有 IP 地址。

目前最为流行的接入方式为 ADSL 接入和局域网接入，而李琳家两种接入方式的条件都具备，所以考虑分别尝试进行这两种接入方式。

【任务实施】

一、ADSL 接入

1. 向网络服务提供商申请开通 ADSL 服务，获取用户名和密码

2. 购买相关硬件，构建硬件环境

硬件设备主要包含 ADSLModem、网卡、信号分离器、双绞线，除网卡外，其他硬件设备大部分网络服务提供商会提供。

首先把网卡插入计算机主板相应插槽，固定。然后进行设备连接。把电话入户线接入信号分离器，在信号分离器的另一端的一个口接上电话机，一个口连接 ADSLModem 的 adsl 口。从 Modem 的 LAN 口通过以太网线连接计算机（网卡）。接通 Modem 电源，ADSL 客户端硬件系统连接完成。

3. 创建 ADSL 连接

双击“我的电脑”，选择“网络→网络和共享中心”，单击“设置新的连接或网络”，如图 4-7 所示。

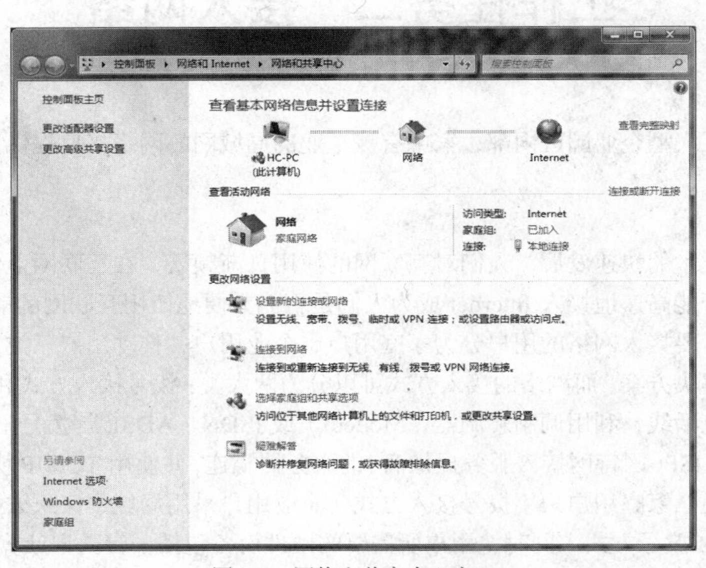

图 4-7　网络和共享中心窗口

单击窗口中“设置新的连接或网络”，显示“设置连接或网络”对话框，单击“连接到 Internet”按钮，如图 4-8 所示。

图 4-8 “设置连接或网络”对话框

选择“连接到 Internet”，单击“下一步”按钮，显示“连接到 Internet”对话框， 如图 4-9 所示。

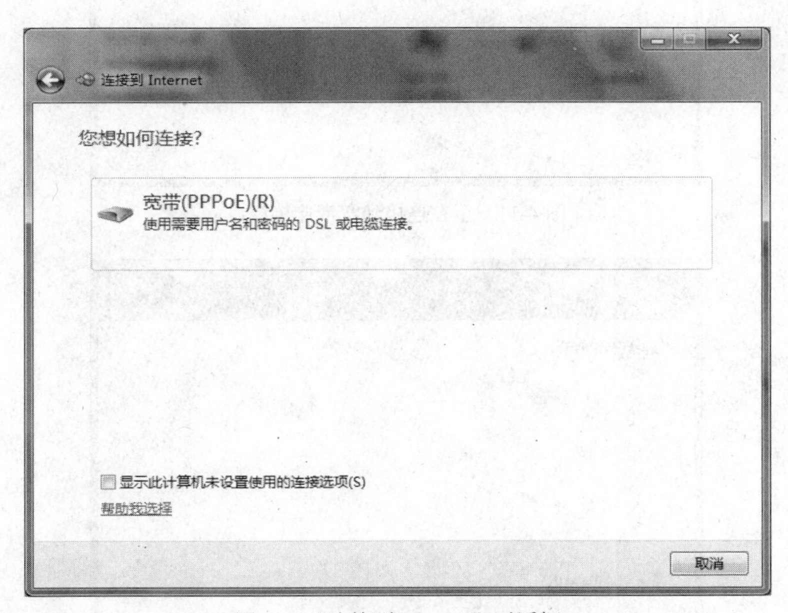

图 4-9 “连接到 Internet”对话框

单击“宽带（PPPoE）（R）”，输入服务运营商提供的用户名和密码，显示如图 4-10 所示窗口。
单击“连接”，显示如图 4-11 所示窗口。
单击“立即连接”按钮，完成网络连接设置，如图 4-12 所示。

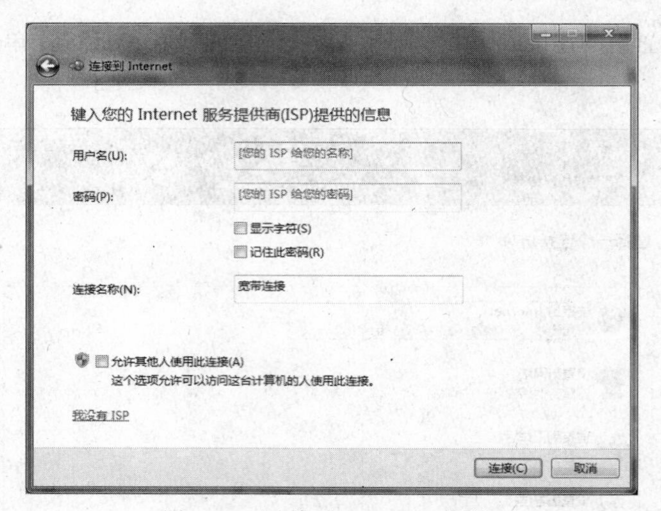

图 4-10 “连接到 Internet”对话框

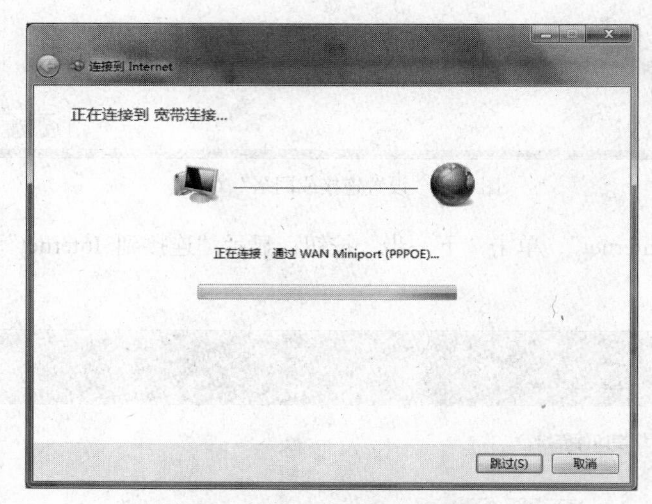

图 4-11 正在连接到宽带连接窗口

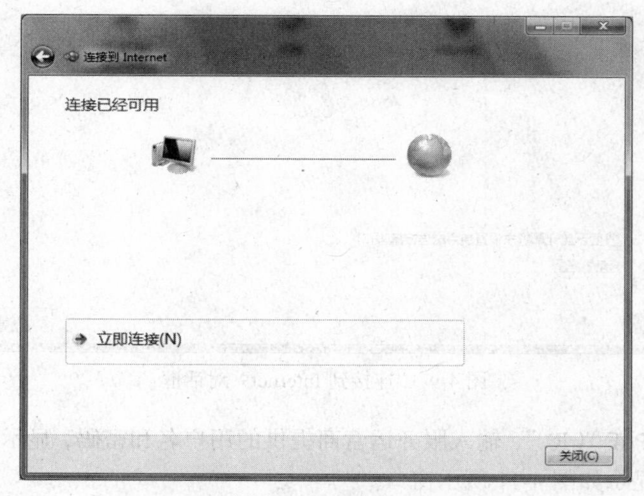

图 4-12 连接界面

选择“更改适配器设置”打开刚创建的连接“宽带连接”，如图 4-13 所示。

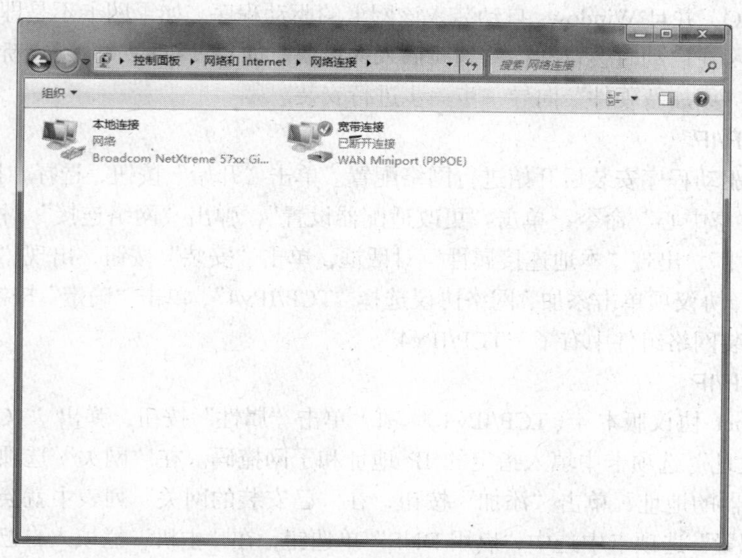

图 4-13 宽带连接对话框

右击后在弹出菜单中选择“属性”，显示“宽带连接属性”对话框，选择“网络”选项页，如图 4-14 所示。

选择“Internet 协议版本 4（TCP/IPv4）”后，单击“属性”按钮，显示“Internet 协议版本 4（TCP/IPv4）属性”对话框，如图 4-15 所示。

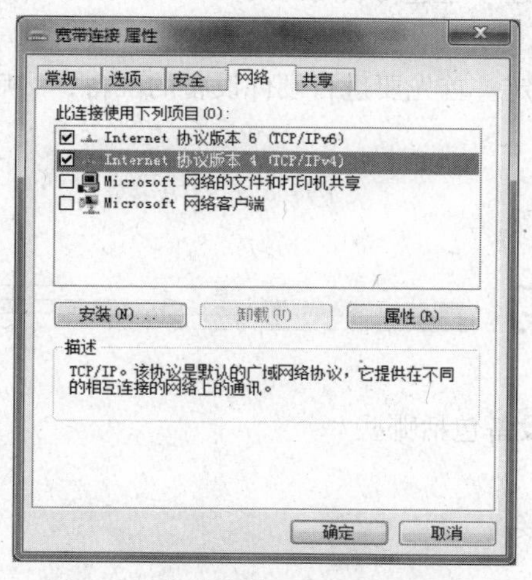

图 4-14 宽带连接—网络属性对话框

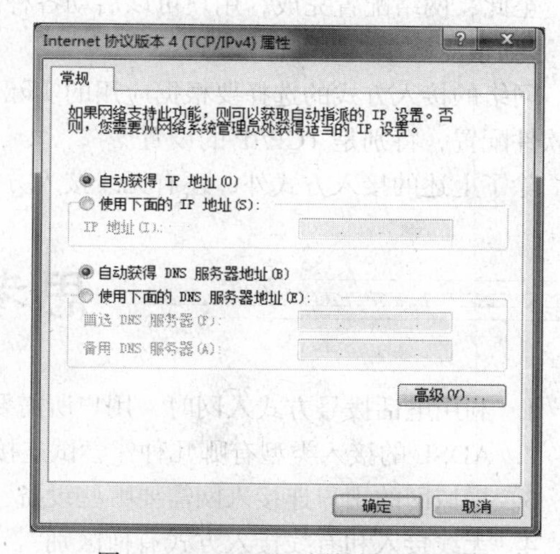

图 4-15 TCP/IPv4 属性设置对话框

选择“自动获得 IP 地址”，“自动获得 DNS 服务器地址”，单击“确定”按钮，完成 TCP/IPv4 设置。

二、局域网接入

1. 安装网卡

在进行网络配置前先将网卡安装到计算机上，并插好网线，然后安装网络适配器驱动程序。

如果网卡是即插即用的，那么当它插入计算机后重新启动系统，Windows 会自动设置它的 I/O 地址和中断号 IRQ，并且 Windows 自动装入该网卡的驱动程序。如果网卡不是即插即用的，通常情况下，Windows 在启动时会自动检测到新插入的设备。如果没有提示检测到新设备，就必须使用控制面版中的“添加新硬件”向导一步一步进行安装。

2. 添加 TCP/IP

网络适配器驱动程序安装后开始进行网络配置。单击“开始”按钮，选择“控制面板/网络和 Internet/网络和共享中心”命令，单击“更改适配器设置”，弹出“网络连接”对话框，单击鼠标右键，选择“属性”，出现“本地连接属性”对话框，单击“安装”按钮，出现“选择网络功能类型”对话框，选择协议项单击添加，网络协议选择“TCP/IPv4”，单击“确定”按钮回到网络配置，可以看到在已安装网络组件中有了“TCP/IPv4”。

3. 配置 TCP/IP

选择“Internet 协议版本 4（TCP/IPv4）”项，单击“属性”按钮，弹出“TCP/IPv4 属性”对话框，在“IP 地址”选项卡中填入指定的 IP 地址和子网掩码。在“网关”选项卡中“新网关”栏填入默认路由器的地址，单击“添加”按钮，在“已安装的网关”列表中就会显示该地址。

在“DNS 配置”选项卡中选中“启用 DNS”单选钮，在“主机”栏填入自已主机的名字，在“域”栏中填入该机器所在的组织域名，在“DNS 服务器搜索顺序”栏中输入域名服务器，单击“添加”按钮。

上述 IP 地址、子网掩码、网关、域名及域名服务器可向网络管理员申请和咨询。

以上设置完成后，单击“确定”按钮回到“网络”对话框，再单击“确定”按钮。重新启动计算机后设置生效。

至此，网络配置完成，用户可以启动各种网络应用程序通过局域网访问 Internet 了。

【知识支撑】

网络的接入方式的选择要根据应用的实际环境来决定。首先要进行硬件设备的准备，然后进行软件配置，特别是 TCP/IP 的设置。

除了上述的接入方式外，还有无线接入方式。

思考练习

1. 利用电话拨号方式入网时，用户所需要的硬件设备包括哪些？
2. ADSL 的接入类型有哪几种？尝试连接。
3. 局域网的用户连接入网需要哪些设备？尝试连接。
4. 无线接入和有线接入方式有何区别？

拓展练习

1. 计算机通过调制解调器和电话线，与互联网服务提供商（ISP）的网络服务器的调制解调器相连，计算机与 Internet 的这种连接方法称为（　　）。

A. ADSL　　B. 有线电视　　C. 电话拨号　　D. 无线电话拨号

2. 当个人计算机以拨号方式接入 Internet 时，必须使用的设备是（　　）。
A. 电话机　　B. 浏览器软件　　C. 网卡　　D. 调制解调器
3. 计算机拨号上网后，该计算机（　　）。
A. 可以拥有多个 IP 地址　　B. 拥有一个固定的 IP 地址
C. 拥有一个动态的 IP 地址　　D. 没有自己的 IP 地址
4. 通过局域网配置 TCP/IP 时，用户需要配置（　　）项。
A. IP 地址、网关、DNS 配置　　B. IP 地址、NetBIOS、绑定
C. 网关、DNS 配置、绑定　　D. IP 地址、DNS 配置、绑定

工作任务三　浏览网页和信息搜索

【任务要求】

李琳即将面临毕业，一直在忙着找工作。现在有了网络以后，她想上当地人才市场的网站进行信息的浏览，并想搜索一下有没有适合的工作岗位。

【任务分析】

要完成这一任务，要了解 WWW 基本概念，IE 浏览器的基本操作和参数设置，保存网页的信息，信息的搜索。

【任务实施】

一、信息的浏览

1. 打开 IE

在 Windows 桌面上有 Internet Explorer 的图标，双击图标可启动 Internet Explorer，其运行界面如图 4-16 所示。

图 4-16　IE 浏览器

2. 输入网址

在地址栏中输入想浏览的网址，按回车后即可进入相应的主页。在地址栏里输入：http://www.wxrcw.com，按回车键，IE 开始传送“无锡人才网”主页，窗口底部状态栏中的动态链接指示器指示正在打开的网页地址，进度指示器开始向右移动，页面也逐渐在浏览区出现，当传送完成后，动态指示器出现“完成”。

在主页上有一些信息，当鼠标放在这些信息上时，光标变成了小手的形状，它们就是超级链接，有些链接还会以图片的形式出现。单击超级链接可访问其他网页。当页面很大，需要花费较长时间传送，或者看了一部分页面后决定不再等待，那么可以在传递过程中单击工具栏上“停止”按钮中断传送。

如果需要对中断的页面重新装入，则可用工具栏中的“刷新”按钮，重新下载该页面。

IE 启动后，本次访问的站点的页面存放在缓冲区中，可以用工具栏中的“后退”和“前进”按钮来回翻阅刚访问过的页面。

3. 退出 IE

4. 浏览访问过的页面

如果已退出 IE，再次启动 IE 后，“前进”和“后退”按钮都是灰色的，此时要访问曾浏览过的网页，可单击地址栏最右面的向下箭头，列出了网页地址列表，从表中单击要浏览的网页地址。

在 IE 浏览器窗口，使用“历史”按钮可以打开已浏览过的页面记录表，在显示区的左侧列出按时间顺序记录的页面列表。“历史记录”是按“周”列表的，最近的一周是按“天”列表的，“今天”是按当日所浏览过的页面的时间顺序列出的，从中选择曾浏览过的页面地址，单击直接进入该页面。

5. 保存网页信息

查看 Web 上的网页时会发现很多非常有用的信息，这时，可以将它们保存下来以便日后参考，或者不进入 Web 站点直接查看这些信息。可以保存整个 Web 页，也可以只保存其中的部分内容（文本、图形或链接）。信息保存后，可以在其他文档中使用或作为计算机墙纸在桌面上显示。还可以通过电子邮件将 Web 页或指向该页的链接发送给其他能够访问 Web 网页的人，同他们共享这些信息。对于无法访问 Web 的人或计算机，可以将 Web 网页打印出来。

（1）将网页中的信息复制到文档

选中网页的全部或一部分内容，打开“编辑”菜单，选择“复制”命令，将所选内容放在 Windows 的剪贴板上，然后通过粘贴命令插入到 Windows 的其他应用程序中。

（2）保存整个 Web 页的信息

打开“文件”菜单，选择“另存为”命令，出现“保存 Web 页”对话框，在“保存在”下拉列表框中选择用于保存网页的文件夹，在“文件名”框中键入保存的文件名。单击“保存类型”下拉列表框旁边的下箭头，可以有几种类型供选择。如果想保存当前网页中的所有文件，包括图形、框架等，应该选择“Web 页，全部”类型，但需要注意的是：这种方法保存的只是当前的网页内容，并不能保存该网页上超链接中的内容，图形等信息保存在“×××.files”的文件夹中；如果选择“Web 页，仅 HTML”类型，以 HTML 源文件形式保存，IE 只保存 Web 页上的文本而不是图形。

（3）保存链接指向的内容

保存链接的文档文件或计算机应用程序时，用鼠标右键单击所需项目的链接，选择“目标另存为”命令，在“文件名”框中，键入这一链接项的名称，然后单击『保存』按钮。用这种方式下载某一项的副本而不必将它打开。

（4）保存图片

页面上的图片可以单独保存下来。用鼠标指向要保存的图片，单击鼠标右键，选择快捷菜单中的“图片另存为”命令，弹出“保存”对话框，选择保存位置和文件名。还可将 Web 页图片作为桌面墙纸。用鼠标右键单击网页上的图片，然后选择“设置为墙纸”命令，一幅美丽的图画就会出现在桌面上。

（5）打印 Web 页

IE 还提供打印 Web 页面上的图片和文字的功能，单击工具栏中的“打印”按钮，即可将当前页面的全部内容打印出来。如果要打印选定的一部分，或打印指定的某几页，并选择打印输出的分辨率等选项，可打开“文件”菜单，选择“打印”命令，弹出“打印”对话框，在其中设置以上内容。

6. 查看当前页的 HTML 源文件

打开“查看”菜单，选择“源文件”命令，可以看到网页 HTML 源代码。如果想编辑网页，可以将网页保存在计算机上然后根据需要进行修改。编辑完后，还可以在 IE 中打开，查看所做的改动。

7. IE 浏览器选项参数的基本设置

IE 为了适应每一位用户的要求，提供了较强的设置功能，让用户按照自己的喜好配置各项功能。

打开“工具”菜单，选择“Internet 选项”命令，弹出“Internet 选项”对话框，如图 4-17 所示。

（1）“常规”项设置

在“常规”选项卡“主页”中设置启动 IE 后的初始页，安装完 IE 后，每次打开浏览器时总是自动去连接 Microsoft 公司的主页地址（http://www.microsoft.com），可以改为空白页或自己喜爱的站点作为启动 IE 后的起始页。

“浏览历史记录”中单击设置后有两部分设置。

一是“Internet 临时文件”，在浏览网页时 IE 会将网页及其文件（如图片）等作为临时文件保存在硬盘的临时文件夹中，当重新浏览已经查看过的网页时，可以直接从硬盘中调出相应的临时文件，从而加快了浏览速度。单击“设置”按钮可以查看或更改临时文件夹的设置情况。临时文件“使用的磁盘空间”越大浏览速度越快。

二是“历史记录”，可以设置网页在本地的历史记录中保留的天数。

图 4-17　Internet 选项对话框

在此对话框中还可以设置搜索默认值、网页在选项卡中的显示方式、文字和链接的颜色、字体和语言。

（2）“安全”项设置

单击“安全”选项卡，可以为 Internet 域、本地 Intranet 区域、可信节点和受限站点区域指定不同的安全设置。安全等级为高、中、低、自定义四种，其中“自定义”中可以对 ActiveX 控件、Java、JavaScript 下载等项目手工设置安全性。

（3）“隐私”想设置

单击“隐私”选项卡，可以设置 cookie 及弹出窗口的处理方式。

（4）“内容”项设置

“内容”选项卡中设置查看内容的分级审查和个人信息。

（5）“连接”项设置

在“连接”选项卡设置连接方式，如是否通过代理服务器连接，拨号用户可设置拨号项目。

（6）“程序”项设置

“程序”选项卡中设置邮件和新闻程序，以及 Internet 呼叫的应用程序，缺省为 OutlookExpress 和 NetMeeting。

（7）“高级”项设置

“高级”选项卡中设置 IE 的浏览、多媒体、安全等一系列选项。为了节省网络流量和加快文本数据下载速度，可取消选用“显示图片”和“播放动画（声音）”等，在页面打开时则只显示文本，不显示图片。

二、信息的搜索

Internet 在不断扩大，网络信息变化万千，如何快速、准确地获取自己需要的信息就显得越来越重要。网上有一种叫搜索引擎（search engine）的搜索工具，它是某些站点提供的用于网上查询的程序。单击工具栏中的“搜索”按钮，在窗口的左边打开搜索栏，或者直接在地址栏中输入搜索引擎的网址。如图 4-18 所示是百度的界面。

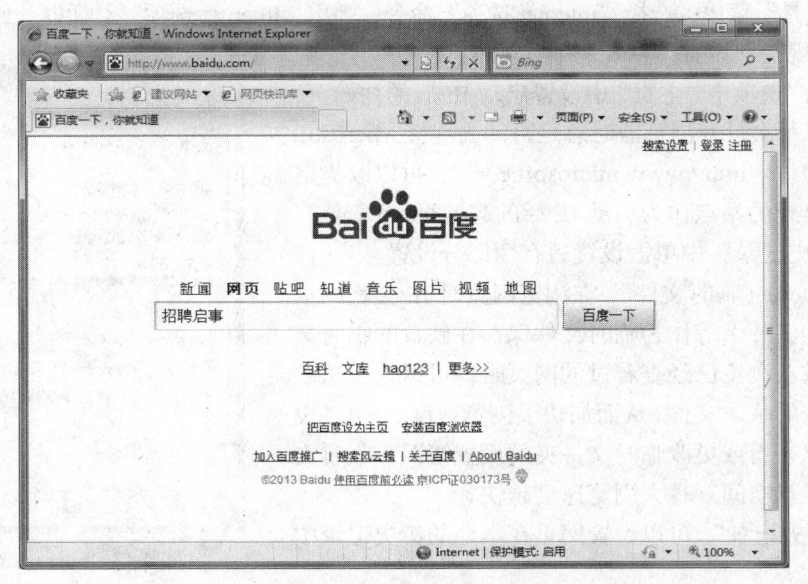

图 4-18　百度网站首页

李琳为了找工作，可以在搜索框中输入要查找的单词或短语，例如输入“招聘启事”，单击“百度一下”按钮后可得到一个搜索结果列表，该表中包含与“招聘启事”有关的 Web 站点，单击感兴趣的站点，可进入页面，进一步了解与“招聘启事”有关的信息。

【知识支撑】

一、WWW 基本概念

WWW（World Wide Web），称为全球信息网或万维网，利用超文本传输协议（Hyper Text

Transfer Protocol，HTTP），使在世界上任何地方的计算机上都可以用同一种方式共享信息资源。利用 WWW 系统查询信息很简单，用户面对的是一个读信息的浏览器（Browser）软件，查询信息采用"一点即得"的方式。

1. 网页

Internet 上 WWW 站点的信息由一组精心设计制作的页面组成，一页一页地呈现给观众，类似于图书的页面，叫做网页或 Web 页。网页上是一些连续的数据片段，包含普通文字、图形、图像、声音、动画等多媒体信息，还可以包含指向其他网页的链接。正是因为有了链接才能将遍布全球的信息联系起来，形成浩瀚如烟的信息网。

站点的第一个页面，称为主页（home page），它是一个站点的出发点，一般通过主页进入其他页面，或引导用户访问其他 WWW 网址上的页面。

2. HTML

WWW 的信息是基于超文本标记语言（Hyper Text Markup Language，HTML）描述的文件，所有 WWW 的页面都是用 HTML 编写的超文本文件。超文本文件是包含有链接的文件，在浏览一个页面时总会看见有些文字或其他对象，当鼠标放在这些对象上时，会由"箭头"状变成"小手"状，当单击鼠标时会进入新的页面，这就是超级链接。HTML 是 WWW 用于建立与识别超文本文档的标准语言。

3. URL

HTML 采用"统一资源定位"（Uniform Resource Location，URL）来表示超媒体之间的链接。URL 的作用就是指出用什么方法、去什么地方、访问哪个文件。不论身处何地、用哪种计算机，只要输入同一个 URL，就会连接到相同的网页。现在几乎所有 Internet 的文件或服务都可以用 URL 表示。URL 由双斜线分成两部分，前一部分指出访问方式，后一部分指明文件或服务所在服务器的地址及具体存放位置。

URL 的表示方法为：协议://主机地址[:端口号]/路径/文件名。

二、WWW 浏览器

要想在 WWW 海洋中畅游，必须在自己的计算机（客户端）上安装一种叫浏览器的软件。WWW 浏览器的使用很直观，并能在许多平台上运用。用户只需在客户端的浏览器上使用鼠标或键盘，选择超文本或输入搜索关键字，WWW 服务器就会按照信息链提供的线索，为用户寻找有关信息，并把结果回送到客户端的浏览器，显示给用户。WWW 浏览器不仅是 HTML 文件的浏览软件，也是一个能实现 FTP、Mail、News 的全功能的客户软件。

常用的全图形界面的 WWW 浏览器主要有两种，一种是 Netscape 公司开发的 Navigator 系列，另一种是 Microsoft 公司开发的 Internet Explorer（IE）系列，这两种浏览器基本功能大体相同。

思考练习

1. 设置自己经常浏览的网页为主页。

2. 分别用百度和 Google 的搜索引擎搜索关于 WWW 的信息，并比较哪一个搜索引擎搜索的信息准确全面。

3. 总结搜索信息的方法。

拓展练习

1. 用 WWW 浏览器浏览某一网页时，希望在新窗口显示另一页，正确的操作方法是（　　）。
   A. 单击“地址栏”文字框的内部，输入 URL，再单击 Enter 键
   B. 选择“文件”菜单的“创建快速方式”项，在其对话框中输入 URL，再单击 Enter 键
   C. 选择“文件”菜单的“新窗口”的“文件/打开”项，在打开对话框中地址栏输入地址，并确认复选“在新窗口中打开”，单击“确认”
   D. 选择“文件”菜单的“打开”项，在打开对话框中地址栏输入地址，单击“确认”
2. 在 Explorer 的启始页中，若要转到特定地址的页，最快速的正确操作方法是（　　）。
   A. 选择“编辑”菜单的“查找”项，在其对话框中输入 URL，再单击 Enter 键
   B. 单击“地址栏”文字框的内部，输入 URL，再单击 Enter 键
   C. 选择“文件”菜单的“打开”项，在其对话框中输入 URL，再单击 Enter 键
   D. 选择“文件”菜单的“创建快速方式”项，在其对话框中输入 URL，再单击 Enter 键
3. 所谓搜索引擎（　　）。
   A. 就是已经被分类的 Web 页清单
   B. 就是 Yahoo
   C. 就是进行信息搜索服务的计算机系统
   D. 就是在 Internet 上执行信息搜索的专门站点

工作任务四　使用网络收发邮件

【任务要求】

听说李琳正在找工作，远在国外的姑妈来电话说她准备写一封鼓励李琳的电子邮件，请李琳告诉她电子邮箱地址。另外李琳也在网上浏览到感兴趣的岗位——甲乙丙丁科技有限公司在招聘人事部职员，她准备写一封应聘邮件给这个公司。

【任务分析】

首先要了解电子邮件的基本知识，然后申请一个电子邮箱，最后就可以使用电子邮件工具或者直接使用 WEB 方式进行邮件的收发。在这里我们尝试使用 Outlook Express 电子邮件工具和直接通过 WEB 两种方式。

邮箱可以在网络服务提供商（ISP）处获取；也可以在提供邮件服务的提供商那里获取，有免费邮箱、企业邮箱、VIP 邮箱等，一般来说后两者为收费邮箱。

使用电子邮件工具进行邮件的收发要进行一定的设置。有些邮件服务提供商的电子邮件服务不适用于电子邮件工具，而只能通过 WEB 方式完成。

【任务实施】

一、申请电子邮箱

在新浪网上申请免费邮箱。打开浏览器，在地址栏中输入 http://mail.sina.com.cn，单击“注册

免费邮箱”链接，进入免费邮箱申请操作，按照要求填写资料，并且提交。若没有错误发生，则申请成功，以 web 方式进入邮箱。设置邮箱的用户名为 lilin，并牢记已经设置好的邮箱密码。此时邮箱地址为 lilintest@sina.com。

二、启动 Outlook

Outlook 是微软 Office2010 下的邮件应用程序。启动 Windows 后，单击开始→所有程序→Microsoft Office→Microsoft Outlook 2010，可以启动 Outlooks，如图 4-19 所示；

在上方菜单栏我们能看到“文件”、“开始”、“发送/接收”、“文件夹”、“视图”这几个标签，每单击一个标签下面功能区就显示该标签相关的详细功能。

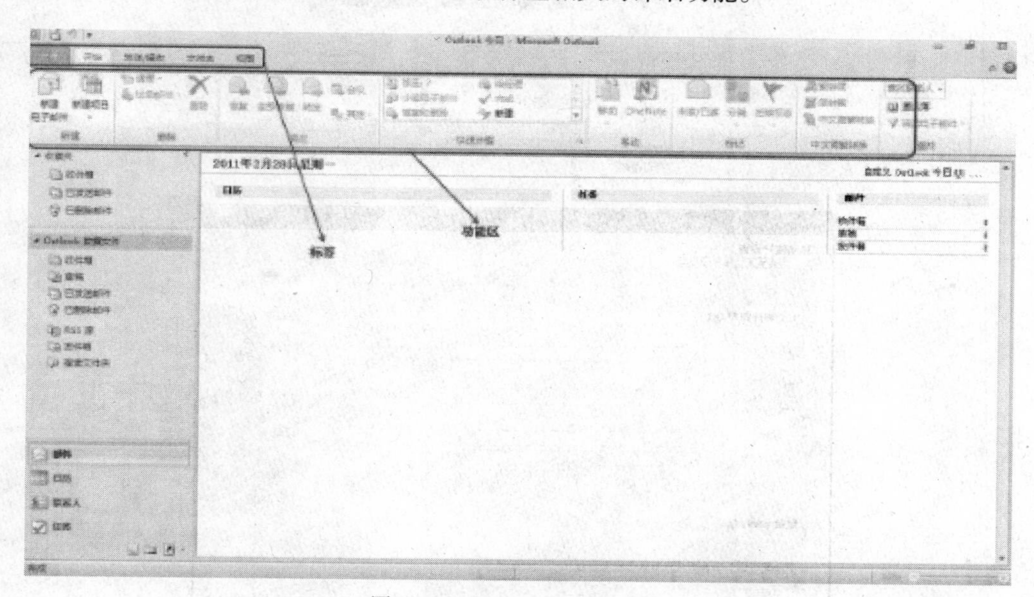

图 4-19 Outlook Express 窗口

“已删除邮件”用来存放准备删除的邮件。放在已删除邮件箱中的邮件并没有真正被删除，还可以恢复到其他邮件箱中；如果准备将邮件永久删除，只需要在已删除邮件内再删除一次该信件。

“已发送邮件”用来存放已发送邮件的备份。

“发件箱”采用延迟发送方式时用来存放待发邮件。

“收件箱”用来暂时存放从邮件服务器上取回的邮件。

邮件列表区，列出信的主题、发件人、时间、是否含有附件、优先级、是否读过。

信的内容区，显示选中邮件的内容。

附件列表，表示邮件中含有附件，单击文件名直接打开文件。

三、设置电子邮件帐号

首次使用 Outlook Express 前必须先对邮件信息进行设置。

① 选择“文件”→“信息”下的“添加帐户”按钮，会弹出“添加新帐户”对话框，如图 4-20 所示。

② 选择“手动配置服务器设置或其他服务类型（M）”选项，并单击“下一步”按钮。其中另外两个选项：

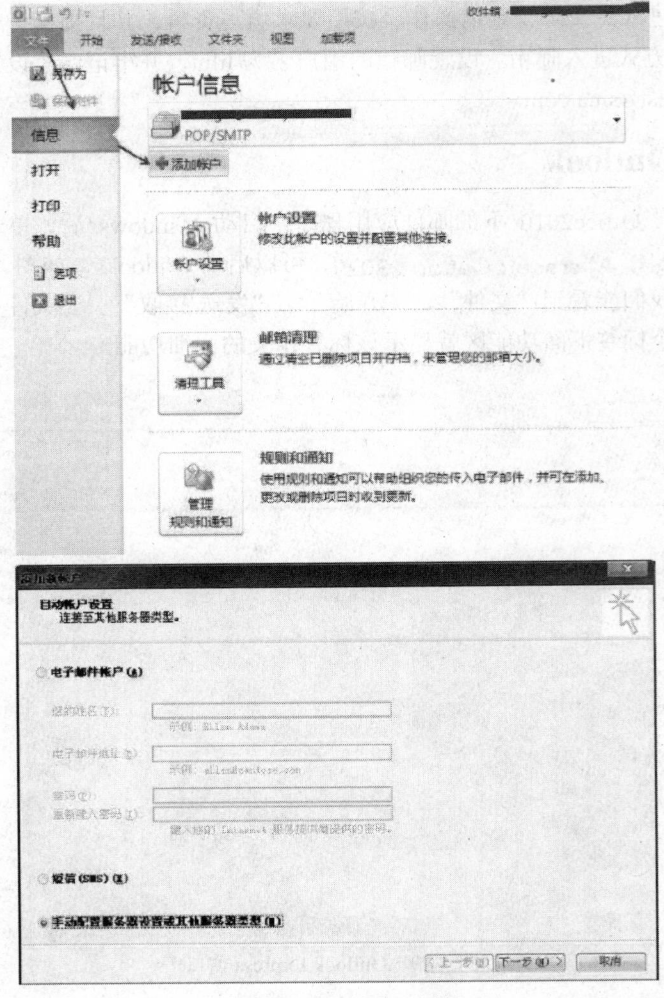

图 4-20　添加帐户对话框

“电子邮件帐户”选项，需要输入“您的姓名”、“电子邮件地址”、“密码”、“重复键入密码”等选项，此时 Outlook 会自动为你选择相应的设置信息，如邮件发送和邮件接收服务器等。但有时候它找不到对应的服务器，那就需要手动配置了。

“短信（SMS）”选项，需要注册一个短信服务提供商，然后输入供应商地址，用户名和密码（注册短信服务提供商）。

③ 选择“Internet 电子邮件（T）”选项，并单击“下一步”按钮。其中另外两个选项：

“Microsoft Exchange 或兼容服务”，需要在“控制面板”里面设置。

“短信（SMS）”，同上。

④ 输入用户信息、服务器信息、登录信息，然后可以单击“测试帐户设置…”按钮进行测试，如图 4-21 所示。

如果测试不成功（前提是用户信息、服务器信息、登录信息正确），单击“其他设置”按钮，弹出“Internet 电子邮件设置”对话框，在“Internet 电子邮件设置”对话框中选择“发送服务器”标签页，把“我的发送服务器（SMPT）要求验证”选项打上勾，单击“确定”按钮，返回“添加帐户”对话框。在“添加帐户”对话框中再次单击“测试帐户设置…”按钮，此时测试成功，单击“下一步”会测试帐户设置，成功后单击“完成”按钮，完成帐户设置，如图 4-22 所示。

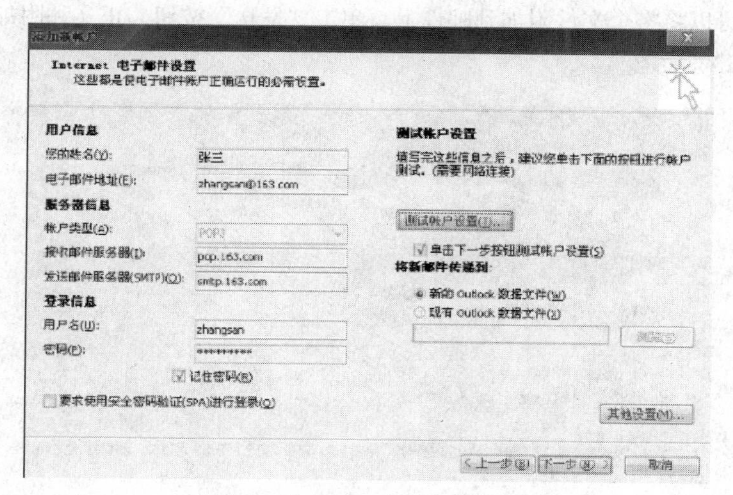

图 4-21　Internet 电子邮件设置

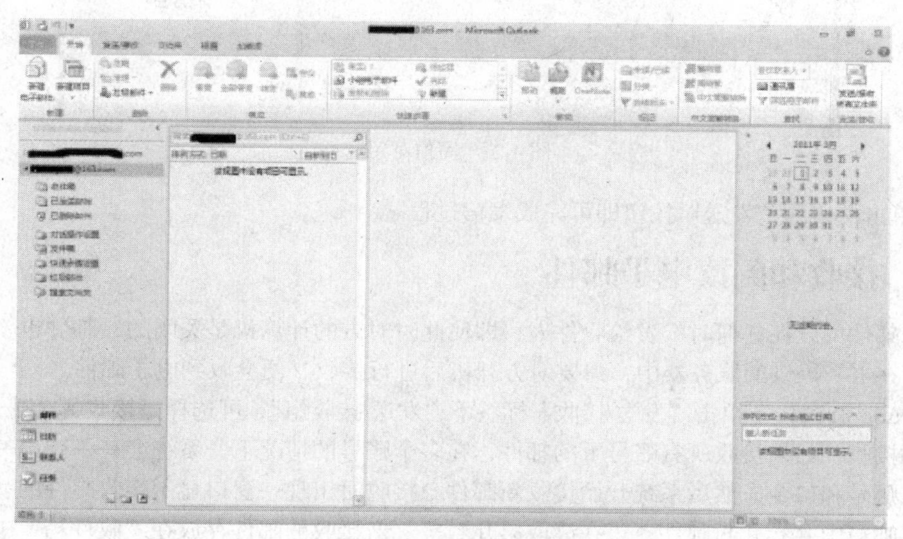

图 4-22　测试成功界面

四、发送邮件

① 创建新邮件。在 Outlook 窗口下单击“开始”菜单，单击“新建电子邮件”按钮，弹出新邮件窗口。

② 填写收件人、主题、邮件内容。这是给甲乙丙丁科技有限公司人事部的应聘邮件。在收件人中填写收信人邮箱地址 rsb@jybd.com，主题“李琳个人简历”。若要将此邮件发给多人，可在抄送栏中输入多个抄送者的地址，多个地址间用逗号分开。撰写邮件内容。

③ 在电子邮件中不仅可以发送文字信息，还可以发送任何文件，包括声音、动画、图像等多种信息形式。在邮件中可以直接插入图片，单击【插入】|【图片】命令，通过“浏览”选择所需的图片，图片直接出现在邮件内容区。对于以文件形式存放的信息，单击【插入】|【附加文件】命令，或者直接单击工具栏上“附加文件”按钮，弹出“插入文件”对话框，从中选择要附加的文件，

选择后单击“插入”按钮，此时会在“主题”栏下增加“附加”栏，栏中显示出刚才选中的文件。重复上述过程，可以将多个文件附加到邮件上。单击“发送”按钮，正文和附加的文件将一同发送出去，如图 4-23 所示。

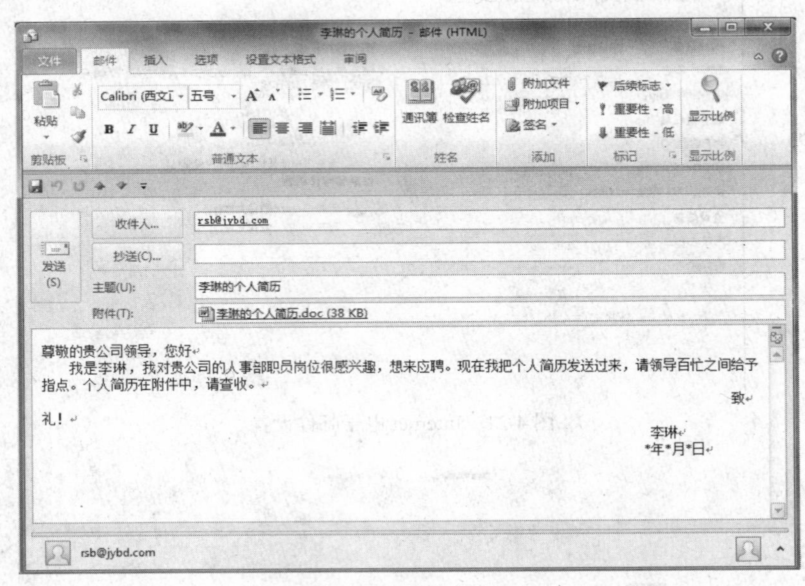

图 4-23　写信对话框

④ 单击左边的“发送”按钮即可完成发信过程。

五、接收和阅读电子邮件

电子邮件可以在任何时候发给收件人，即使此时对方的计算机是关闭的，邮件也不会丢失，自动保存在 ISP 提供的服务器中，只要对方开机后进行接收，便会收到电子邮件。

在 Outlook 窗口下单击“发送/接收”标签下“发送/接收组”，可选择是接收哪个账号的邮件，还是全部接收，如果接收所有账号下的邮件，在多个账号的情况下，系统会一一弹出一个对话框要求输入账号和口令，然后系统开始接收新邮件。接收时出现一窗口显示接收邮件的状态，提示在服务器邮箱中共有几封邮件、正在读取第几封等。新接收的邮件存放在“收件箱”中，同时显示新邮件数量。

在“收件箱”中邮件区显示邮件的发送者、邮件标题等主要信息。未读邮件以粗、黑体显示。标题前有“ ! ”图标表明是急件，有“ 0 ”图标表明邮件中附加有文件。邮件阅读区显示出邮件的内容。还可以双击希望阅读的信件，打开一个窗口阅读该邮件。

如果邮件中附加有文件，阅读邮件时在邮件阅读区右上方有“ 0 ”按钮，说明该邮件包含附件，单击某个文件可进行查看或保存。在邮件阅读窗口中如果邮件有附件，用鼠标右键单击“附加”栏内的文件，可通过快捷菜单选择操作方式。

在 Outlook 中还可以设置自动接收邮件的功能，只要启动 Outlook，便会自动转入收件箱进行接收邮件的操作。为了防止服务器上用户的邮箱爆满，可以设置定期将邮件取回本地计算机。

六、邮件的回复和转发

收到一封邮件后，可以很方便地给发信人回一封信。回复邮件时收件人地址系统会根据来信自动填写，系统会将原邮件主题加上“Re:”作为新的邮件主题。在邮件内容区内 Outlook 把原邮件内容引用到回复邮件里。

回复邮件时，单击“答复”按钮，只给发信者本人回复，单击“全部答复”按钮，给发信人及抄送人一同回复。

另外，利用电子邮件的转发功能可把接收到的邮件转发给其他朋友，并能附上自己的意见。先选中要转发的邮件，再单击“转发”按钮，在“收件人”栏中输入转发人地址，“主题”栏中已经填好了主题，是将原邮件的主题前面增加了“Fw:”字样。原邮件内容被引用，自己添加上意见后，单击“发送”按钮，邮件就被转发出去。

七、邮件的保存、打印和删除

在看过一封邮件后可以将其存为一个文件以备后用。打开“文件”标签选择“另存为”命令存放为一个文件，选择“另存为信纸”命令将邮件以信纸格式保存。

打开“文件”标签选择“打印”命令，可以将邮件通过打印机打印出来。

对于那些没有价值的邮件看过后可将其删除。选中一个或多个邮件，然后按下 Del 键，这些邮件被送到“已删除邮件”文件夹，存在于“已删除邮件”文件夹中的邮件还可恢复，只有在“已删除邮件”中再删除一次，邮件才会被真正删除不能恢复了。

八、联系人的建立

为了解决电子邮件地址不好记、填写费事的问题，在 Outlook 中提供了联系人功能，用户在使用过程中可先为自己建立一个联系人，这样在填写收件人一栏时就可以直接填写收件人的别名（而不是较难记忆的电子邮件地址）或从通讯簿中选择一下即可。

在 Outlook 窗口中单击【开始】|【联系人】命令，会出现如图 4-24 所示的“联系人”窗口，单击“新建联系人”按钮弹出“未命名-联系人”对话框。在对话框里将朋友的通讯信息添加进通讯簿中去，所有信息输入完成后，单击“确定”按钮，又会返回到“联系人”窗口。再重复上述操作，就可以把所有的通讯信息都添加进去。如果想修改某个人的有关信息，可在“联系人”窗口中找到并选中该人的通讯信息所在行，双击鼠标左键可打开联系人属性对话框进行修改。

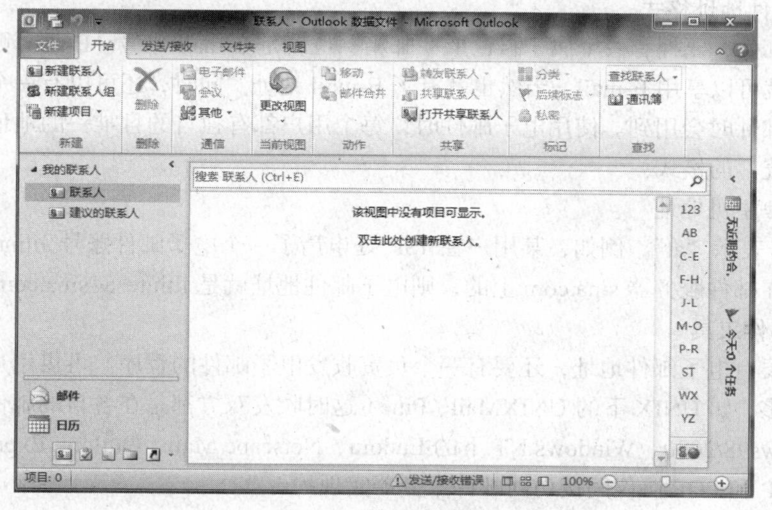

图 4-24　联系人对话框

如果经常给某几个人发送邮件，可以将他们几个编成一个组。这样，在填写收件人时就可以只写组名。在“通讯簿”窗口，单击“新建”按钮选择“组”命令，会出现“属性”对话框。在组名处填入为这个新组命的名称，然后单击“选择成员”按钮，会出现“选择组成员”对话框。在联系人列表中选取想要加入到新组中的成员，单击“选择”按钮，最后确认即可。

建立好了联系人以后，在填写收件人时就可以从联系人中直接选取联系人或组了。在邮件编辑窗口单击带有“收件人...”的按钮，出现“选择姓名-联系人”对话框，在联系人和组名列表中选取收件人和抄送人，再分别单击“收件人”按钮和“抄送”按钮，最后确认即可。

九、Web 方式使用 E-mail

打开浏览器，输入邮箱服务器地址，然后登录到您的邮箱就可以与朋友通信了。收发邮件的方法按照页面上的介绍就可以进行。

【知识支撑】

1. 电子邮件的工作过程

电子邮件 E-mail 是一种利用网络交换信息的非交互式服务。一份电子邮件一般涉及两个服务器，发送方服务器和接收方服务器。发送方服务器的功能是依照收件人地址将邮件发送出去，发送方服务器就像普通的发信邮局；接收方服务器的功能是接收他人的来信并且把它保存，随时供收件人阅读，就像普通的收信邮局。

电子邮件模仿传统的邮政业务，通过建立邮政中心，在中心服务器上给用户分配电子信箱，也就是在计算机硬盘上划出一块区域（相当于邮局），在这块存储区内又分成许多小区，就是每个用户的电子信箱。使用电子邮件的用户都可以通过各自的计算机或终端编辑信件，通过 Internet 送到对方的信箱中，对方用户进入电子邮件 E-mail 系统就可以读取自己信箱中的信件，邮件才从服务器的硬盘转存到本地计算机的硬盘中。

用户与服务器之间可以使用仿真终端方式直接登录到主机收发邮件，也可以通过 POP3 协议由用户计算机直接编辑、发送邮件，这时在用户计算机中配置 POP3 服务器的名字应为用户所连接的邮件服务器的名字。在 Internet 上采用简单邮件传输协议 SMTP 发送邮件。

2. 电子邮件地址格式

收发电子邮件，要拥有一个属于自己的“邮箱”也就是 E-mail 账号。E-mail 账号可向 ISP 申请，有了账号就可以享用 E-mail，当然也就有了 E-mail 地址。同时，还可以有一个只有自己知道的密码，在收邮件时会用到。使用电子邮件时，每个用户都有独自的且唯一的地址，所有用户的 E-mail 地址有统一的格式：

用户账号@主机地址

其中@符号表示“at”。例如，某用户在 ISP 处申请了一个电子邮件账号 lilintest@sina.com，该账号是建立在邮件服务器 sina.com 上的，则电子邮件地址就是 lilintest@sina.com。

3. 电子邮件工具

用户不仅要有电子邮件地址，还要有一个负责收发电子邮件的程序。可供用户选择的电子邮件应用程序很多，如 UNIX 下的 UNIXMail、Pine（这时收发双方都是在各自的邮件服务器上直接操作）；Windows98/2000、Windows NT 下的 Eudora、Netscape Mail、Outlook Express 等（这时收发是通过 SMTP 和 POP 协议间接访问邮件服务器实现的）。

实战演练

1. 申请一个免费的邮箱，并将申请的邮箱设置到 Outlook Express 中使用。
2. 熟悉 Outlook Express 的窗口并使用 Outlook Express 设置电子邮件账号。
3. 与同学或朋友合作，用 Outlook Express 接受和发送一封带有附件的邮件。
4. 与朋友或同学合作，对自己接受到的邮件做转发、回复、删除等操作。

拓展练习

1. 要在因特网上实现电子邮件，所有的用户终端机都必须或通过局域网或用 Modem 通过电话线连接到（　　），它们之间再通过 Internet 相联。

   A. 本地电信局　　B. E-mail 服务器
   C. 本地主机　　D. 全国 E-mail 服务中心

2. 电子邮件地址的一般格式为（　　）。

   A. 用户名@域名　　B. 域名@用户名
   C. IP 地址@域名　　D. 域名@IP 地址

3. 下列说法错误的（　　）。

   A. 电子邮件是 Internet 提供的一项最基本的服务
   B. 电子邮件具有快速、高效、方便、价廉等特点
   C. 通过电子邮件，可向世界上任何一个角落的网上用户发送信息
   D. 可发送的多媒体只有文字和图像

4. 当电子邮件在发送过程中有误时，则（　　）。

   A. 电子邮件将自动把有误的邮件删除
   B. 邮件将丢失
   C. 电子邮件会将原邮件退回，并给出不能寄达的原因
   D. 电子邮件会将原邮件退回，但不给出不能寄达的原因

5. 收到一封邮件，再把它寄给别人，一般可以用（　　）。

   A. 答复　　B. 转寄　　C. 编辑　　D. 发送

项目五 Word 2010 文档处理

工作任务一　制作会议通知

【任务要求】

单位负责组织江苏省第一届物联网研讨会，李琳被指派负责准备会议通知的相关材料。

【任务分析】

李琳拿到资料后（“附件 1_物联网简介.docx”、），分析了一下，需要完成的具体任务是排版。具体排版设计如下：

① 将全文的“The Internet of Things”替换为“物联网”。

② 将文中第 1 行大标题（即“物联网简介”），段落格式设置为：居中；“段前”、“段后”间距为“0.5 行”。

③ 将正文所有段（除所有标题段外）的段落格式设置为：首行缩进 2 字符，1.5 被倍行距。

④ 将文章的第 1 行大标题段的边框效果设置为：1.5 磅方框。底纹效果设置为：白色，背景 1 深色 15%。

⑤ 给整篇文档添加页面边框：阴影、3.0 磅。

⑥ 给正文中的四处文字“一、背景”、“二、经济增长点”、“三、用途”、“四、原理”设置边框效果：1.5 磅、方框。底纹效果：“白色，背景 1，深色 15%”。

⑦ 给正文第 1 段添加首字下沉效果。下沉 3 行，字体为“华文彩云”，距正文 0.3 厘米。

⑧ 将正文的第一段和第二段合并成一段。

⑨ 在正文的第一段插入名为“物联网.jpg”的图片，图片的环绕方式设置为“四周型”。

⑩ 将文中的最后三段文字设置分栏效果：两栏、加分隔线、栏宽不相等、栏 1 的“宽度”为“10 字符”、“栏 2”的宽度为“27 字符”。

⑪ 给每页添加页眉页脚，页眉内容为“江苏省第一届物联网研讨会”，页脚内容是“X/Y”，均居中对齐。

排版后理想的效果如图 5-1 所示。

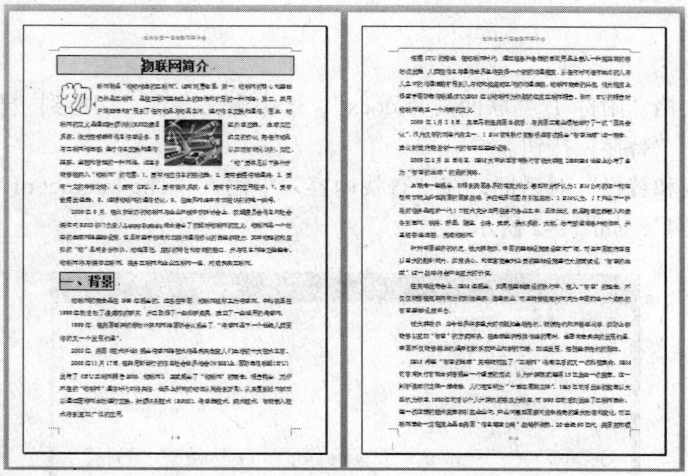

物联网简介

一、背景

（a）

二、经济增长点

（b）

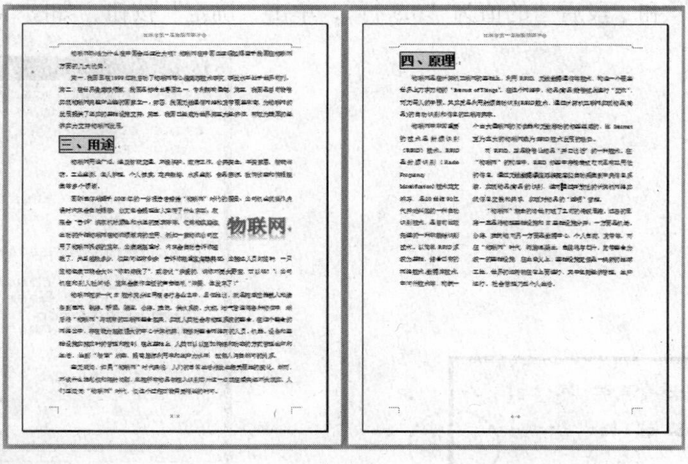

三、用途

物联网

四、原理

（c）

图 5-1　排版后的效果图

【任务实施】

1. 替换

① 双击打开文档“附件 1_物联网简介.docx”，选中全文内容，切换到“开始选项卡”，单击“编辑”选项组中的“替换”按钮。

② 弹出“查找和替换”对话框，在“查找内容”中输入“The Internet of Things”，在“替换为”中输入“物联网”，如图 5-2 所示。

图 5-2 “查找和替换”对话框

③ 单击“全部替换”按钮，弹出“Microsoft Word”提示框（如图 5-3 所示），问“是否搜索文档的其余部分”，选择“否”。之后返回到“查找和替换”对话框，单击右上角的“図”关闭该对话框。

图 5-3 “Microsoft Word”提示框

2. 文本格式设置

① 选中文章的第 1 行大标题（即“物联网简介”），切换到“开始”选项卡，单击“段落”选项组中的“对话框启动器”按钮，如图 5-4 所示。

② 弹出“段落”对话框，在“常规”栏的“对齐方式”下拉框中选择“居中”选项，在“间距”栏设置“段前”和“段后”的值为“0.5 行”，单击“确定”按钮，如图 5-5 所示。

图 5-4 “段落”选项卡

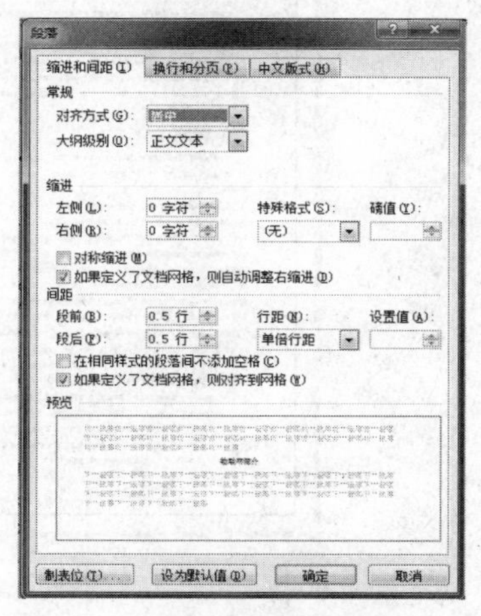

图 5-5 “段落”格式设置对话框

选中正文所有段（除所有标题段外），以同种方法打开“段落”对话框，在“缩进和间距”选项卡中，设置“特殊格式”为“首行缩进”，“磅值”为“2 字符”；“行距”为“多倍行距”，设置值为“1.5”。单击“确定”按钮。

③ 选中文章的第 1 行大标题，切换到“页面布局”选项卡，单击“页面背景”选项组中的“页面边框”按钮，如图 5-6 所示。

图 5-6 “页面背景”选项组

④ 在“边框底纹”对话框中，选择“边框”选项卡，在“设置”栏中选择“方框”，在“宽度”下拉框中选择“1.5 磅”，在“应用于”选择“段落”，如图 5-7 所示。

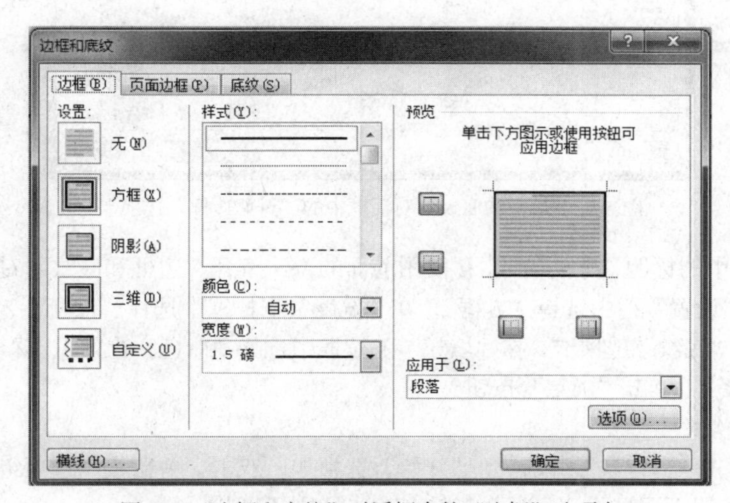

图 5-7 “边框和底纹”对话框中的“边框”选项卡

⑤ 在“边框底纹”对话框中选择“底纹”选项卡，在“填充”下拉框中选择“白色，背景 1，深色 15%”，在“应用于”选择“段落”。单击“确定”按钮，如图 5-8 所示。

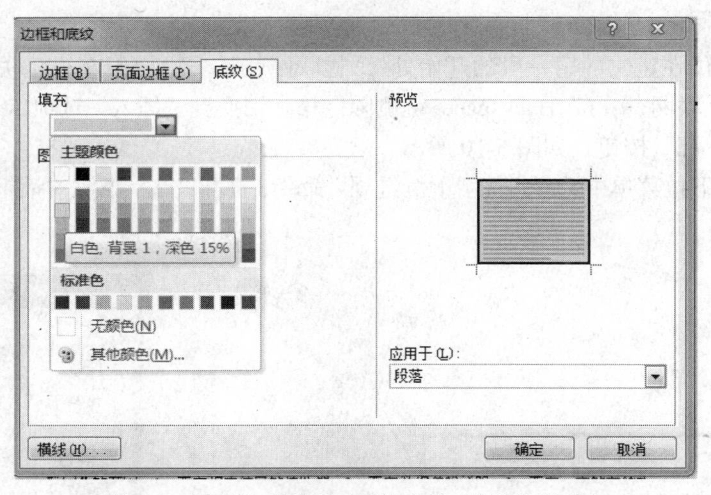

图 5-8 “边框和底纹”对话框中的“底纹”选项卡

⑥ 单击“页面布局”选项卡中“页面背景”选项组中的“页面边框”按钮，打开“边框和底纹”对话框，选择“页面边框”选项卡，在“设置”栏中选择“阴影”，在“宽度”下拉框中选择

“3.0 磅”，在“应用于”下拉框中选择“整篇文档”。单击“确定”按钮，如图 5-9 所示。

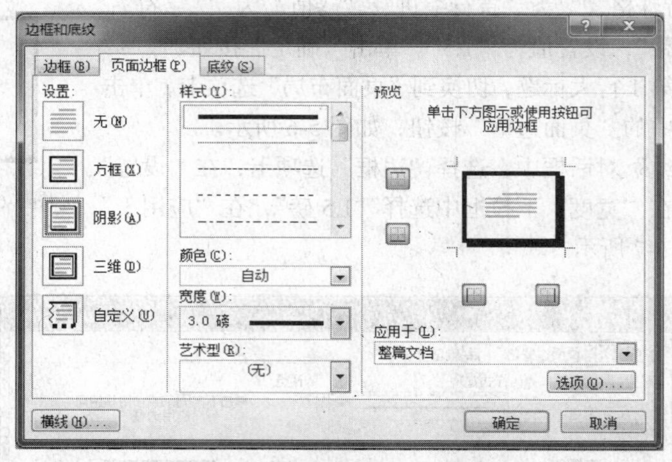

图 5-9 “边框和底纹”对话框中的“页面边框”选项卡

⑦ 选中正文中的标题“一、背景”，使用前面的方法打开“边框和底纹”对话框。选择“边框”选项卡，在“设置”栏中选择“方框”，在“宽度”下拉框中选择“1.5 磅”，在“应用于”选择“文字”；选择“底纹”选项卡，在“填充”下拉框中选择“白色，背景 1，深色 15%”，在“应用于”选择“文字”。单击“确定”按钮。

3. 复制文本格式

① 选中标题“一、背景”，切换到“开始”选项卡，双击“剪贴板”选项组中的“格式刷”按钮，此时，该按钮下沉显示，且鼠标指针变为 1 个刷子形状。

② 在“二、经济增长点”的文本上，按住鼠标左键并拖动鼠标，然后松开鼠标按键。

使用同样的方法将标题“一、背景”的格式复制给其余两个标题“三、用途”、“四、原理”。复制完成后，再次单击“格式刷”按钮即可。

4. 首字下沉

① 将光标定位在正文的第一段的开始处（“物联网就是“物物相连的互联网”。这有两层意思……构成未来互联网。），按<Backspace>键删除空格。切换到“插入”选项卡，在“文本”选项组中单击“首字下沉”按钮，如图 5-10 所示。

② 在弹出的下拉菜单中选择“首字下沉选项”命令，打开“首字下沉对话框”，设置如图 5-11 所示。

图 5-10 “文本”选项卡

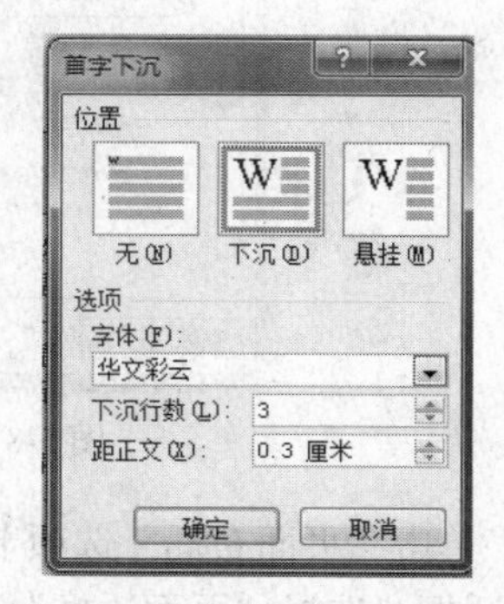

图 5-11 “首字下沉”对话框

5. 段落合并

将光标定位在正文第一段最后，按<Delete>键，删除回车符，即实现第一段和第二段的合并，如图 5-12 所示。

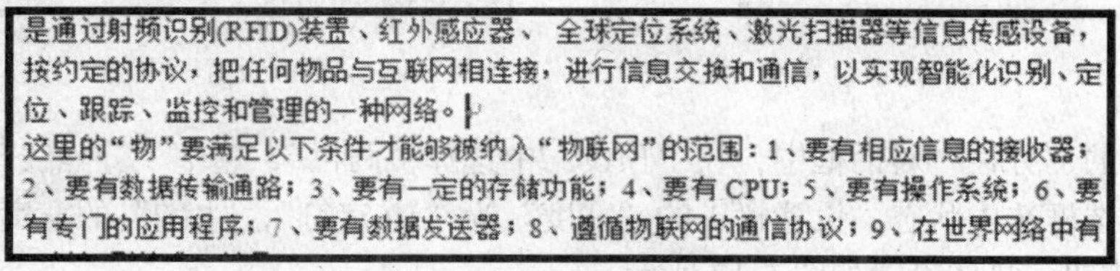

是通过射频识别(RFID)装置、红外感应器、 全球定位系统、激光扫描器等信息传感设备，按约定的协议，把任何物品与互联网相连接，进行信息交换和通信，以实现智能化识别、定位、跟踪、监控和管理的一种网络。
这里的“物”要满足以下条件才能够被纳入“物联网”的范围：1、要有相应信息的接收器；2、要有数据传输通路；3、要有一定的存储功能；4、要有 CPU；5、要有操作系统；6、要有专门的应用程序；7、要有数据发送器；8、遵循物联网的通信协议；9、在世界网络中有

图 5-12　光标定位

6. 插图

① 将光标定位在正文的第一段，切换到“插入”选项卡，单击“插图”选项组中的“图片”按钮，如图 5-13 所示。

② 在弹出的“插入图片”对话框中，打开“制作会议通知素材”文件夹，选择“物联网.jpg”，单击“插入”按钮，如图 5-14 所示。

图 5-13　“插图”选项组

图 5-14　“插入图片”对话框

③ 在文档中选中刚插入的图片，切换到“格式”选项卡，在“排列”选项组中单击“自动换行”按钮，在下拉菜单中选择“四周型环绕”，如图 5-15 所示。

7. 分栏

① 选中整个文档的最后三段文字，切换到“页面布局”选项卡，单击“页面设置”选项组中的“分栏”按钮，在下拉菜单中选择“更多分栏”，如图 5-16 所示。

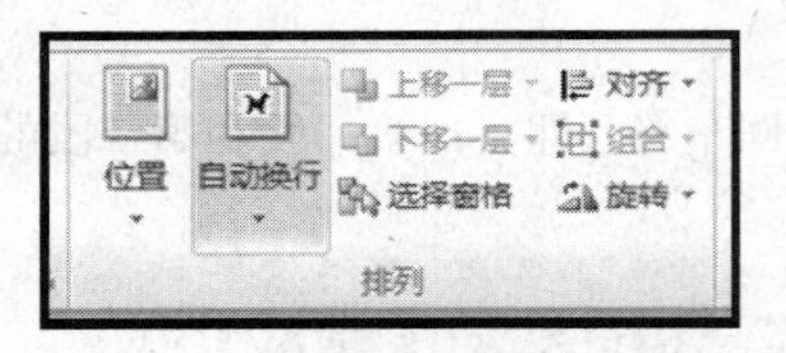

图 5-15 “排列”选项组

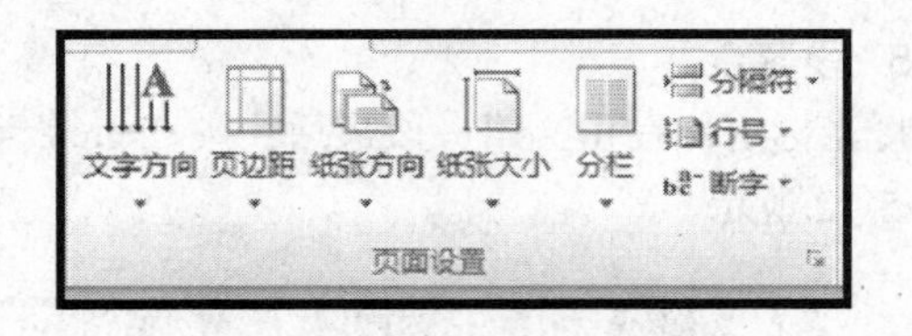

图 5-16 “页面设置”中的“分栏”按钮

② 在弹出的“分栏”对话框中，在“预设”中选择“两栏”，选中“分隔线”复选框，去掉“栏宽相等”复选框选中状态。设置栏 1 的“宽度”为“10 字符”，“栏 2”的宽度为“27 字符”。单击“确定”按钮。具体设置如图 5-17 所示。

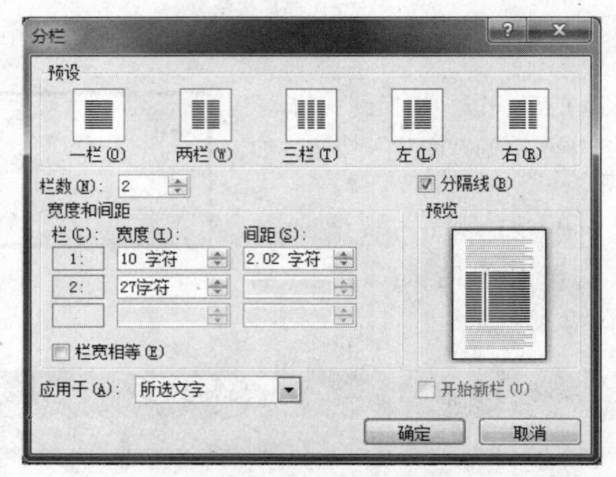

图 5-17 “分栏”设置

8. 插入页眉和页脚

① 切换到“插入”选项卡，单击“页眉和页脚”选项组中的“页眉”按钮，从下拉菜单中选择“空白”格式。此时全文显灰色，且每页都出现页眉区和页脚区。如图 5-18 和图 5-19 所示。

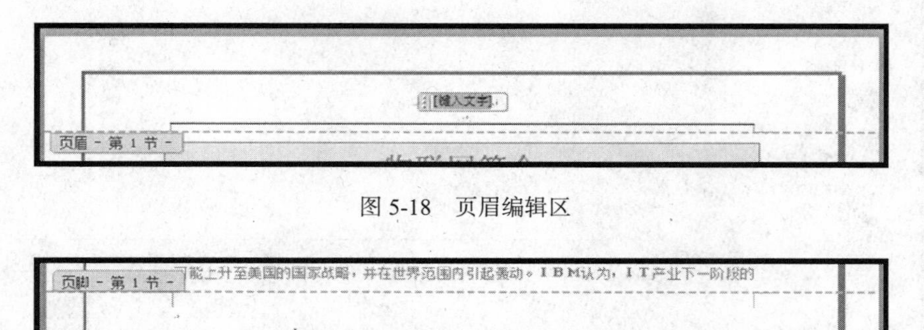

图 5-18 页眉编辑区

图 5-19 页脚编辑区

② 在页眉区输入“江苏省第一届物联网研讨会”。在“设计”选项卡的“导航”选项组中选择“转至页脚”按钮，光标会定在页脚区，如图 5-20 所示。

③ 此时在“设计”选项卡中单击“页眉和页脚”选项组中的“页码”按钮，如图 5-21 所示。

图 5-20 “导航”选项卡

图 5-21 “页眉和页脚”选项组

④ 在弹出的下拉级联菜单中依次选择“当前位置”|“X/Y 加粗显示的数字”命令，然后在页脚处会出现选中格式的页码，如图 5-22 所示。

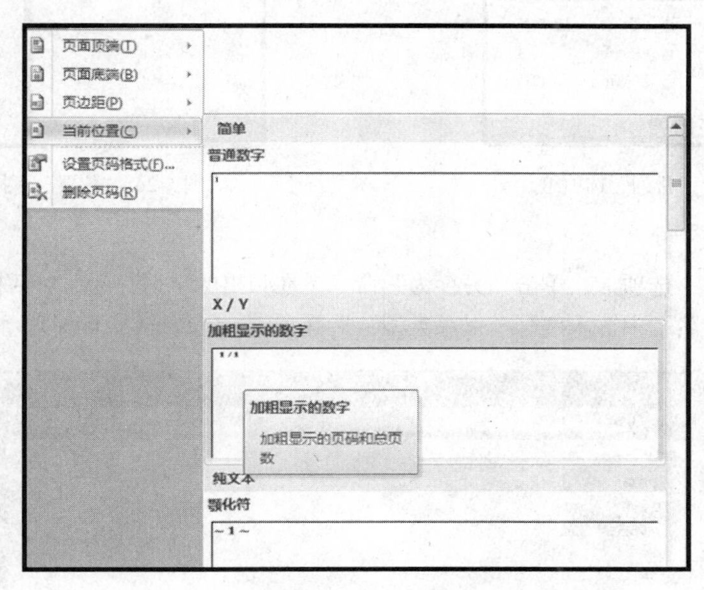

图 5-22 页码下拉菜单

⑤ 选中页码，切换到“开始”选项卡，单击“段落”选项组中的“居中”按钮，将页码在页面水平居中。

⑥ 切换到“设计”选项卡，单击“关闭”选项组中的“关闭页眉和页脚”按钮，返回正文编辑状态，如图 5-23 所示。

图 5-23 页眉页脚的关闭按钮

9. 插入艺术字

① 将光标定位在“用途”大段中，切换到“插入”选项卡，在“文本”选项组中单击“艺术字”按钮，在下拉菜单中选择名为“填充-蓝色，强调文字颜色 1，金属棱台，映像”的样式。

② 此时在文中会出现“请在此放置您的文字”，在该位置输入“物联网”三个字，并删除前面的空格，如图 5-24 所示。

图 5-24 艺术字编辑框

③ 切换到“格式”选项卡，在“排列”选项组中单击“位置”按钮，如图 5-25 所示。

④ 在下拉框中选择“中间居右，四周型文字环绕”按钮，如图 5-26 所示。

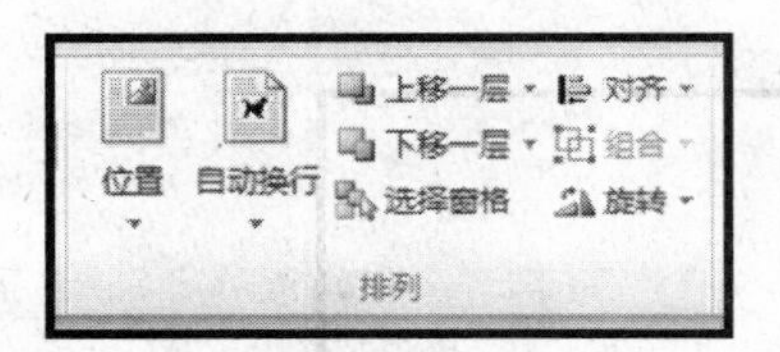

图 5-25 “排列”选项组

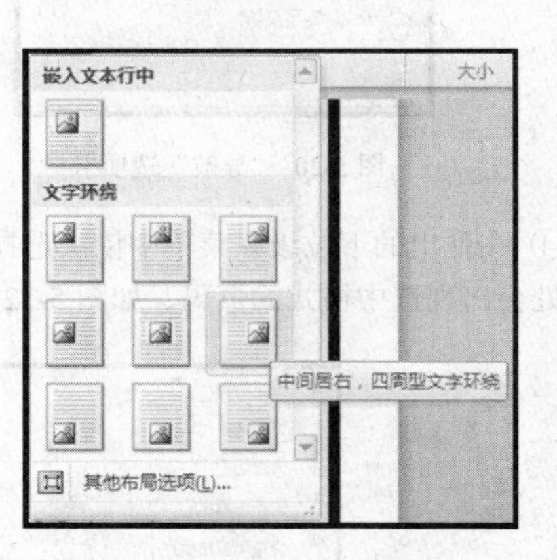

图 5-26 “位置”下拉菜单

10. 保存文件

切换到“文件”选项卡，单击“另存为”命令，在弹出的“另存为”对话框中，保存位置选择“桌面”，“文件名”中输入“”，“保存类型”选择“Word 文档（*.docx）”，如图 5-27 所示。

图 5-27 “另存为”对话框

【知识支撑】

1. Word 工作界面

Word 的工作界面包括：标题栏、功能区、编辑区、状态栏等。

① 标题栏包括控制菜单、快速访问工具栏、文档名称和窗口控制按钮等组成部分。

② 功能区是位于编辑区上方的长方形区域，用于放置常用的功能按钮。功能区由多个选项卡组成，单击不同的选项卡即可显示相应的功能按钮。

③ 编辑区即主窗口中空白的地方，用于编辑文本。

④ 状态栏位于主窗口的底部，其中显示多项状态信息，如节、页面、字数。另外还可以自定

义状态栏中出现的选项。

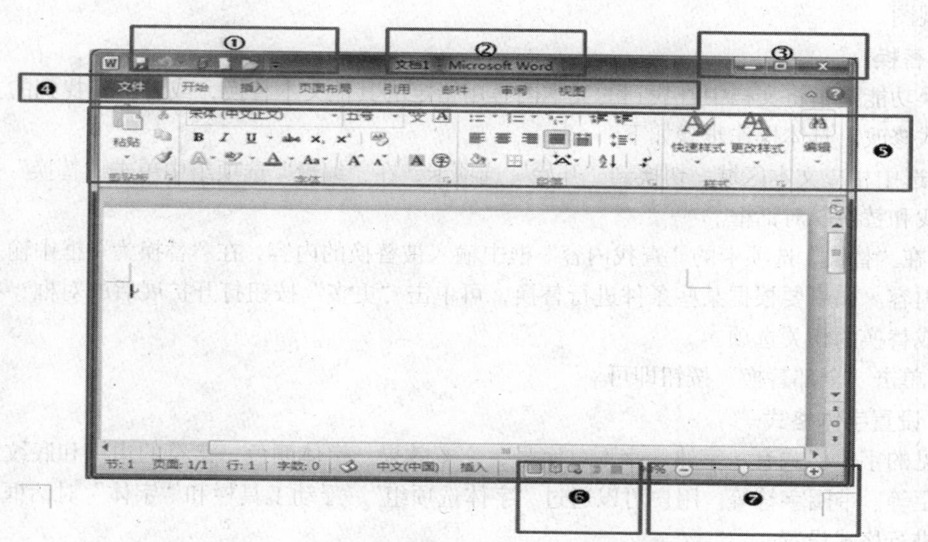

图 5-28　Word 2010 工作界面

如图 5-28 所示，其中①处为“快速启动栏”，②处为“标题栏”，③处为“最大化、最小化和关闭按钮，④处为“选项卡”，⑤处为 “功能区”，⑥处为“视图按钮”，⑦处为“显示比例”区域。

2. 新建空白文档

启动 Word 后，将自动打开一个新的空白文件。如果在操作已有文件后需要新建空白文档，可执行下列操作：

方法一：单击快速访问工具栏中的“新建”按钮，立即新建并显示空白文档。

方法二：切换到“文件”选项卡，在下拉菜单中选择“新建”命令，在右侧的视图中将出现一些新建文件选项。系统默认选择“空白文档”类型图标，单击文件文档预览右下角的“创建”按钮即可。

3. 文件的保存

创建一个新文档时，Word 应用程序会给它一个临时名称。如“文档 1”、“文档 2”等。要替换该文件名，并将文档内容保存到硬盘上，需执行保存文件操作。

（1）保存新文件

方法一：按 Ctrl+S 组合键。

方法二：单击快速访问工具栏的“保存”按钮。

方法三：在“文件”选项卡中选择“保存”命令。

（2）保存已存盘的文件

如果对已经保存过的文档进行了修改，需要对其再次保存。

① 如果想用修改后的文件替换覆盖原有的文件，则可以使用保存新文件的方法。

② 如果想将修改后的文件另外保存，则切换到“文件”选项卡，选择“另存为”命令，在随后弹出的对话框中选择不同于当前文件的保存位置、文件名称或保存类型，单击“保存”按钮即可。此时在硬盘中会同时存在修改前的文件和修改后的文件。

4. 视图模式

Word 提供了五个视图模式：页面视图、阅读版式视图、WEB 版式视图、大纲视图和草稿视图。单击状态栏右侧的视图按钮（或切换到“视图”选项卡），单击选项组中的按钮，既可以启用相应的视图。

5. 替换

替换功能是指将文档中查找到的文本内容用指定的其他文本替换，或者将查找到的文本内容进行格式修改。具体操作步骤如下：

① 选中相应文本区域，切换到“开始”选项卡，在“编辑”选项组中单击“替换”按钮，弹出“查找和替换”对话框。

② 在“替换”选项卡的“查找内容”框中输入被替换的内容，在“替换为”框中输入用来替换的新内容。如果要根据某些条件进行替换，可单击“更多”按钮打开扩展后的对框，在其中设置查找或替换的相关选项。

③ 单击“全部替换”按钮即可。

6. 设置字体格式

常见的字体格式有：字体、字形、字号、文本效果、字体颜色、字符的边框和底纹、字体 、字符间距等、带圈字符等。用户可以通过“字体选项组”、浮动工具栏和“字体”对话框，对选定的文本进行格式设置。

字体选项组：切换到“开始”选项卡，即可以看到“字体”选项组。

“字体”对话框：切换到“开始”选项卡，在“字体”选项组中单击“对话框启动器”按钮，即可以打开“字体”对话框。

浮动工具栏：选中需要设置的文本，右击鼠标，弹出快捷菜单的同时，会出现字体格式设置的浮动工具栏。

7. 设置段落格式

常见的段落格式有：对齐方式、缩进、间距、行距、首行缩进等。

8. 文档分栏

将文档中的文本分成两栏或多栏时，分栏后最后一栏的文字与它前面栏的文字不在同一水平线上，甚至会出现最后一栏全是空白的情况。

解决方法一：将光标移到该栏文字的最后，执行菜单命令：【插入】|【分隔符】，在“分隔符”对话框中选择“连续”单选项，然后单击“确定”按钮，此时栏基本会拉平。

解决方法二：分栏时，最后一段的段落标记不用选中。

9. 首字下沉

首字下沉功能让段落的第 1 个字放大或改变字体。

10. 边框和底纹

在设置边框和底纹时，注意效果的应用范围是文字、段落还是其他。

11. 清除和复制格式

12. 页眉和页脚

在 Word 中，只要在第一页设置好了页眉页脚后，以后所有的页面都会出现相同的页眉页脚。但有的文档需要在不同的页面设置不同的页眉页脚，常有以下三种情况：

① 首页与其他页不同

② 奇偶页不同

上面两种情况，只需在“设计”选项组中的“选项”选项组中选择一下，然后在文档的中相应页眉和页脚处输入所需文字即可。

③ 不同页设置不同的页眉页脚。

方法：将文档分节，然后各节单独设置页眉页脚。

13. 图片的应用

一篇图文并茂的文档比单纯文字的文档更美观、更具说服力。图片的应用通常包括：图片的插入、调整图片的大小和角度、设置图片的文字环绕效果、设置图片样式等。

实战演练

打开素材包中提供的名为“原文.docx”的 Word 文档。按下列要求操作：

① 设置文章的页边距：上 1.5 厘米，下 1.5 厘米，左 2 厘米，右 2 厘米；每页 45 行，每行 38 个字符。使用 A4 纸打印。

② 给文章添加标题段“爱在深秋”。二号、黑体、居中，字符缩放 150%，段后间距为 1 行。并给标题段添加淡黄色底纹。

③ 将文中的第一段和第二段合并为一段。

④ 第一段首字下沉两行，其余各段首行缩进 2 个字符，正文行距为 25 磅。

⑤ 将文章中的“月”替换为红色的“明月”。将第 2，3，4 段中的“心”替换为绿色、加着重号的“heart”。

⑥ 在第 5 段插入艺术字“旋转的落叶”。艺术字样式选择“填充-橄榄色，强调文字颜色，轮廓-文本 2”，环绕方式为“四周型环绕”。

⑦ 插入图片“落叶”。环绕方式为“紧密型”。图片大小为原图的 60%。

⑧ 将最后三段分栏，第一栏的栏宽 10 字符，第二栏的栏宽 25 字符。中间加分隔线。

⑨ 给页面添加边框：方框，实线，1 磅，淡紫色。

⑩ 以文件名“秋.docx”保存修改后的文挡。

拓展练习

使用 Word 中的“邮件”功能制作会议通知（使用素材包中的“通知.docx”、“与会人员信息表.docx”两个文件）。

具体操作要求：将“通知”一文中，添加具体与会者的姓名，如果应聘人员为女性，则在姓名后加上“女士”称谓；为男性则在姓名后加上“先生”称谓。

工作任务二　制作新员工入职培训手册

【任务要求】

单位准备给新员工组织一次入职培训，为了让新员工了解培训的目的、培训内容、培训时间等，指派李琳制作一个员工的入职培训手册。

【任务分析】

李琳的主要任务是对给定的手册内容进行编辑排版操作（素材有："新员工入职培训手册文字素材.docx"、"封面.jpg"）。经过分析，李琳决定设计出效果如图 5-29 所示的手册。

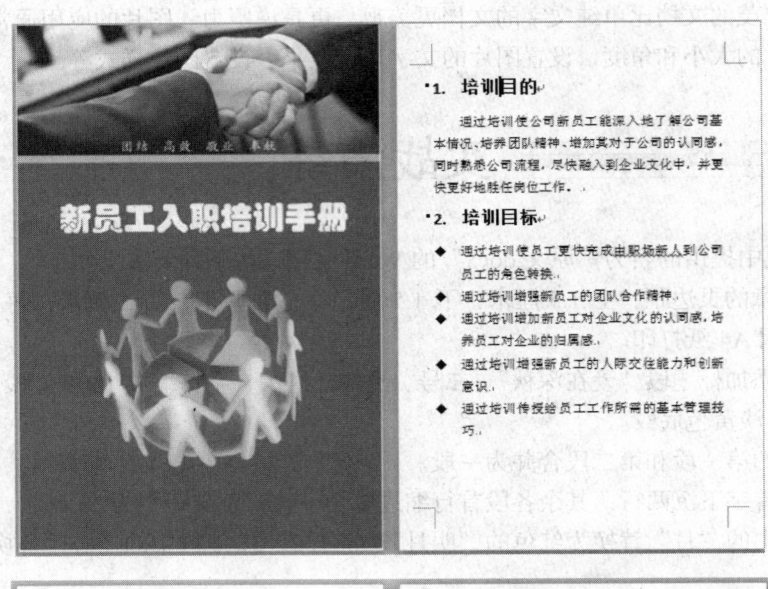

团结 高效 敬业 奉献

新员工入职培训手册

1. 培训目的

通过培训使公司新员工能深入地了解公司基本情况、培养团队精神、增加其对于公司的认同感，同时熟悉公司流程，尽快融入到企业文化中，并更快更好地胜任岗位工作。

2. 培训目标

- 通过培训使员工更快完成由职场新人到公司员工的角色转换。
- 通过培训增强新员工的团队合作精神。
- 通过培训增加新员工对企业文化的认同感，培养员工对企业的归属感。
- 通过培训增强新员工的人际交往能力和创新意识。
- 通过培训传授给员工工作所需的基本管理技巧。

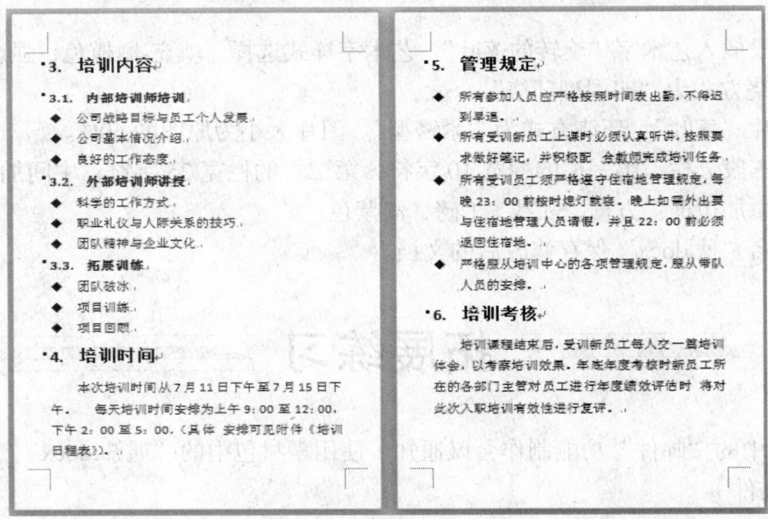

3. 培训内容

3.1. 内部培训师培训

- 公司战略目标与员工个人发展。
- 公司基本情况介绍。
- 良好的工作态度。

3.2. 外部培训师讲授

- 科学的工作方式。
- 职业礼仪与人际关系的技巧。
- 团队精神与企业文化。

3.3. 拓展训练

- 团队破冰。
- 项目训练。
- 项目回顾。

4. 培训时间

本次培训时间从 7 月 11 日下午至 7 月 15 日下午。每天培训时间安排为上午 9：00 至 12：00，下午 2：00 至 5：00。（具体安排可见附件《培训日程表》）。

5. 管理规定

- 所有参加人员应严格按照时间表出勤，不得迟到早退。
- 所有受训新员工上课时必须认真听讲，按照要求做好笔记，并积极配合教师完成培训任务。
- 所有受训员工须严格遵守住宿地管理规定，每晚 23：00 前按时熄灯就寝。晚上如需外出要与住宿地管理人员请假，并且 22：00 前必须返回住宿地。
- 严格服从培训中心的各项管理规定，服从带队人员的安排。

6. 培训考核

培训课程结束后，受训新员工每人交一篇培训体会，以考察培训效果。年底年度考核时新员工所在的各部门主管对员工进行年度绩效评估时将对此次入职培训有效性进行复评。

图 5-29　排版设想效果图

【任务实施】

1. 页面设置

① 启动 Word 2010 应用程序，切换到"文件"选项卡，单击"保存"命令，在打开的"另存为"对话框中，选择保存位置后，在"文件名"对话框中输入"新员工入职培训手册"，在"保存类型"对话框中选择"Word 文档"，单击"保存"按钮。

② 切换到"页面布局"选项卡，单击"页面设置"选项组中"对话框启动"按钮，打开"页面设置"对话框。

③ 在"纸张"选项卡中，将"纸张大小"设置为"自定义大小"，将宽度、高度分别设置为

"10 厘米"、"15 厘米"。如图 5-30 所示。

④ 在"页边距"选项卡中，将"上"、"下"页边距分别设置为"1.2 厘米"，将"左"、"右"页边距设置为"1 厘米"。如图 5-31 所示。最后单击"确定"按钮。

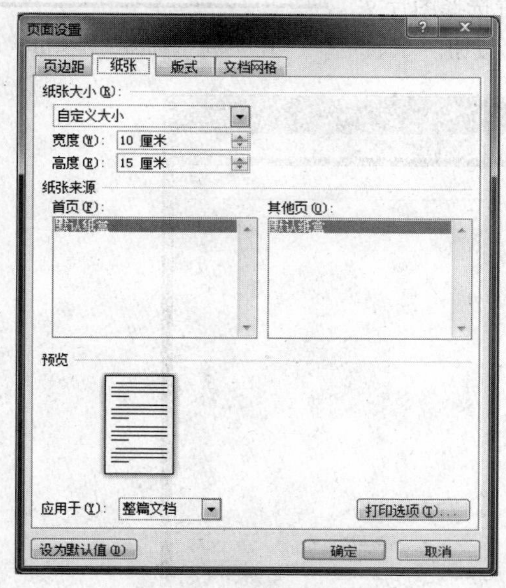

图 5-30 纸张大小设置

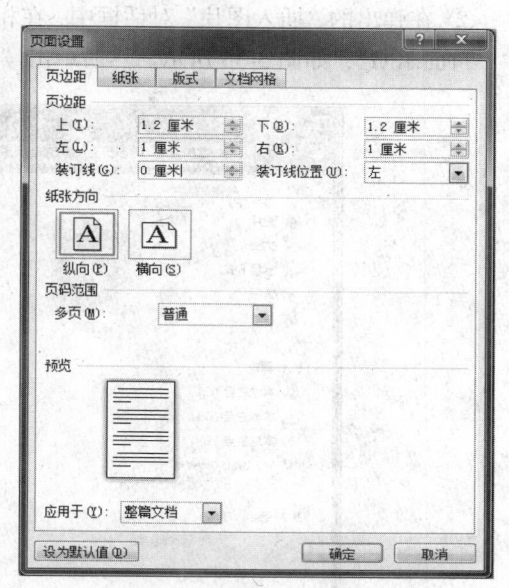

图 5-31 页边距设置

2. 分页

① 将光标定位在空白页的开始处，切换到"页面布局"选项卡，单击"页面设置"选项组的"分隔符"按钮，如图 5-32 所示。

② 在下拉菜单中选择"下一页"命令。此时，文档被分为两节：第一节为空白页，将用于插入封面；第二节用于编辑手册内容，如图 5-33 所示。

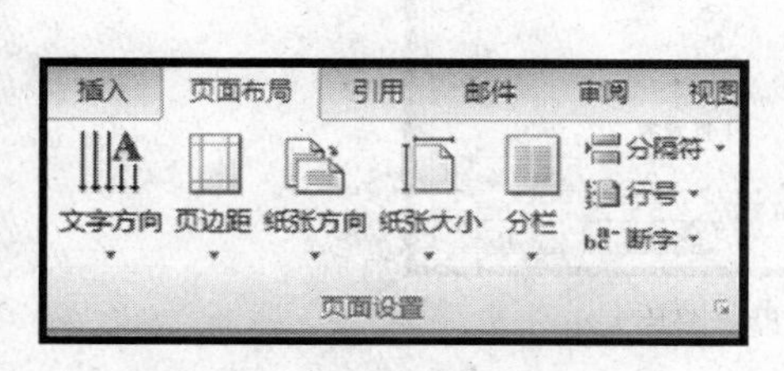

图 5-32 "页面设置"选项组

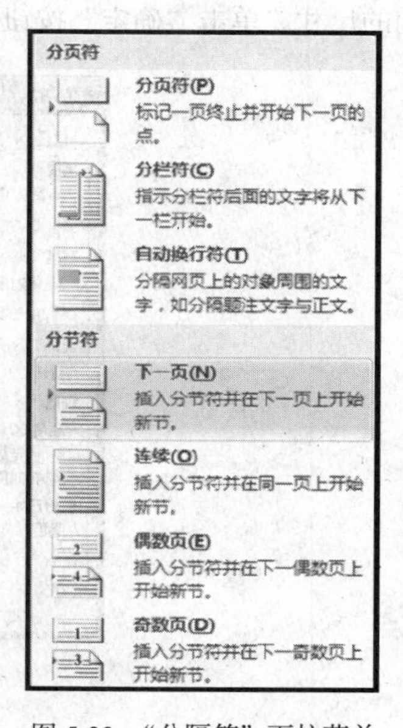

图 5-33 "分隔符"下拉菜单

3. 制作手册封面

① 将光标定位在首页，切换到“插入”选项卡，在“插图”选项组中，单击“图片按钮”，如图 5-34 所示。

图 5-34 “插图”选项组

② 在弹出的“插入图片”对话框中，在相应位置选择图片文件“封面.JPG”，如图 5-35 所示。然后单击“插入”按钮。

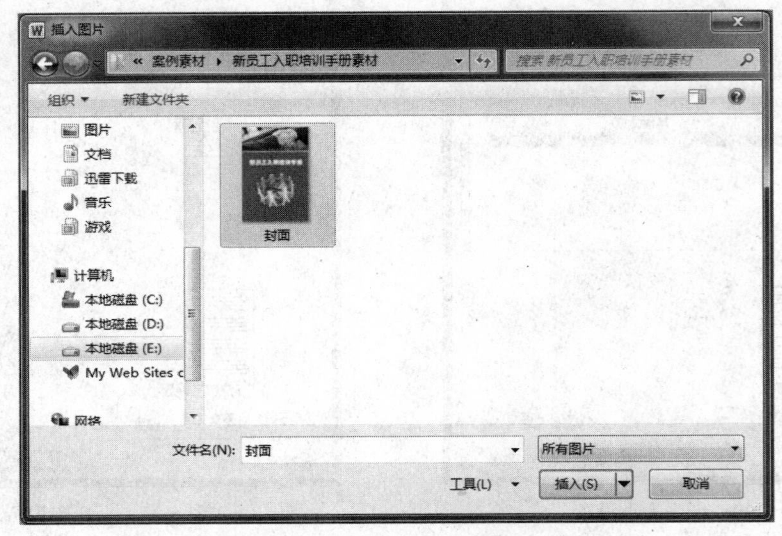

图 5-35 “插入图片”对话框

③ 选择插入的图片，切换到“格式”选项卡，单击“大小”选项组中“对话框启动器”按钮，如图 5-36 所示。

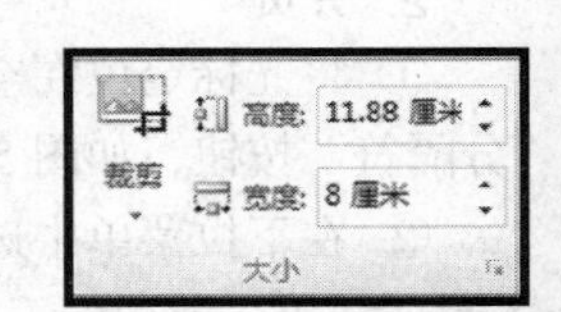

图 5-36 选项组

④ 在弹出的“布局”对话框中，取消“锁定纵横比”的选中状态，并设置高度值为“15 厘米”，宽度值为“10 厘米”，使图片与页面具有相同的尺寸。单击“确定”按钮，如图 5-37 所示。

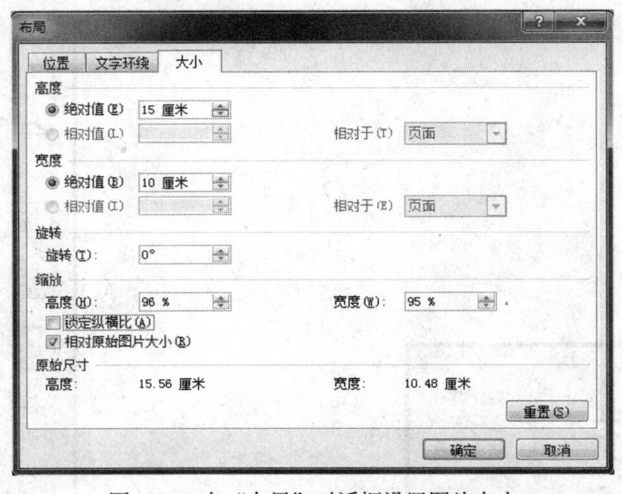

图 5-37 在“布局”对话框设置图片大小

⑤ 在“排列”选项组组中，单击“自动换行”按钮，从下拉菜单中选择“浮于文字上方”命

令。拖动图片，使其边缘与页面的四周对齐。

4. 样式修改

① 将光标定位在第 2 页的开始处，切换到“开始”选项卡，右击“样式”选项组中的“标题 1”按钮，在弹出的快捷菜单中选择“修改”命令，打开“修改样式”对话框，如图 5-38 所示。在“格式”栏中，将“字号”下拉列表框设置为“四号”。

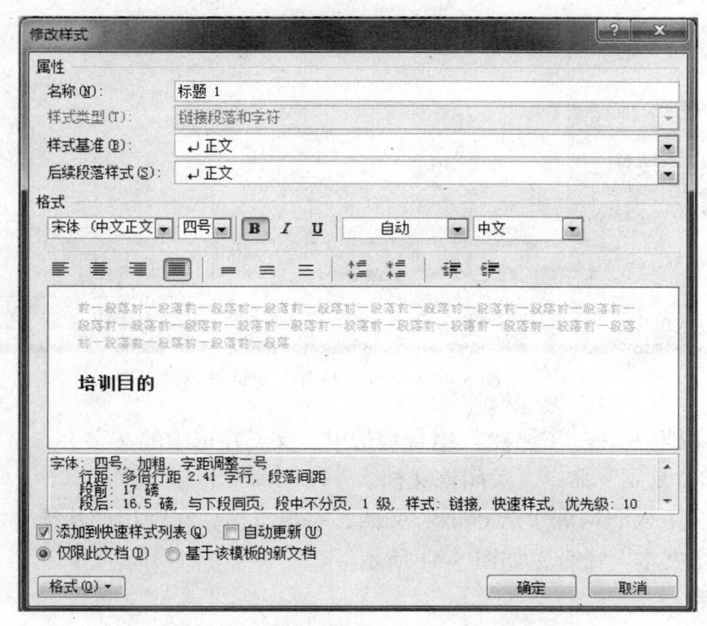

图 5-38 “修改样式”对话框

② 单击“格式”按钮，从弹出的菜单中选择“段落”命令，打开“段落”对话框，如图 5-39 所示。在“间距”栏中，设置“段前”、“段后”间距为“0.5 行”，在“行距”下拉列表中选择“单倍行距”。单击“确定”按钮，返回到“修改样式”对话框，然后单击“确定”按钮，完成对“标题 1”样式的修改。

③ 使用同样的方法，将“标题 2”样式的格式设置如下：字号为“五号”；段前、段后间距设置为“0 行”，行距设置为“单倍行距”。将“正文”样式的格式设置如下：字号为“五号”；段落的特殊格式设置为“首行缩进 2 字符”，行距设置为“固定值 18 磅”。

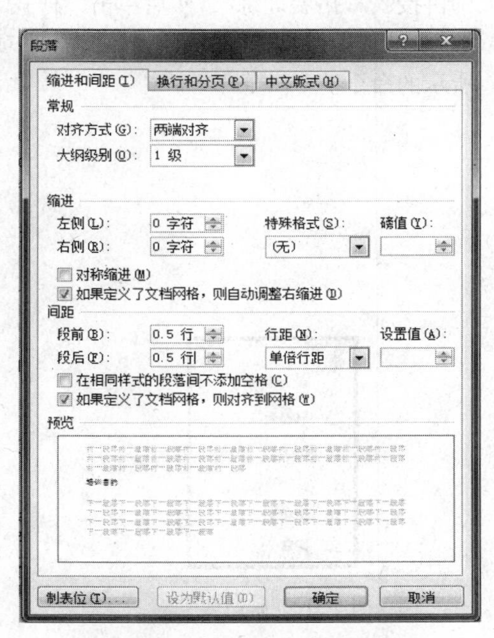

图 5-39 “段落”设置对话框

5. 复制文字素材

① 将鼠标定位在第 2 页，按键盘上的“Backspce”键删除首行的空格，用以清除这页中的“正文”样式。

② 单击 “快速访问工具栏”的“打开”按钮。

③ 在弹出的“打开”对话框中（如图 5-40 所示），在相应位置选中“新员工入职培训手册文字素材.docx”文档，然后单击“打开”按钮。

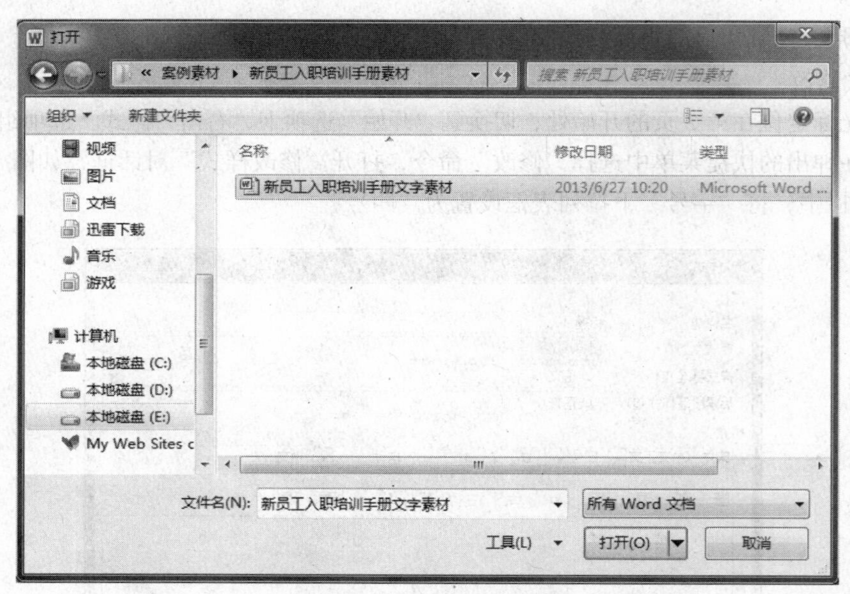

图 5-40 文件“打开”对话框

④ 在打开的文档中，按“Ctrl+A”组合键选中全文，在选中的文字上右击鼠标，然后在弹出的快捷菜单中选择“复制”命令。关闭该文档。

⑤ 回到“新员工入职培训手册.docx”文档，右击鼠标，在弹出的快捷菜单中，单击“粘贴选项:”的“只保留文本”命令，如图 5-41 所示。

6. 样式的使用

① 同时选中文字“培训目的”、“培训目标”、“培训内容”、“培训时间”、“管理规定”、“培训考核”，然后单击“样式”选项组中的“标题 1”样式。选中文字“内部培训师培训”、“外部培训师讲授”、“拓展训练”，然后单击“样式”选项组中的“标题 2”样式。

② 选中所有标题，单击“段落”选项组中的“多级列表”按钮，从下拉菜单中选择如图 5-42 所示的命令。

图 5-41 “粘贴选项”

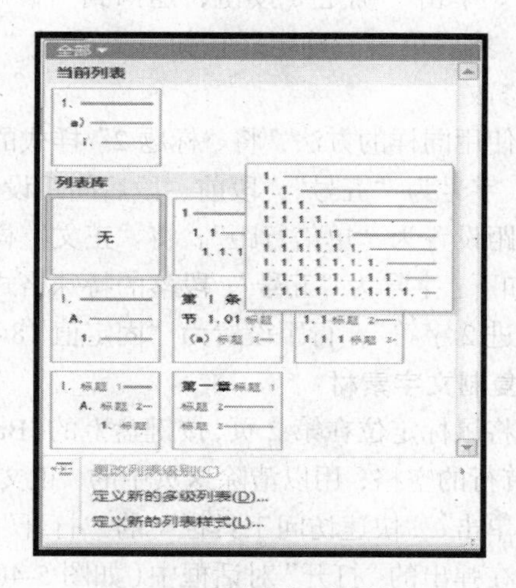

图 5-42 选择多级列表样式

③ 选中“培训目的”的具体内容（通过培训使公司新员工……胜任岗位工作），单击“样式”

选项组中的“正文”样式。使用同样的方法设置“培训时间”和“培训考核”的具体内容，如图5-43所示。

④ 选中“培训目标”的具体内容（通过培训使员工更快完成由职场新人到公司员工的角色转换……基本管理技巧），切换到“开始”选项卡，在“段落”选项组中单击“项目符号”按钮，在下拉列表中选择符号“◆”。使用同样方法设置“内部培训师培训”、“外部培训师讲授”、“拓展训练”、“管理规定”的具体内容。

1. 培训目的。

通过培训使公司新员工能深入地了解公司基本情况、培养团队精神、增加其对于公司的认同感，同时熟悉公司流程，尽快融入到企业文化中，并更快更好地胜任岗位工作。

图 5-43 使用“正文”样式后的效果

7. 设置完后，单击快速访问工具栏中的“保存”按钮，保存修改后的文档

【知识支撑】

1. 页面设置

页面设置包括页边距、纸张、版式和文档网格的设置。页边距是指页面四周的空白区域。通俗理解是页面到边线到文字的距离。通常，可在页边距内部的可打印区域中插入文字和图形。但是也可以将某些项目放置在页边距区域中：如页眉、页脚和页码等。

2. 页面背景

页面背景包括添加水印、调整页面颜色等。

3. 分页和分节

在 Word 中设置了分页与分节功能，可以使相应内容排版在指定的位置上。Word 具有自动分页的功能，当输入的内容满一页时，Word 自动转到下一页。用户也可以根据需要，在文档中手工分页。对于新建的文档，整个文档就是一节，只能用一种版面格式编排。为了对文档的多个部分采用不同的排版格式，可以把文档分成若干节。

手工分页步骤：将光标定位在要作为下一页的段落的开头，切换到“页面布局”选项卡，单击“页面设置”选项组中的“分隔符”按钮，在下拉菜单中选择“分页符”命令，即可将光标后的内容移动到下一页。

分节的步骤：切换“页面布局”选项卡，单击“页面设置”选项组中的“分隔符”按钮，在下拉菜单中选择一种分节符命令即可。

4. 样式

样式是 Word 中最重要的排版工具之一。样式是一套预先设定好的文本格式，应用样式可以直接将文字和段落设置成事先定义好的格式。用户可以对系统自带的样式进行修改，也可以根据需要创建新的样式。

5. 项目符号和编号、多级列表

放在文本前的点或其他符号，起到强调作用。合理使用它们，可以使文档的层次结构更清晰、更有条理。

实战演练

制作一个产品说明书，要求：

① 封面设计简洁且突出重点；

② 在说明书中插入图片，并且有美观的图文混排效果；

③ 以标注的形式介绍产品的结构；

④ 重点的专业术语插入注释。

拓展练习

打开提供的素材“毕业论文原稿.docx”和“毕业论文排版要求.docx”，按照要求“毕业论文排版要求.docx”的要求对“毕业论文原稿.docx”的内容进行排版。

工作任务三　制作员工档案表

【任务要求】

领导让李琳统计一下新入职员工的一些信息，以表格的形式汇总给他。

【任务分析】

首先了解领导想知道哪些方面的信息，然后做成 Word 表格，打印出来让每个新员工填写一份。经过了解和分析，李琳设计出如图 5-44 所示的样表，接下来的工作就是用 Word 制作出来。

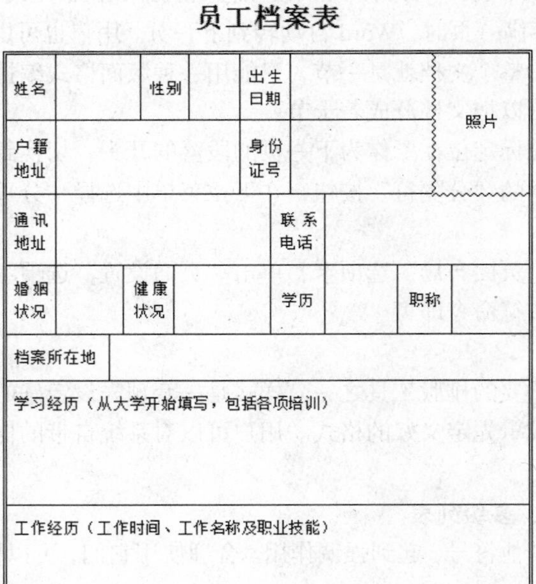

员工档案表

<table>
<tr><td>姓名</td><td></td><td>性别</td><td></td><td>出生日期</td><td></td><td rowspan="2">照片</td></tr>
<tr><td>户籍地址</td><td colspan="3"></td><td>身份证号</td><td></td></tr>
<tr><td>通讯地址</td><td colspan="3"></td><td>联系电话</td><td colspan="2"></td></tr>
<tr><td>婚姻状况</td><td></td><td>健康状况</td><td></td><td>学历</td><td></td><td>职称</td></tr>
<tr><td>档案所在地</td><td colspan="6"></td></tr>
<tr><td colspan="7">学习经历（从大学开始填写，包括各项培训）</td></tr>
<tr><td colspan="7">工作经历（工作时间、工作名称及职业技能）</td></tr>
<tr><td colspan="7">兴趣、爱好、特长</td></tr>
</table>

填表人：　　　　　　　　　　　　年　　月　　日

图 5-44　样表

【任务实施】

1．启动 Word 2010，输入表格标题“员工档案表”，按 Enter 键换行

2. 创建表格

① 切换到“插入”选项卡，在“表格”选项组中单击“表格”按钮，从下拉菜单中选择“插入表格”命令，打开“插入表格”对话框。按图 5-45 设置相应的行数和列数后，单击“确定”按钮。

② 在表格中输入中如图 5-46 所示的内容。

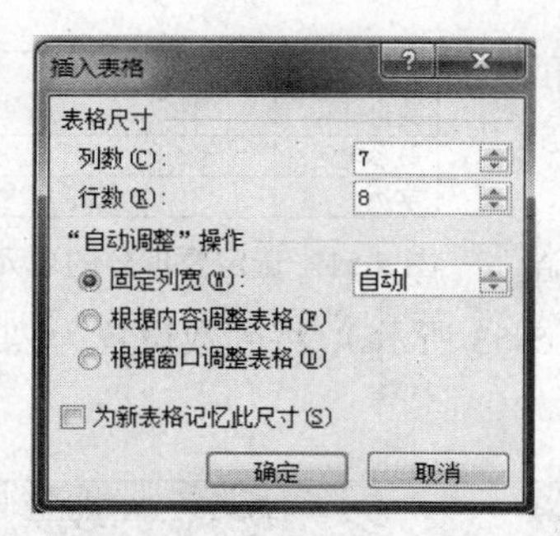

图 5-45 “插入表格”对话框

姓名		性别		出生日期		照片
户籍地址				身份证号		
通讯地址				联系电话		
婚姻状况		健康状况		学历		职称
档案所在地						
学习经历（从大学开始填写，包括各项培训）						
工作经历（工作时间、工作名称及职业技能）						
兴趣、爱好、特长						

图 5-46 输入表格的内容

3. 合并单元格

① 选中表格第 2 行中的第 2~4 列单元格，如图 5-47 所示。

姓名		性别		出生日期
户籍地址				身份证号
通讯地址				联系电话
婚姻状况		健康状况		学历

图 5-47 选中需要合并的单元格

② 切换到“布局”选项卡，单击“合并”选项组中的“合并单元格”按钮（如图 5-48 所示。），合并选定单元格，效果如图 5-49 所示。

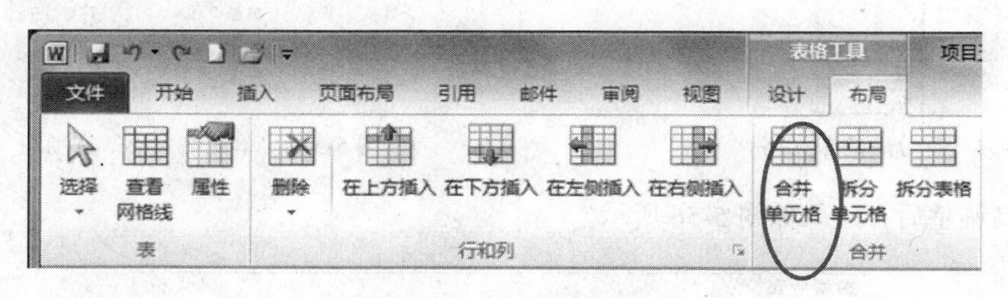

图 5-48 “合并单元格”按钮

姓名		性别		出生日期
户籍地址				身份证号
通讯地址				联系电话
婚姻状况		健康状况		学历

图 5-49 第 2 行合并后的效果

③ 使用上述方法将第 3、5、6、7、8 行和最后 1 列的单元格合并。效果如图 5-50 所示。

姓名		性别		出生日期		照片
户籍地址				身份证号		
通讯地址				联系电话		
婚姻状况		健康状况		学历		职称
档案所在地						
学习经历（从大学开始填写，包括各项培训）						
工作经历（工作时间、工作名称及职业技能）						
兴趣、爱好、特长						

图 5-50　合并处理后的表格

4. 拆分单元格

① 选中表格第 4 行的第 7 单元格（将光标放到该单元格左下角，出现小箭头“↗”时，单击鼠标左键即可选中该单元格），如图 5-51 所示。

出生日期		照片
身份证号		
联系电话		
学历		职称

图 5-51　选定要拆分的单元格

② 切换到“布局”选项卡，单击“合并”选项组中的“拆分单元格”按钮（如图 5-52 所示），打开“拆分单元格”对话框（如图 5-53 所示），将列数设置为“2”，单击“确定”按钮。

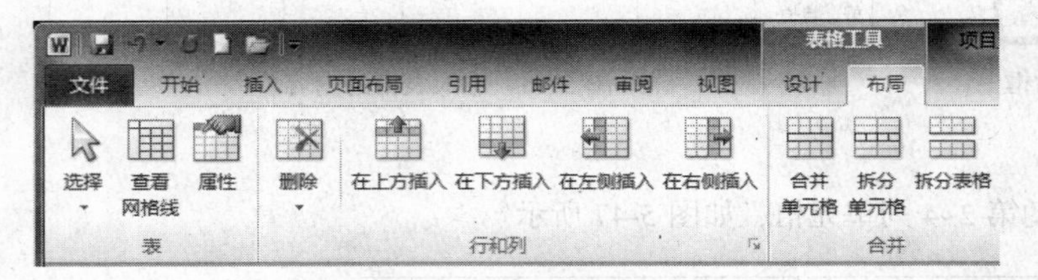

图 5-52　“拆分单元格”按钮

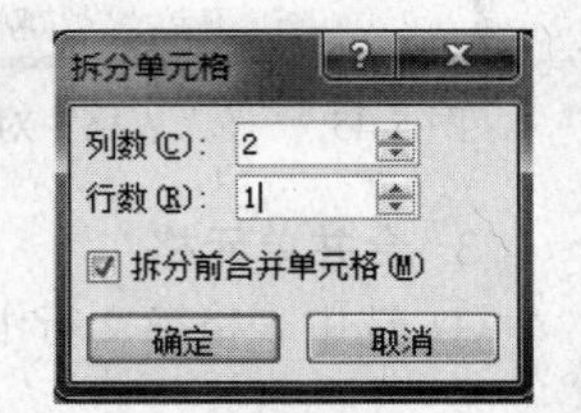

图 5-53　“拆分单元格”对话框

③ 拆分后的单元格如图 5-54 所示。

5. 调整表格的行高和列宽

① 选中表格的最后三行，切换到“布局”选项卡，在“单元格大小”选项组中设置“高度”微调框中的值，如图 5-55 所示。

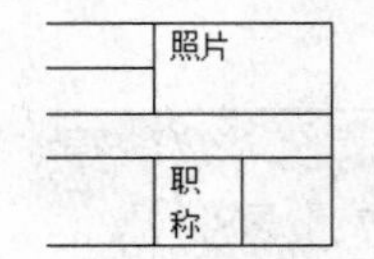

图 5-54　拆分后的单元格

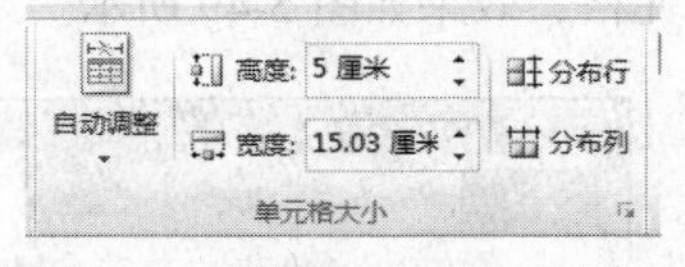

图 5-55　“单元格大小”选项组

② 行高调整后，效果如图 5-56 所示。

档案所在地	
学习经历（从大学开始填写，包括各项培训）	
工作经历（工作时间、工作名称及职业技能）	
兴趣、爱好、特长	

图 5-56　调整行高后

③ 将鼠标指针移到第 1 列的右侧边框上，当指针变为“←||→”形状时，按住左键向左拖动鼠标，缩小第 1 列的宽度。效果如图 5-57 和图 5-58 所示。

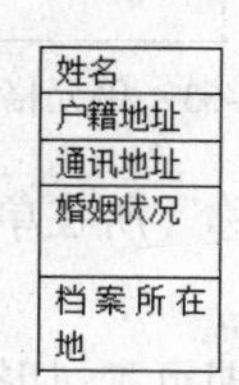

姓名
户籍地址
通讯地址
婚姻状况
档案所在地

图 5-57 缩小列宽前

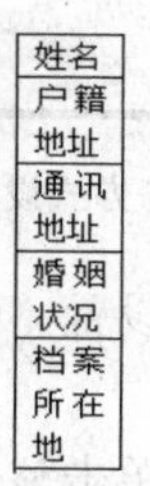

姓名
户籍地址
通讯地址
婚姻状况
档案所在地

图 5-58 缩小列宽后

④ 选中第 5 行的第 1 个单元格，然后将鼠标移到该单元格的右侧边框上，当指针变为“←||→”形状时，按住左键向左右拖动鼠标，加宽该单元格的宽度。调整的效果如图 5-59 和图 5-60 所示。

婚姻状况		健康状况		学历			职称	
档案所在地								

图 5-59 调整单元格的宽度前

婚姻状况		健康状况		学历		职称	
档案所在地							

图 5-60 调整单元格的宽度后

⑤ 使用上面的方法，调整表格中其他单元格的宽度。效果如图 5-61 所示。

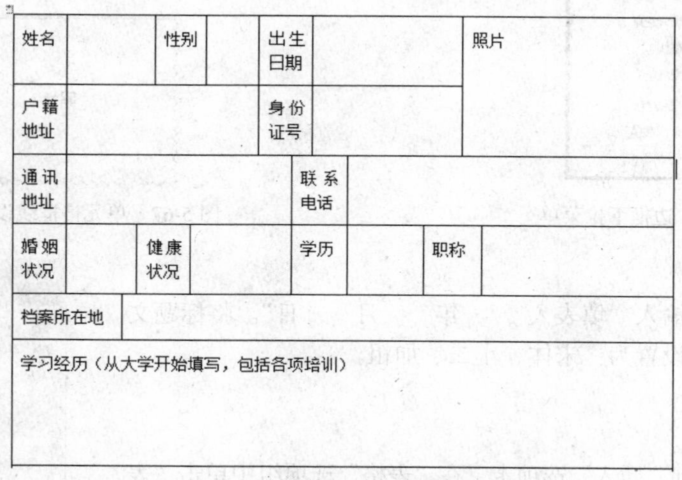

姓名		性别		出生日期		照片	
户籍地址				身份证号			
通讯地址				联系电话			
婚姻状况		健康状况		学历		职称	
档案所在地							
学习经历（从大学开始填写，包括各项培训）							

图 5-61 单元格宽度调整后整体效果

6. 调整单元格内容的对齐方式

① 将光标定在“照片”所在单元格，切换到“布局”选项卡，在“对齐方式”选项组中，选择“水平居中”按钮，如图 5-62 所示。

② 设置后的效果如图 5-63 所示。

图 5-62　单元格对齐方式设置选项组

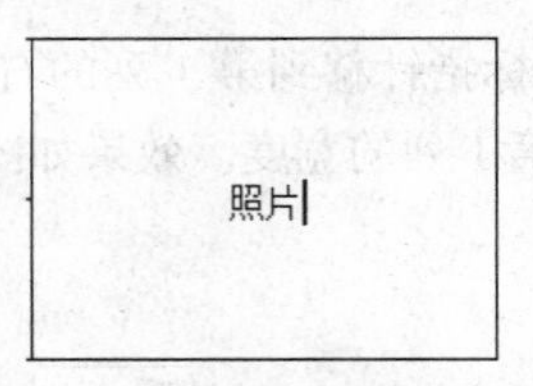

图 5-63　单元格内容对齐效果图

③ 使用相同的办法设置“姓名”、“性别”、“学历”、“职称”所在单元格内容的对齐方式。

7. 设置表格边框线

① 选中整个表格（单击整个表格左上方的四向箭头图标即可），切换到“设计”选项卡。在“绘图边框”选项组中，单击“笔样式”按钮，在下拉列表中选择“双划线”，如图 5-64 所示。

② 在“表格样式”选项组中（如图 5-65 所示），单击“边框”按钮右侧的“▼”图标，在弹出的下拉菜单中选择“外侧框线”（如图 5-66 所示）。

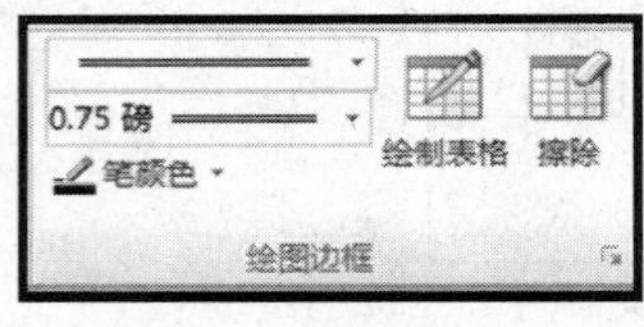

图 5-64　“绘图边框”选项组

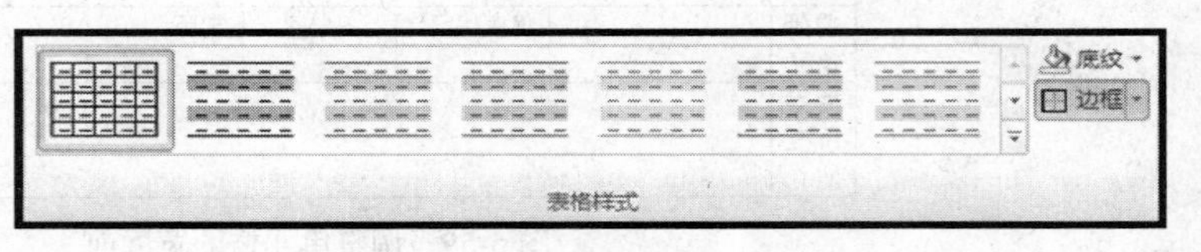

图 5-65　“表格样式”选项组

③ 选中“照片”所在单元格，依照上面的步骤，设置“笔样式”为“波浪线”，在“边框”下拉菜单中选择“左框线”和“下框线”。该单元格的效果如图 5-67 所示。

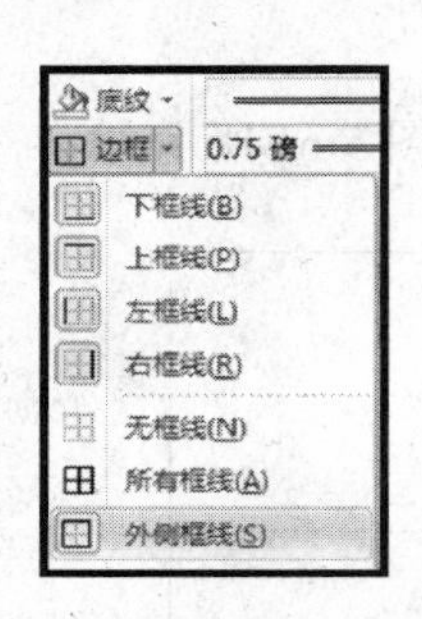

图 5-66　边框下拉菜单

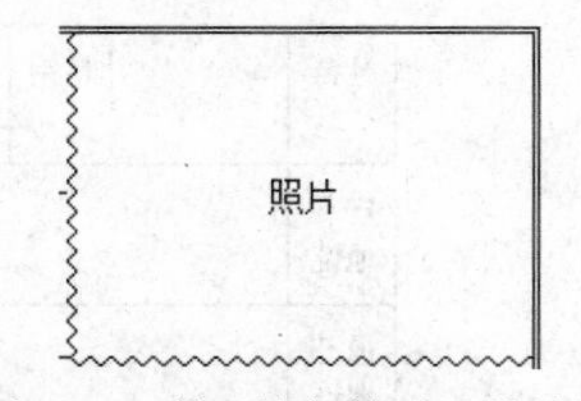

图 5-67　单元格框线设置效果图

8. 设置其他

在表格的下方输入“填表人　　年　　月　　日”。将标题文字“员工档案表”设置为：宋体、小二、加粗。

【知识支撑】

1. 插入表格

方法 1：切换到“插入”选项卡，在“表格”选项组中单击“表格”按钮，用鼠标在出现的示意格中拖动，以选择表格的行数和列数，同时在示意表格的上方显示相应的行数和列数。选定所需行和列数后，释放鼠标按键即可，如图 5-68 所示。

图 5-68　使用示意格制作表格

方法 2：切换到“插入”选项卡，在“表格”选项组中单击“表格”按钮，从下拉菜单中选择“插入表格”命令，打开“插入表格”

对话框。接着在其中进行设置，单击“确定”按钮即可。

2. 表格的修改

表格的修改包括：添加新的空行、空列；单元格的合并及拆分；行高列宽的设置；单元格内容对齐方式的设置；表格边框底纹的设置；斜线表头的绘制；标题行重复设置等。

实战演练

1. 制作课程表

课程 星期 节次	星期一	星期二	星期三	星期四	星期五
1-2	高等数学	汽车实训	大学语文	大学语文 物理	汽车实训
3-4	物理		汽车维修		
5-6	英语	自习	自习	英语	

2. 制作个人简历表

个人简历表

姓 名		性 别		民 族		
身 高		体 重		政治面貌		
出生年月		贯 籍		毕业时间		
学 历		学 制		专 业		
毕业学校						
联系地址						
英语水平		计算机水平		善长		
联系电话		手 机		Q Q		
爱好特长						
奖励情况						
学习及实践经历						
时 间		地区、学校或单位		专业		
自我介绍						
自我评定						

拓展练习

制作发文单。

XX 公司发文单

密级：

签发人：	规范审核	核稿人：
	经济审核	核稿人：
	法律审核	核稿人：
主办单位：	拟 稿 人	
	审 稿 人	
会签：	共打印　　份，其中文　　份；附件　　份	
	缓　急：	
标题：		
发文　　字[　　]第　　号　　年　　月　　日		
附件：		
主送：		
抄报：		
抄送：		
抄发：		
打字：　　校对：　　缮印：　　监印：		
主题词：		

工作任务四　制作财务支出情况统计表

【任务要求】

领导让李琳做一份今年的公司各部门财务支出情况表。

【任务分析】

李玲搜集数据后，得到了一个名为“2013 年公司各部门财务支出情况”的 Word 文件，现所需成的具体任务有：

① 将文本转化成表格。

② 在表格中的数据进行计算处理。

③ 对表中的相关项进行注释。

【任务实施】

1. 文本转换成表格

① 选中除第一行外的所有行，切换到“插入”选项卡（如图 5-69 所示），单击“表格”选项组中的“表格”按钮，在下拉菜单中选择“文本转换成表格”命令（如图 5-70 所示）。

② 在弹出的“将文字转换成表格”对话框（如图 5-71 所示），所有设置保留默认值，单击“确定”按钮。

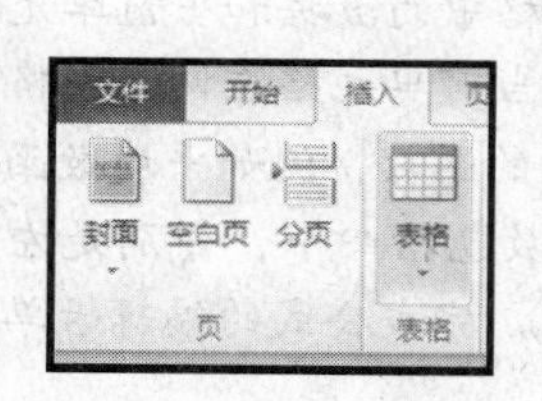

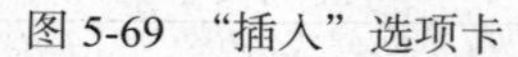
图 5-69　“插入”选项卡

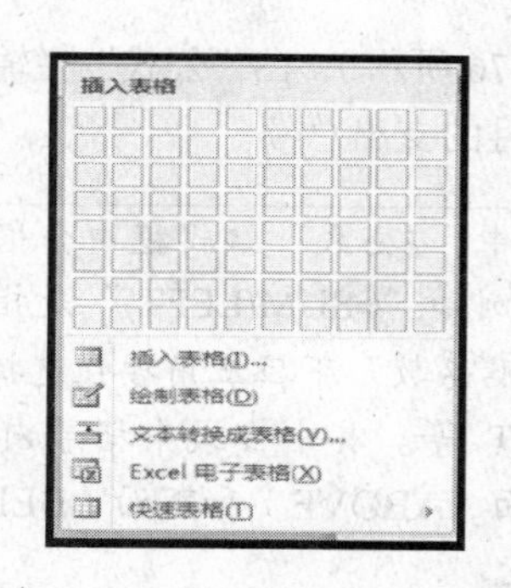

图 5-70　“表格”按钮下拉菜单

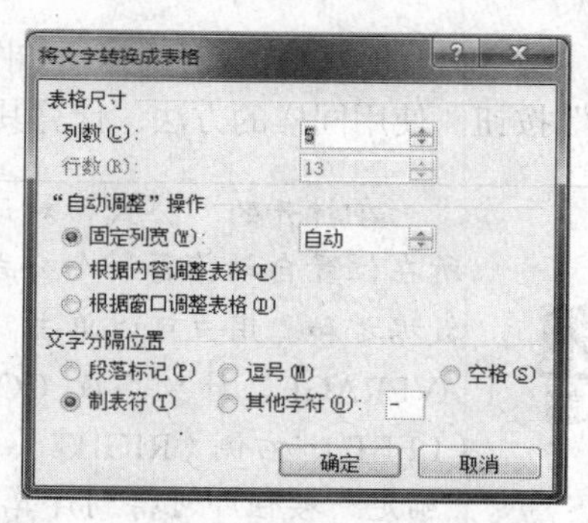

图 5-71　“将文字转换成表格”对话框

2. 添加空列

将光标定在表格的最后一列的任意单元格内，切换到“布局”选项卡，单击“行和列”选项组（如图 5-72 所示）中的“在右侧插入”按钮。在插入的空白列的第 1 个单元格输入文字“公司月支出总额”，字体大小为“五号”。

3. 添加空行

将光标定位在表格的最后一行外面，按回车键两次，即可在表格最后一行下插入两个空行。在两空行的第 1 个单元格分别输入文字“各部门年支出总额”、“是否超支”，字体大小为“五号”。

4. 设置行高列宽

① 选中表格的前 5 列，切换到“布局”选项卡，在“单元格大小”选项组中（如图 5-73 所示），设置“宽度”值为“2.5 厘米”。使用同样的方法，将表格的第 6 列的列宽设置为 3 厘米。

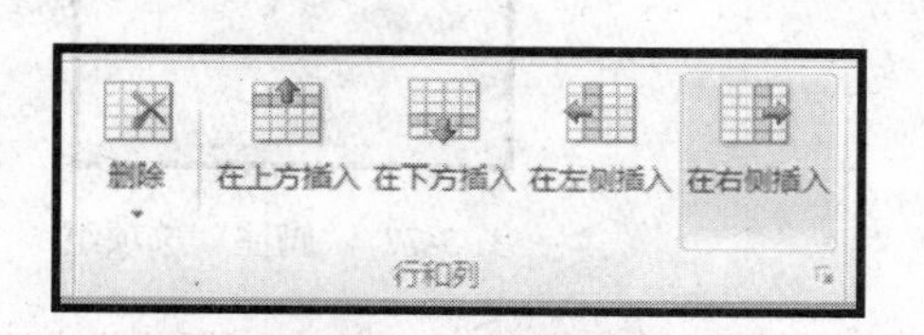

图 5-72　“行和列”选项组

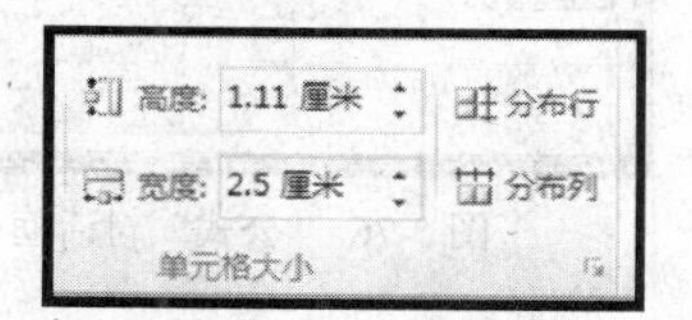

图 5-73　“单元格大小”选项组

② 选中表格所有行，在“布局”选项卡的“单元格大小”选项组中设置“高度”值为“1.3 厘米”。

5. 设置单元格内容对齐方式

① 拖动鼠标选中表格中行标题和列标题所有内容，切换到“布局”选项卡，单击“对齐方式”选项组（如图 5-74 所示）中的“水平居中”按钮，即可使单元格内容在水平和垂直方向上都居中。

② 选表格中行标题和列标题外的其他单元格内容，使用上述方法设置单元格对齐方式为“中部右对齐”。

6. 公式计算

① 将光标定格在最后一列的第 2 个单元格，切换到“布局”选项卡，单击“数据”选项组（如图 5-75 所示）中的“fx 公式”按钮。

图 5-74　“对齐方式”选项组

图 5-75　“数据”选项组

② 弹出的“公式”对话框（如图 5-76 所示），在“公式”栏输入“=SUM(LEFT)”，单击“确定”按钮。使用同样的方法，计算其他月的支出总额。

在打开的“公式”对话框中，“公式”编辑框中会根据表格中的数据和当前单元格所在位置自动推荐一个公式，例如“=SUM(LEFT)”是指计算当前单元格左侧单元格的数据之和。用户可以单击“粘贴函数”下拉三角按钮选择合适的函数，例如平均数函数 AVERAGE、计数函数 COUNT 等。其中公式中括号内的参数包括四个，分别是左侧（LEFT）、右侧（RIGHT）、上面（ABOVE）和下面（BELOW）。完成公式的编辑后单击“确定”按钮即可得到计算结果。

③ 将光标定格在倒数第 2 行的第 2 个单元格，使用上述方法计算各部门年支出总额，注意在公式栏输入“=AVERAGE(ABOVE)”。

7. 插入脚注和尾注

① 判断倒数第二行中单元格内的数值是否大于 100 万，如果大于则在“是否超支”一行对应单元格输入“1”，否则输入“0”。

② 将光标定格在最后一行的第一个单元格，切换到“应用”选项卡，单击“脚注”选项组（如图 5-77 所示）中的“对话框启动器”按钮。

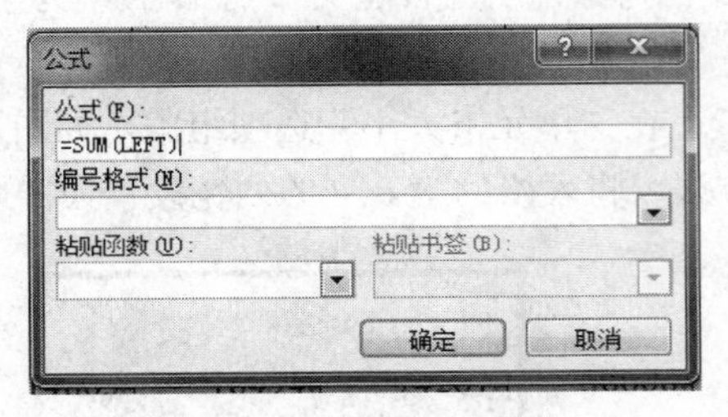

图 5-76 “公式”对话框

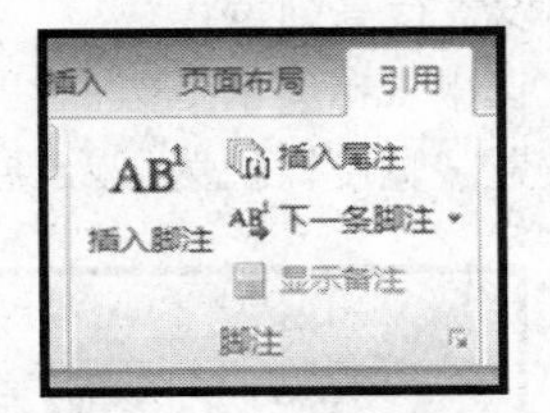

图 5-77 “脚注”选项组

③ 在弹出的“脚注和尾注”对话框中，如图 5-78 所示进行设置后，单击“插入”按钮。

④ 在页面底端出现的脚注尾注的编辑区域输入文字：“1”表示超支，“0”表示未超支（如图 5-79 所示）。

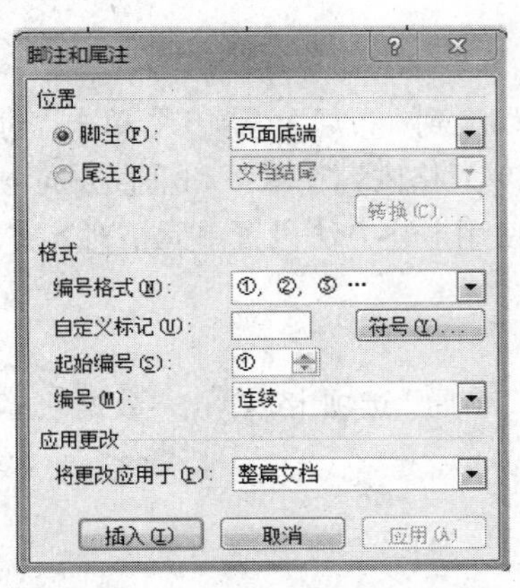

图 5-78 “脚注和尾注”对话框

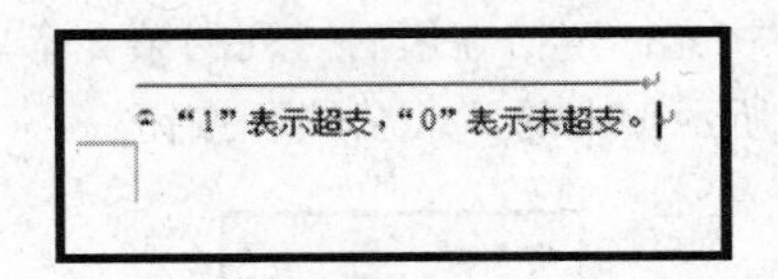

图 5-79 脚注尾注编辑区

8. 所有设置结束后，保存该文件

【知识支撑】

1. 文本和表格的互换

对于有规律的文本内容，Word 可以将其转化成表格形式。同样，Word 也可以将表格转化成排列整齐的文本。

2. 数据的排序和计算

在 Word 表格中，可以进行比较简单的四则运算和函数运算。常用函数：SUM( )-求和函数，AVERAGE( )-求平均值函数等。

计算对象的表示方法如下。

方法一：可用单元格名称来表示计算对象。表格中的列可用 A、B、C…表示，行数用 1、3…表示（如第 3 行第 2 列的单元格可以表示为 B3）。

方法二：可用相对位置来表示计算的对象。在同一行内可由相对位置来表示，如 LEFT（左方）和 RIGHT（右方），在同一列内可由 ABOVE（上方）和 BELOW（下方）来表示。

如在下表中求张三的总成绩，计算公式可表示为“=SUM（LEFT）”或“=SUM（B2：D2）”。

姓　名	语　文	数　学	英　语	总　分
张　三	96	97	82	
李　四	86	92	91	
王　五	88	93	81	

3. 脚注和尾注

脚注和尾注是对文本的补充说明。脚注一般位于页面的底部，可以作为文档某处内容的注释；尾注一般位于文档的末尾，列出引文的出处等。脚注和尾注由注释引用标记和其对应 的注释文本组成。

实战演练

1. 在提供的素材“工资表.docx”中计算每个员工的总工资。

具体要求如下：

将文本转换成 10 行 5 列的表格，在第 5 列右侧增加一列，并利用公式在第 6 列计算每个员工的总工资，最后再适当美化该表格。

2. 在提供的素材“”计算学生的总分和各科的平均分。

项目六
Excel 2010 电子表格应用

本章以公司员工在工作中所遇到的实际任务为主线，将 Excel 2010 的知识点融进各种职场案例中，系统地介绍了 Excel 2010 中表格的制作与编辑、公式应用、函数应用及函数嵌套、图表制作、数据处理和数据分析、数据透视表的灵活应用，让读者通过案例在掌握运用 Excel 2010 完成日常办公任务方法的同时，也学会了 Excel 2010 的使用。

工作任务一　制作员工人事档案表

【任务要求】

甲乙丙丁科技有限公司规模越来越大，员工也越来越多，每次要查找某员工的电话号码时，都要找一大堆资料，影响工作效率。人事部杨主任安排李琳根据员工档案资料，设计一个员工信息表，里面包含公司所有员工的基本信息，例如姓名、部门、人员级别、电话等，以方便日常工作。

【任务分析】

李琳拿到员工的档案资料表，开始规划“员工基本信息表”里应该包含的内容，进而做出“员工基本信息表”的标题行，根据杨主任的要求，归纳出该表应该包括 10 个项目：工号、姓名、性别、出生日期、部门、人员级别、入职时间、职称、联系电话和 E-mail。

为了让表格既实用，又漂亮，参考其他公司类似表格的设计，结合本公司的特点，经过思考后决定从以下几个方面设计表格外观。

① 在 A1 单元格输入：甲乙丙丁科技有限公司员工基本信息表。

② 按图 6-2 所示，在 A2：J22 单元格输入公司 20 名员工。

③ A1：J1 单元格合并后居中，标题字体设置为黑体，20，字体颜色紫色，首行行高设置为 40。

④ A2：J22 单元格字体宋体，字号 12，第 2 至第 22 行行高设置为 18，A 至 J 列列宽设置为最合适列宽，套用表格格式中等深浅 5，表格外框线为红色、粗线，内边框为橙色单实线。

⑤ 把当前工作表重命名为“员工基本信息表”，复制“员工基本信息表”，把复制后工作表重命名为“员工工资对比分析表”。

⑥ 在员工工资对比分析表中，删除出生日期、入职时间，清除职称、联系电话、E-mail 列，添加 2012 年月工资、2013 年月工资和增减幅度，按图 6-8 输入相关工资内容，并把这三列列宽设为最合适列宽。

⑦ F3：G22 单元格中，大于 6500 单元格浅红填充深红色文本，小于 4000 单元格绿填充深绿色文本。

⑧ H3：H22 单元格中，条件格式设置为渐变数据条绿色。

⑨ 选择“员工基本信息表”，页面纸张设置为 A4，横向，上、下、右边距各为 2 厘米，左边距为 5 厘米，第 1 行和第 2 行为顶端标题行。保存工作薄，文件保存为“员工基本信息表.xlsx”。

【任务实施】

1. 创建员工基本信息表

启动 Excel，执行菜单命令“文件”|“新建”命令，在可用模板中选择“空白工作簿”按钮，单击“创建”按钮，界面如图 6-1 所示，单击“文件”|“保存”命令，将文件保存为“员工基本信息表.xlsx”。

2. 在 Sheet1 工作表中输入如图 6-2 所示的员工基本信息表数据

① 在第一行 A1 单元格输入表格标题“甲乙丙丁科技有限公司员工基本信息表”。

② 在第一列中从第二行起分别输入字段名“工号”至“E-mail”。

③ 在 A3 单元格输入工号，先输入西文标点下的单引号（’），然后再输入 001，选择 A3 单元格，鼠标指向 A3 单元格右下角，变成黑色十字架时，拖动左键填充句柄进行填充至 A22 单元格，同样的方法输入联系电话。

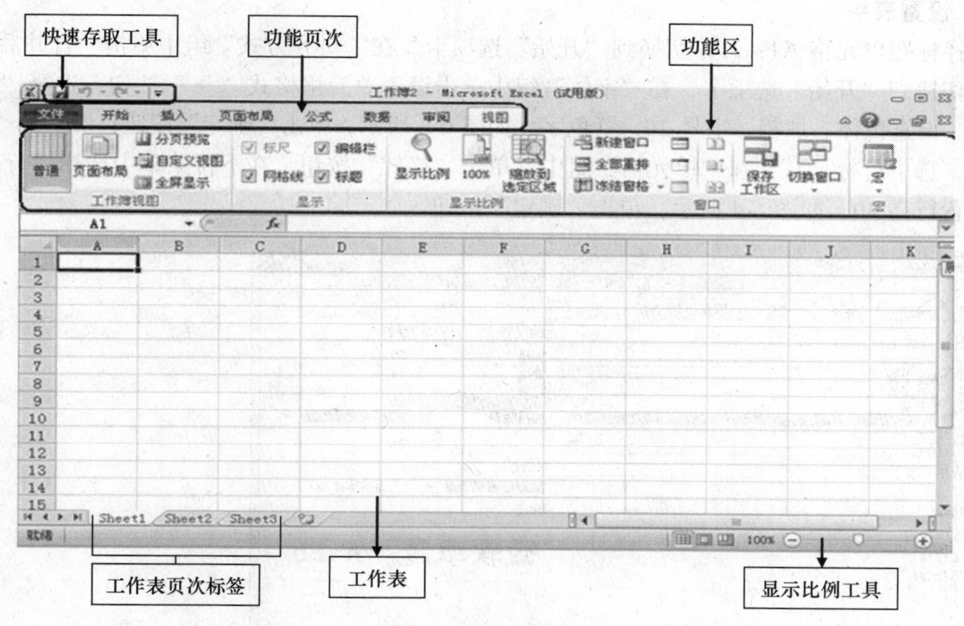

图 6-1　认识 Excel

④ 部门、职称、学历、性别、部门、人员级别、职称的录入：为不连续区域输入相同的值，例如，在同一列的不同单元格中输入性别“男”，在按住 Ctrl 键的同时，分别点选需要输入同一数据的多个单元格区域，然后直接输入数据，输入完成后，按下 Ctrl+Enter 组合键确认即可。

⑤ 出生日期和入职日期的录入：输入日期的格式为年-月-日（或年/月/日），例如在 D3 单元格中输入“1973/8/28”，鼠标变成黑色十字架时，右键拖动填充句柄进行填充至 D22 单元格，单击“以月填充”命令；在 G3 单元格中输入“1990/2/3”，鼠标变成黑色十字架时，右键拖动填充句柄进行填充至 G22 单元格，单击“以年填充”命令，。

⑥ E-mail 的录入：在 J3 单元格和 J4 单元格分别输入“jia001@kj.com”和“jia005@kj.com”，选择 J3 单元格和 J4 单元格，鼠标变成黑色十字架时，拖动左键填充句柄进行填充至 J22 单元格。

	A	B	C	D	E	F	G	H	I	J
1	甲乙丙丁科技有限公司员工基本信息表									
2	工号	姓名	性别	出生日期	部门	人员级别	入职时间	职称	联系电话	E-mail
3	001	陈青花	女	1973/8/28	销售部	部门经理	1990/2/3	经济师	85550001	jia001@kj.com
4	002	田秋秋	男	1973/9/28	研发部	部门经理	1991/2/3	高级工程师	85550002	jia005@kj.com
5	003	柳峰菲	女	1973/10/28	研发部	研发人员	1992/2/3	工程师	85550003	jia009@kj.com
6	004	李冬	女	1973/11/28	研发部	研发人员	1993/2/3	工程师	85550004	jia013@kj.com
7	005	蔡峰	男	1973/12/28	研发部	研发人员	1994/2/3	工程师	85550005	jia017@kj.com
8	006	高强	男	1974/1/28	研发部	部门经理	1995/2/3	工程师	85550006	jia021@kj.com
9	007	李晓云	女	1974/2/28	办公室	普通员工	1996/2/3	工程师	85550007	jia025@kj.com
10	008	张春	男	1974/3/28	办公室	部门经理	1997/2/3	高级经济师	85550008	jia029@kj.com
11	009	谢夏原	男	1974/4/28	办公室	普通员工	1998/2/3	助理研究员	85550009	jia033@kj.com
12	010	刘谛特	女	1974/5/28	办公室	普通员工	1999/2/3	无	85550010	jia037@kj.com
13	011	王渥	男	1974/6/28	测试部	测试人员	2000/2/3	助理工程师	85550011	jia041@kj.com
14	012	郑茂宇	男	1974/7/28	测试部	部门经理	2001/2/3	高级工程师	85550012	jia045@kj.com
15	013	刘大山	男	1974/8/28	测试部	测试人员	2002/2/3	工程师	85550013	jia049@kj.com
16	014	赵丹宝	女	1974/9/28	技术支持部	部门经理	2003/2/3	高级工程师	85550014	jia053@kj.com
17	015	冯登	男	1974/10/28	技术支持部	技术人员	2004/2/3	工程师	85550015	jia057@kj.com
18	016	刘火云	男	1974/11/28	技术支持部	技术人员	2005/2/3	工程师	85550016	jia061@kj.com
19	017	李丽	女	1974/12/28	技术支持部	技术人员	2006/2/3	工程师	85550017	jia065@kj.com
20	018	芸林	女	1975/1/28	销售部	技术人员	2007/2/3	经济师	85550018	jia069@kj.com
21	019	林锐雪	女	1975/2/28	销售部	技术人员	2008/2/3	无	85550019	jia073@kj.com
22	020	梅林	女	1975/3/28	销售部	公关人员	2009/2/3	无	85550020	jia077@kj.com

图 6-2 员工基本信息表

3. 设置表头

选择标题单元格 A1：J1，切换到“开始”选项卡，在“对齐方式”组中单击“合并后居中”按钮；切换到“开始”选项卡，在“字体”组中单击设置单元格格式“ ”按钮，选择“字体”选项卡，设置黑体、加粗、字号 20，紫色字，如图 6-3 所示，单击“确定”按钮；切换到“开始”选项卡，选中行标“1”，在“单元格”组中，单击“格式”按钮，在下拉菜单中选择“行高”命令，设置行高 40，如图 6-4 所示，单击“确定”按钮。

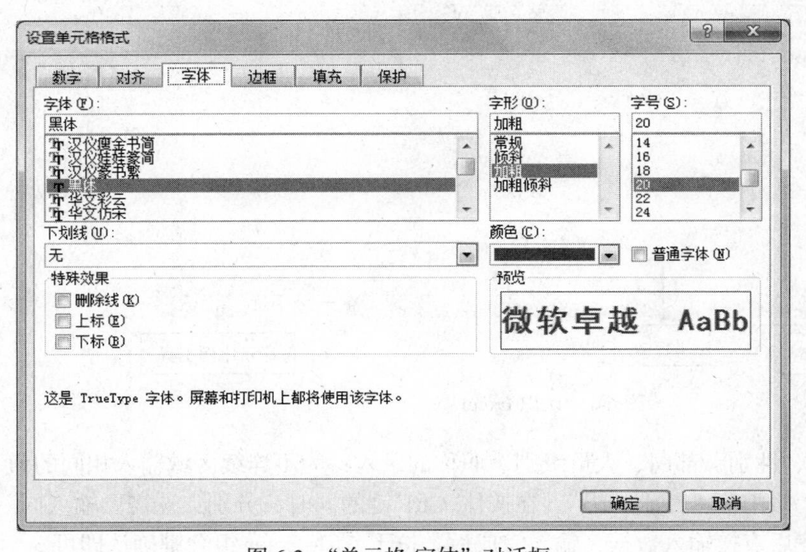

图 6-3 “单元格-字体”对话框

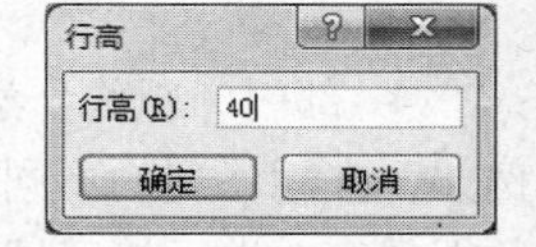

图 6-4 “行高”对话框

4. 设置标题字段和记录

选择 A2：J22 单元格，切换到“开始”选项卡，在“字体”组中，单击设置单元格格式“ ”按钮，选择“字体”选项卡，设置字体为宋体，字号 12，单击“确定”按钮；选中行标“1”，切换到“开始”选项卡，在“单元格”组中，单击“格式”按钮，在下拉菜单中选择“行高”命令，设置行高为 18；选择“A~J”列，切换到“开始”选项卡，在“单元格”组中，单击“格式”按钮，在下拉菜单中选择“自动调整列宽”命令；选择 A2：J22 单元格，切换到“开始”选项卡，在“样式”组中，单击“套用表格格式”按钮，在列表框中选择“套用表格格式中等深浅 5”样式；切换到“开始”选项卡，在“字体”组中，单击设置单元格式“ ”按钮，选择“边框”选项卡，如图 6-5 所示，单击表格外框线，设置为红色、粗线，单击内边框，设置为橙色、实线，单击“确定”按钮。

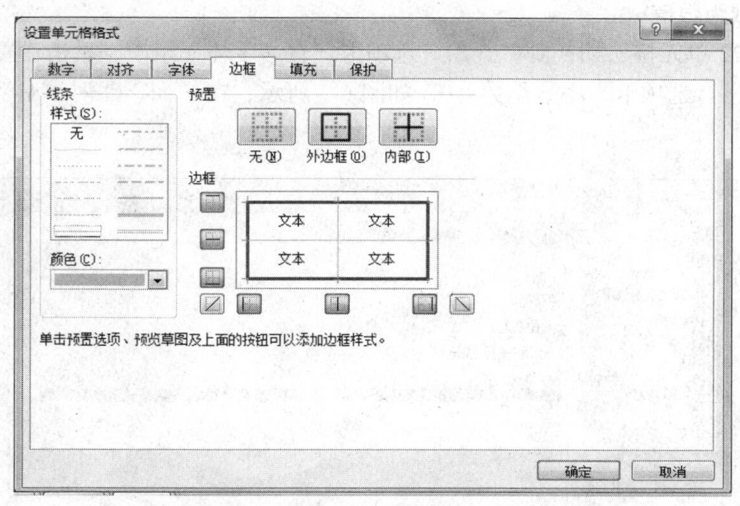

图 6-5　“单元格-边框”对话框

5. 工作表重命名

选择工作表“sheet1”，单击右键，选择“重命名”命令，把当前表重命名为“员工基本信息表”，回车确定，员工基本信息表效果如图 6-6 所示。

甲乙丙丁科技有限公司员工基本信息表

工号	姓名	性别	出生日期	部门	人员级别	入职时间	职称	联系电话	E-mail
001	陈青花	女	1973/8/28	销售部	部门经理	1990/2/3	经济师	85550001	jia001@kj.com
002	田秋秋	男	1973/9/28	研发部	部门经理	1991/2/3	高级工程师	85550002	jia005@kj.com
003	柳峰菲	女	1973/10/28	研发部	研发人员	1992/2/3	工程师	85550003	jia009@kj.com
004	李冬	女	1973/11/28	研发部	研发人员	1993/2/3	工程师	85550004	jia013@kj.com
005	蔡峰	男	1973/12/28	研发部	研发人员	1994/2/3	工程师	85550005	jia017@kj.com
006	高强	男	1974/1/28	研发部	部门经理	1995/2/3	工程师	85550006	jia021@kj.com
007	李晓云	女	1974/2/28	办公室	普通员工	1996/2/3	工程师	85550007	jia025@kj.com
008	张春	男	1974/3/28	办公室	部门经理	1997/2/3	高级经济师	85550008	jia029@kj.com
009	谢夏原	男	1974/4/28	办公室	普通员工	1998/2/3	助理研究员	85550009	jia033@kj.com
010	刘谛特	女	1974/5/28	办公室	普通员工	1999/2/3	无	85550010	jia037@kj.com
011	王渥	男	1974/6/28	测试部	测试人员	2000/2/3	助理工程师	85550011	jia041@kj.com
012	郑茂宇	男	1974/7/28	测试部	部门经理	2001/2/3	高级工程师	85550012	jia045@kj.com
013	刘大山	男	1974/8/28	测试部	测试人员	2002/2/3	工程师	85550013	jia049@kj.com
014	赵丹宝	女	1974/9/28	技术支持部	部门经理	2003/2/3	高级工程师	85550014	jia053@kj.com
015	冯登	男	1974/10/28	技术支持部	技术人员	2004/2/3	工程师	85550015	jia057@kj.com
016	刘火云	男	1974/11/28	技术支持部	技术人员	2005/2/3	工程师	85550016	jia061@kj.com
017	李丽	女	1974/12/28	技术支持部	技术人员	2006/2/3	工程师	85550017	jia065@kj.com
018	芸林	女	1975/1/28	销售部	技术人员	2007/2/3	经济师	85550018	jia069@kj.com
019	林锐雪	女	1975/2/28	销售部	技术人员	2008/2/3	无	85550019	jia073@kj.com
020	梅林	女	1975/3/28	销售部	公关人员	2009/2/3	无	85550020	jia077@kj.com

图 6-6　美化后的员工基本信息表

6. 工作表复制

选择工作表“员工基本信息表”，单击右键，选择“移动或复制工作表”命令，选择 sheet2

之前，勾选建立副本，把复制后的工作表重命名为“员工工资对比分析表”，表头“甲乙丙丁科技有限公司员工基本信息表”修改为“甲乙丙丁科技有限公司员工工资对比表”。

7. 删除列和清除列

分别选择 D 列和 G 列，单击右键，选择“删除”命令，选择 F 列、G 列和 H 列，单击右键，选择“清除内容”命令。

8. 设置区域为数值

选择 F3：H22 单元格，切换到“开始”选项卡，在“字体”组中，单击设置单元格式“ ”按钮，选择“数字”选项卡，小数位数：0，如图 6-7 所示，在 F 列、G 列和 H 列输入相关内容，如图 6-8 所示。

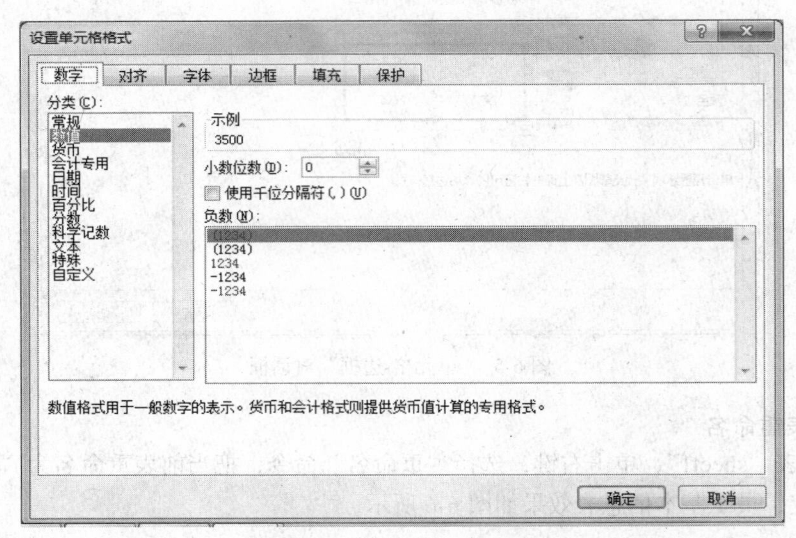

图 6-7 “单元格-数字”对话框

甲乙丙丁科技有限公司员工工资对比表							
工号	姓名	性别	部门	人员级别	2012年月工资	2013年月工资	增减幅度
001	陈青花	女	销售部	部门经理	5000	4500	-500
002	田秋秋	男	研发部	部门经理	7000	8000	1000
003	柳峰菲	女	研发部	研发人员	5000	5500	500
004	李冬	女	研发部	研发人员	5000	5500	500
005	蔡峰	男	研发部	研发人员	6000	6600	600
006	高强	男	研发部	部门经理	7000	8000	1000
007	李晓云	女	办公室	普通员工	4000	3500	-500
008	张春	男	办公室	部门经理	5000	6000	1000
009	谢夏原	男	办公室	普通员工	4000	4500	500
010	刘谛特	女	办公室	普通员工	4000	4500	500
011	王渥	男	测试部	测试人员	5000	4800	-200
012	郑茂宇	男	测试部	部门经理	6000	6500	500
013	刘大山	男	测试部	测试人员	4000	4300	300
014	赵丹宝	女	技术支持部	部门经理	6000	6500	500
015	冯登	男	技术支持部	技术人员	3500	4000	500
016	刘火云	男	技术支持部	技术人员	3500	3800	300
017	李丽	女	技术支持部	技术人员	3500	3800	300
018	芸林	女	销售部	技术人员	3500	3000	-500
019	林锐雪	女	销售部	技术人员	3500	3000	-500
020	梅林	女	销售部	公关人员	5000	4000	-1000

图 6-8 员工工资对比表

9. 条件格式设置

选择 F3：G22 单元格，切换到“开始”选项卡，在“样式”组中，单击“条件格式”按钮，在下拉菜单中选择“突出单元格规则”命令，在级联菜单中选择“大于”命令，如图 6-9 所示，输入“6500”，设置为“浅红填充深红色文本”，单击“确定”按钮；选择 F3：G22 单元格，切换到“开始”选项卡，在“样式”组中，单击“条件格式”按钮，在下拉菜单中选择“突出单元格规则”命令，在级联菜单中选择“小于”命令，如图 6-10 所示，输入“4000”，设置为“绿填充深绿色文本”，单击“确定”按钮；选择 H3：H22 单元格，切换到“开始”选项卡，在“样式”组中，单击“条件格式”按钮，在下拉菜单中选择“数据条”命令，在级联菜单中选择“渐变填充|绿色数据条”，美化后的员工工资对比表如图 6-11 所示。

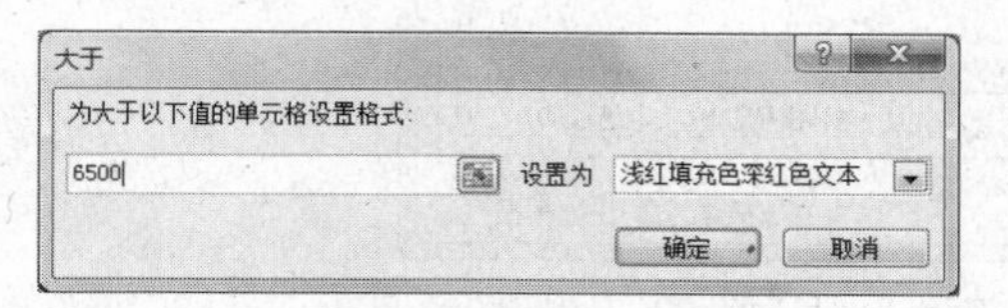

图 6-9 “条件格式-突出单元格规则-大于”对话框

图 6-10 “条件格式-突出单元格规则-小于”对话框

甲乙丙丁科技有限公司员工工资对比表

工号	姓名	性别	部门	人员级别	2012年月工资	2013年月工资	增减幅度
001	陈青花	女	销售部	部门经理	5000	4500	-500
002	田秋秋	男	研发部	部门经理	7000	8000	1000
003	柳峰菲	女	研发部	研发人员	5000	5500	500
004	李冬	女	研发部	研发人员	5000	5500	500
005	蔡峰	男	研发部	研发人员	6000	6600	600
006	高强	男	研发部	部门经理	7000	8000	1000
007	李晓云	女	办公室	普通员工	4000	3500	-500
008	张春	男	办公室	部门经理	5000	6000	1000
009	谢夏原	男	办公室	普通员工	4000	4500	500
010	刘谛特	女	办公室	普通员工	4000	4500	500
011	王渥	男	测试部	测试人员	5000	4800	-200
012	郑茂宇	男	测试部	部门经理	6000	6500	500
013	刘大山	男	测试部	测试人员	4000	4300	300
014	赵丹宝	女	技术支持部	部门经理	6000	6500	500
015	冯登	男	技术支持部	技术人员	3500	4000	500
016	刘火云	男	技术支持部	技术人员	3500	3800	300
017	李丽	女	技术支持部	技术人员	3500	3800	300
018	芸林	女	销售部	技术人员	3500	3000	-500
019	林锐雪	女	销售部	技术人员	3500	3000	-500
020	梅林	女	销售部	公关人员	5000	4000	-1000

图 6-11 美化后的员工工资对比表

10. 页面设置

选择“员工基本信息表”，切换到“页面布局”选项卡，在“页面设置”组中，单击“纸张大小”按钮，在列表框中选择“A4”命令；单击“纸张方向”按钮，在列表框中选择“横向”命令；单击“页边距”按钮，在列表框中选择“自定义边距”命令，如图 6-12 所示，设置上、下、右边距均为 2 厘米，左边距为 5 厘米，单击“确定”按钮；选择“工作表”选项卡，如图 6-13 所示，在顶端标题行设置边距为“$1:$2”，单击“确定”按钮。

11. 保存工作簿

单击“文件”|“保存”命令，保存该工作簿。

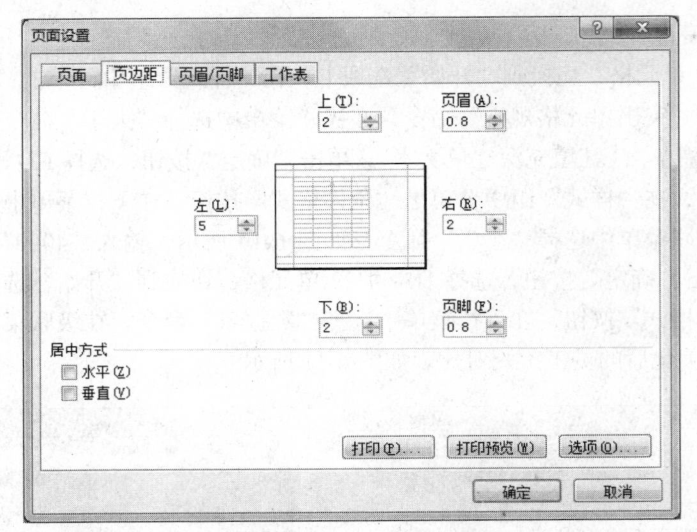

图 6-12 “页面设置-页面”对话框

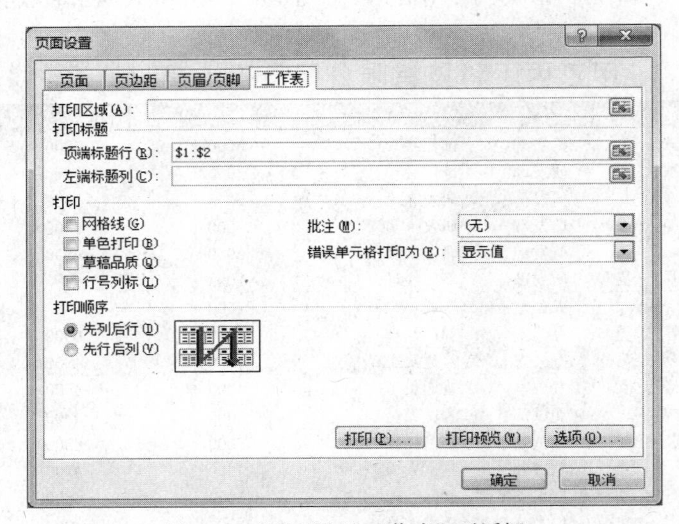

图 6-13 “页面设置-工作表”对话框

【知识支撑】

本节以制作“员工基本信息表”为例，讲解了利用 Excel 2010 电子表格创建和编辑工作表、工作表的移动和复制、数据的格式设置、工作表的重命名、工作表格式的设置等基本操作。现将本节知识归纳如下：

1．数据的录入技巧

① 对于连续的序列填充，可首先输入序号“1”，然后选中填有“1”的单元格，右键拖动填充句柄至需填充的末单元格，然后单击“填充序列”进行填充。或者先输入数字序号“1”，选择该单元格，切换到“开始”选项卡，在“编辑”组中，单击“填充”按钮，在下拉菜单选择“序列”命令进行相关操作。

② 需要在多个区域输入同一数据（例如，在同一列的不同单元格中输入性别“男”），可以一次性输入：在按住 Ctrl 键的同时，分别点选需要输入同一数据的多个单元格区域，然后直接输入数据，输入完成后，按“Ctrl+Enter”组合键确认即可。

③ 日期的录入：输入日期的格式为年-月-日或月-日-年（或者年/月/日或月/日/年）。若按“Ctrl+;（分号键）”组合键，则输入当前系统日期；若按“Ctrl+Shift+;（分号键）”组合键，则输入当前系统时间。

④ 输入以“0”开头的数据（例如“学号”、“电话区号”）时，先输入一个英文标点引号（’），然后再输入数据。例如：要输入 007，方法是输入“’007”之后按回车键后单引号会自动消失，此时计算机认为输入的是文本数据，而不认为是数值，不可以参与计算。

2. 工作表重命名的方法

① 选择要重命名的工作表，单击右键，选择“重命名”命令，输入新的工作表名称，再按下回车键。

② 用鼠标双击工作表标签，输入新的工作表名称，再按下回车键。

3. 删除与清除

这是两个不同的概念。删除是将单元格、行、列包括的内容全部删除；清除是将内容、格式、批注删除，而单元格保留。

4. 工作表的移动或复制

可以先选择需要移动或复制的工作表，单击右键，选择“移动或复制工作表”命令，如果是复制工作表，需要勾选建立副本，同时可以指定工作表的位置。

5. 条件格式

使用 Excel 2010 中的条件格式功能，可以预置一种单元格格式，并在指定的某种条件被满足时自动应用于目标单元格。可以预置的单元格格式包括边框、底纹、字体、颜色等。此功能可以根据用户的要求，快速对特定单元格进行必要的标识，以起到突出显示的作用。它不仅可以快速查找相关数据，还可以以数据条、色阶、图标的方式显示数据，让数据一目了然。

实战演练

① 打开“6-1.xlsx”文件中的“实战演练 1”表，按如图 6-14 图示效果制作“员工考核表”。

员工考核表

工号	姓名	第一季度出勤考核	第一季度工作态度	第一季度工作能力	第一季度业绩考核	第一季度综合考核
99001	邵旭春	91	92	95	96	93.90
99002	庄景栋	88	84	80	82	83.00
99003	潘玉辉	80	82	87	87	84.60
99004	肖余金	83	88	78	80	81.60
99005	张玖龙	82	87	80	86	83.60
99006	金晓伟	90	80	82	86	84.40
99007	李旭旭	90	80	70	70	76.00
99008	王立业	84	83	82	85	83.50
99009	丁辉辉	84	84	83	84	83.70
99010	孙耀阳	85	83	84	82	83.40
99011	刘敏杰	80	79	90	81	83.10
99012	徐凯祥	80	88	86	80	83.40

图 6-14 员工考核表

② 打开“6-1.xlsx”文件中的“实战演练 2”表，按如图 6-15 图示效果制作“2011-2012 年度各类产品同期销售量对比分析”。

2011-2012年度各类产品同期销售量对比分析

产品名称	第一季			第二季			第三季			第四季		
	2011	2012	同比差异	2011	2012	同比差异	2011	2012	同比差异	2011	2012	同比差异
产品A	186	208	22	178	158	-20	357	283	-74	118	174	56
产品B	187	197	10	516	489	-27	422	532	110	276	240	-36
产品C	283	292	9	349	370	21	491	538	47	239	1881	1642
产品D	244	305	61	187	143	-44	132	210	78	320	370	50
产品E	192	162	-30	237	249	12	299	223	-76	350	388	38
产品F	317	388	71	288	265	-23	57	69	12	165	189	24
产品G	581	534	-47	338	327	-11	447	704	257	137	126	-11
总计	4001	4098		4104	4013		4216	4571		3616	5380	

图 6-15　2011—2012 年度各类产品同期销售量对比分析表

拓展练习

打开“6-1.xlsx”文件中的“拓展练习”表，使用 Excel 2010 制作一个“家庭储蓄情况表”。要求如下：

① 字段包括：币种、存入日、到期日、存入金额、利息金额、利率、存钱密码、开户行、账号、户名；

② 涉及金额字段要求不同的币种出现有相应的货币表示符号；

③ 利率字段用百分比显示；

④ 文字设置为宋体、12，外框线设为粗黑线，内框线设置为蓝细线；

⑤ 在第一行添加标题：家庭储蓄情况表，A1：K1 跨列居中，字体设置为 16，行高设置为 22；

⑥ 将相应的行高与列宽调整至最适合行高和列宽；

⑦ 存入金额大于 20000 字体设置为红色，小于 2000 字体设置为蓝色；

⑧ 将该表重命名为“家庭储蓄情况表”；

⑨ 将该 Excel 文件保存为“家庭储蓄.xlsx”。

工作任务二　制作工资表

【任务要求】

杨主任夸奖李琳的员工基本信息表做得不错，信息比较全，线框、衬底搭配得也比较好，然后布置了新的工作：制作工资表，主要涉及对工资求和、求平均值、求最大值、求最小值、排名、判断等级、有条件求和及有条件计数等函数的使用。杨主任把基础数据文档给了李琳。

【任务分析】

李琳拿到相关资料后，分析工资的计算主要涉及以下方面。

① 在 I3：I22 单元格计算实发工资（实发工资 = 基本工资 + 生活补助 + 其他补助），保留 1 位小数（用 sum 函数）。

② 在 J3：J22 单元格按实发工资进行排名（用 RANK 函数），降序排序。

③ 在 K3:K22 单元格按实发工资计算出工资等级 A 级和 B 级，A 级大于等于 3500，B 级小于 3500（用 IF 函数）。

④ 在 F23：H23 单元格计算基本工资，生活补助和其他补助的平均值（用 AVERAGE 函数）。

⑤ 在 F24：H24 单元格计算基本工资，生活补助和其他补助的最大值（用 MAX 函数）。

⑥ 在 F25：H25 单元格计算基本工资，生活补助和其他补助的最小值（用 MIN 函数）。

⑦ 在 F26：H26 单元格计算女职工工资平均值（用 SUMIF 函数/COUNTIF 函数）。

⑧ 在 F27：H27 单元格计算男职工工资平均值（用 SUMIF 函数/COUNTIF 函数）。

【任务实施】

1. 打开工作表

启动 Excel，打开"6-2.xls"工作簿中的"范例"工作表，如图 6-16 所示的工资表基本信息数据。

员工工资表

工号	姓名	性别	部门	人员级别	基本工资	生活补助	其他补助	实发工资	工资排名	工资等级
001	陈青花	女	销售部	部门经理	2000	500	200			
002	田秋秋	男	研发部	部门经理	2000	500	200			
003	柳峰菲	女	研发部	研发人员	1800	500	200			
004	李冬	女	研发部	研发人员	3000	600	200			
005	蔡峰	男	研发部	研发人员	2500	600	200			
006	高强	男	研发部	部门经理	2800	500	200			
007	李晓云	女	办公室	普通员工	2800	500	200			
008	张春	男	办公室	部门经理	2900	500	200			
009	谢夏原	男	办公室	普通员工	2000	500	200			
010	刘谛特	女	办公室	普通员工	2300	500	200			
011	王渥	男	测试部	测试人员	2000	500	200			
012	郑茂宇	男	测试部	部门经理	2500	600	200			
013	刘大山	男	测试部	测试人员	2500	600	200			
014	赵丹宝	女	技术支持部	部门经理	2800	600	200			
015	冯登	男	技术支持部	技术人员	2200	500	200			
016	刘火云	男	技术支持部	技术人员	3200	550	200			
017	李丽	女	技术支持部	技术人员	3200	550	200			
018	芸林	女	销售部	技术人员	3000	550	200			
019	林锐雪	女	销售部	技术人员	3100	550	200			
020	梅林	女	销售部	公关人员	3500	550	200			
平均值										
各工资最高工资										
各工资最低工资										
女职工各工资平均值										
男职工各工资平均值										

图 6-16　工资表基本信息数据

2. 计算实发工资

方法一：使用公式计算。选择 I3 单元格，输入其计算公式"=F3+G3+H3"再按下回车键，拖动填充句柄进行填充，把 I4：I22 单元格的实发工资计算出来。

方法二：使用 SUM 求和函数计算。选择 I3 单元格，单击插入函数"fx"按钮，在"选择函数"列表框中选择"SUM"，单击"确定"按钮，如图 6-17 所示。在"函数参数"对话框中，单击 Number1 后的"　"图标选择求和区域 F3：H3，如图 6-18 所示，单击"确定"按钮，拖动单元格右下角的填充句柄进行自动填充，计算出 I4：I22 所有员工的实发工资。

保留 1 位小数，选择 I3：I22 区域，单击右键，选择"设置单元格格式"命令，选择"数字"选项卡，小数位数为 1。

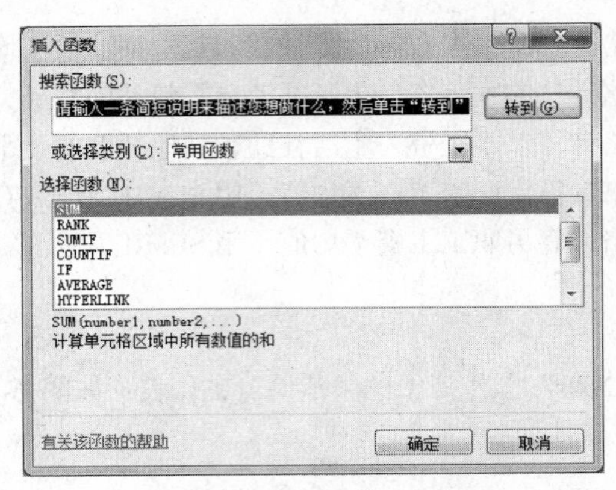

图 6-17　插入函数对话框

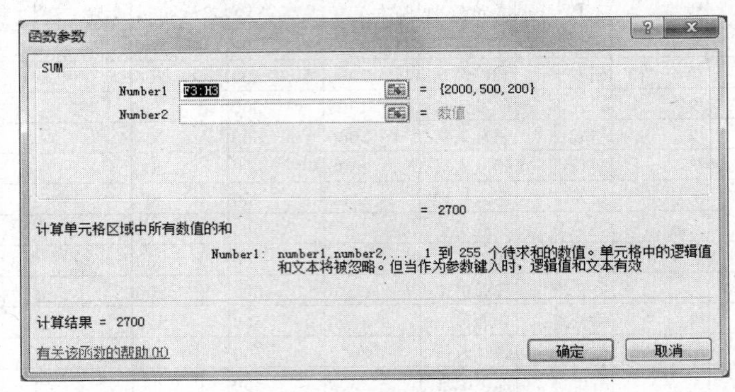

图 6-18　SUM 函数参数对话框

3. 计算工资排名

使用 RANK 函数计算。选择 J3 单元格，单击插入函数"fx"按钮，在"选择函数"列表框中选择"RANK"（如果列表框中没有，搜索 RANK，单击"转到"），单击"确定"按钮。在"函数参数"对话框中，如图 6-19 所示，单击 Number 后的"　"图标选择 I3，单击 Ref 后的"　"图标选择 I3：I22，按下功能键"F4"，单击"确定"按钮，拖动单元格右下角的填充句柄进行自动填充，计算出 J4：J22 所有员工的实发工资。

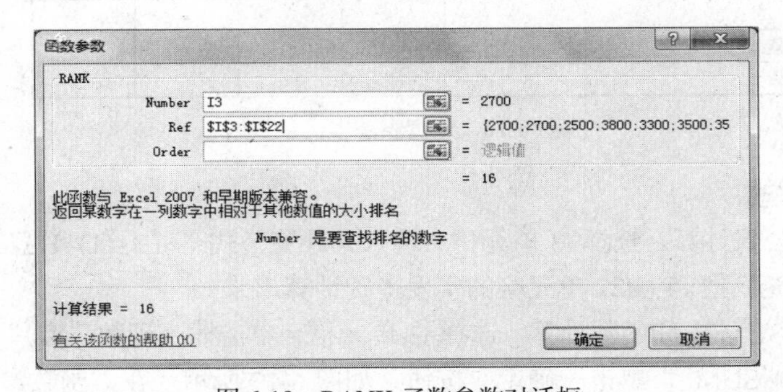

图 6-19　RANK 函数参数对话框

4. 计算工资等级

使用 IF 函数计算。选择 K3 单元格，单击插入函数"fx"按钮，在"选择函数"列表框中选择"IF"（如果列表框中没有，搜索 IF，单击"转到"），单击"确定"按钮。在"函数参数"

对话框中，单击 logical_test 后的“ ”图标选择 I3 并输入“<3500”，在 value_if_true 中输入“B 级”，在 value_if_false 中输入“A 级”，如图 6-20 所示，单击“确定”按钮，拖动单元格右下角的填充句柄进行自动填充，计算出 K4：K22 所有员工的工资等级。

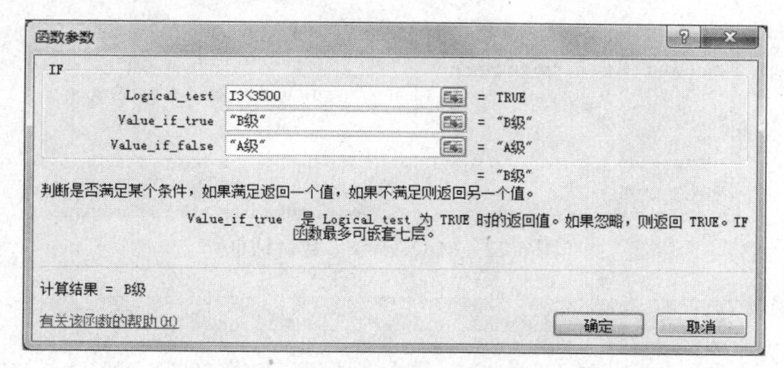

图 6-20　IF 函数参数对话框

5. 计算平均值

使用 AVERAGE 求和函数计算。选择 F23 单元格，单击插入函数“ ”按钮，在“选择函数”列表框中选择“AVERAGE”，单击“确定”按钮，在“函数参数”对话框中，单击 Number1 后的“ ”图标选择求和区域 F3：F22，如图 6-21 所示，单击“确定”按钮，拖动单元格右下角的填充句柄进行自动填充，计算出 F23：I23 员工的各类平均工资。

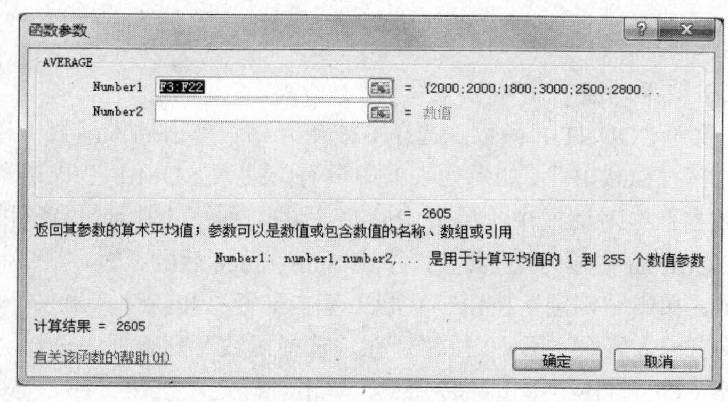

图 6-21　AVERAGE 函数参数对话框

6. 计算最高工资

使用 MAX 函数。选择 F24 单元格，单击插入函数“ ”按钮，在“选择函数”列表框中选择“MAX”，单击“确定”按钮，在“函数参数”对话框中，单击 Number1 后的“ ”图标选择求和区域 F3：F22，如图 6-22 所示，单击“确定”按钮，拖动单元格右下角的填充句柄进行自动填充，计算出 F24：I24 员工的各类工资最高值。

7. 计算最小工资

使用 MIN 函数。选择 F25 单元格，单击插入函数“ ”按钮，在“选择函数”列表框中选择“MIN”（如果列表框中没有，搜索 MIN，单击“转到”），单击“确定”按钮，在“函数参数”对话框中，单击 Number1 后的“ ”图标选择求和区域 F3：F22，如图 6-23 所示，单击“确定”按钮，拖动单元格右下角的填充句柄进行自动填充，计算出 F25：I25 员工的各类工资最小值。

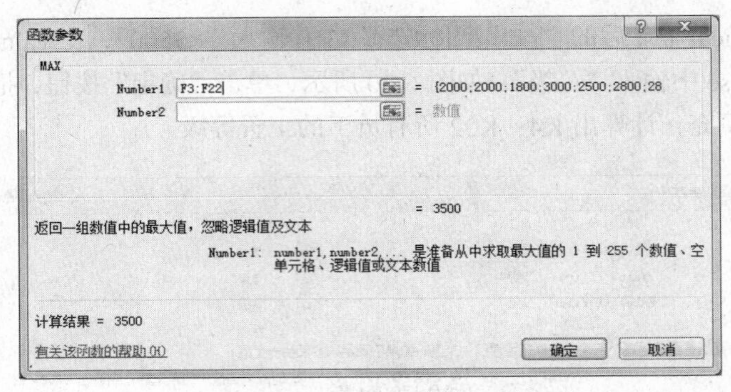

图 6-22　MAX 函数参数对话框

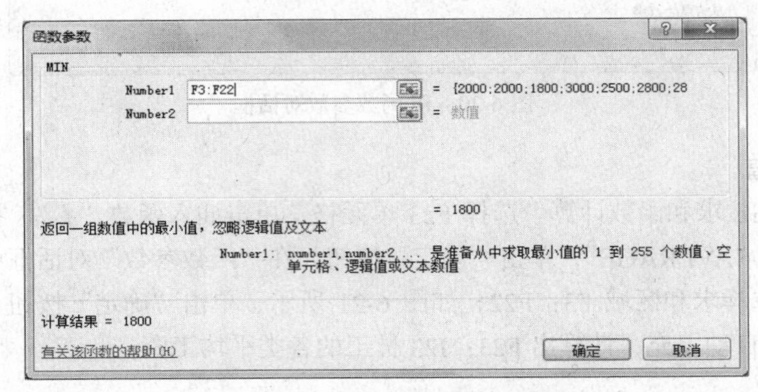

图 6-23　MIN 函数参数对话框

8. 计算女职工工资平均值

使用 SUMIF 函数和 COUNTIF 函数。选择 F26 单元格，单击插入函数“ ”按钮，在“选择函数”列表框中选择“SUMIF”（如果列表框中没有，搜索 SUMIF，单击“转到”），单击“确定”按钮，在“函数参数”对话框中，单击 Range 后的“ ”图标选择条件区域 C3：C22，按下功能键“F4”，在 Criteria 中输入““女””，单击 Sum_range 后的“ ”图标选择求和区域 F3：F22，如图 6-24 所示，单击“确定”按钮，女职工基本工资总和就计算出来了。在编辑栏 SUMIF 函数后输入“/”，单击插入函数“ ”按钮，在“选择函数”列表框中选择“COUNTIF”（如果列表框中没有，搜索 COUNTIF，单击“转到”），单击“确定”按钮，在“函数参数”对话框中，单击 Range 后的“ ”图标选择条件区域 C3：C22，按下功能键“F4”，在 Criteria 中输入“女”，如图 6-25 所示，单击“确定”按钮，拖动单元格右下角的填充句柄进行自动填充，计算出 F26：I26 女员工的工资平均值。

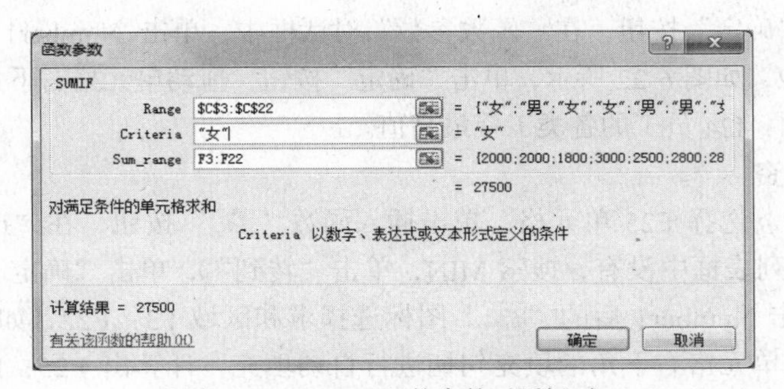

图 6-24　SUMIF 函数参数对话框-女

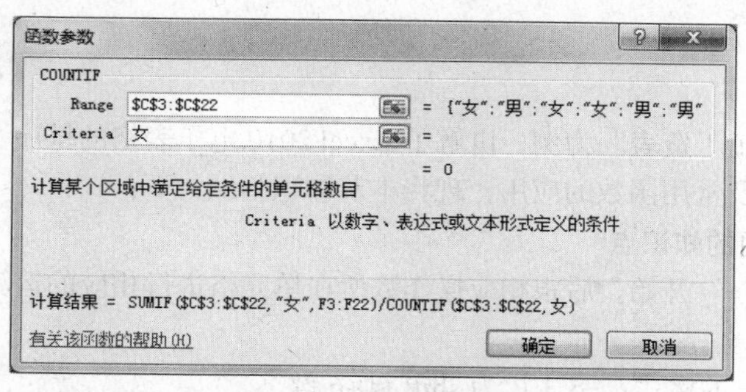

图 6-25 COUNTIF 函数参数对话框-女

9. 计算男职工工资平均值

使用 SUMIF 函数和 COUNTIF 函数。选择 F27 单元格，单击插入函数“fx”按钮，在“选择函数”列表框中选择“SUMIF”（如果列表框中没有，搜索 SUMIF，单击“转到”），单击“确定”按钮，在“函数参数”对话框中，单击 Range 后的“ ”图标选择条件区域 C3：C22，按下功能键“F4”，在 Criteria 中输入“男”，单击 Sum_range 后的“ ”图标选择求和区域 F3：F22，如图 6-26 所示，单击“确定”按钮，男职工基本工资总和就计算出来了。在编辑栏 SUMIF 函数后输入“/”，单击插入函数“fx”按钮，在“选择函数”列表框中选择“COUNTIF”（如果列表框中没有，搜索 COUNTIF，单击“转到”），单击“确定”按钮，在“函数参数”对话框中，单击 Range 后的“ ”图标选择条件区域 C3：C22，按下功能键“F4”，在 Criteria 中输入“男”，如图 6-27 所示，单击“确定”按钮，拖动单元格右下角的填充句柄进行自动填充，计算出 F27：I27 男员工的工资平均值。

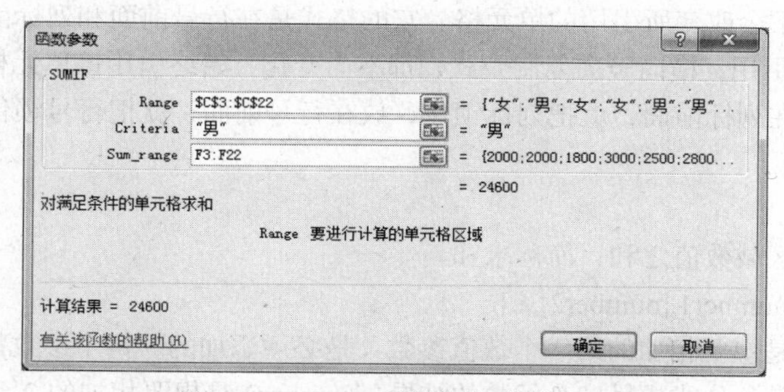

图 6-26 SUMIF 函数参数对话框-男

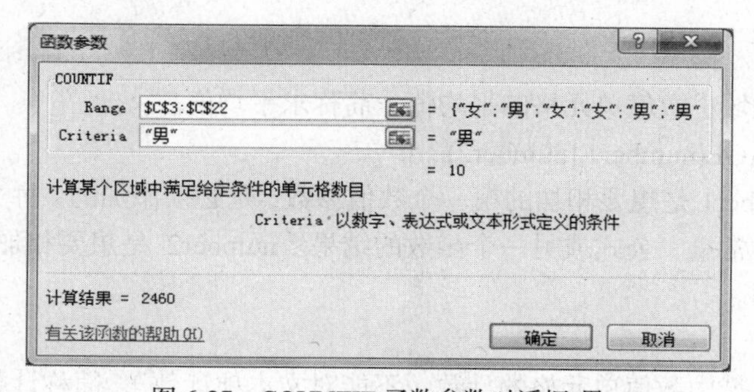

图 6-27 COUNTIF 函数参数对话框-男

10. 保存工作簿

【知识支撑】

本节以制作“员工工资表”为例，讲解了 Excel 2010 电子表格的排序、绝对引用和相对引用的概念、公式的使用及常用函数的应用，现将本节知识归纳如下：

1. 关于公式使用的知识点

① 公式都是以“=”开始，后跟相应操作数所在单元格进行相应的运算，如四则运算（+-*/）乘方（^）都可以使用。

例如：5 的 3 次方的格式：=5^3（^为 shift 键+6 键）

A2 与 D2 内容相加的格式：=A2+D2（A2 单元格的内容与 D2 单元格内容相加）

② 单元格引用分为绝对引用、相对引用和混合引用。例如在单元格 B1 中：

相对引用：就是当计算结果存放位置发生变化时，公式中所引用单元格也发生相应位置变化的引用。在相对引用的时候，Excel 记录的是被引用单元格与公式所在单元格间的位置差距。输入“=A1”，这是相对引用，当被复制到其他单元格时，始终引用与公式所在单元格左边一个单元格（即 A1 相对于 B1 的位置）。

输入“=$A1”，行相对列绝对混合引用，横向复制公式不会变化，竖向复制公式时，行号会发生变化，例如复制到 C2 时，变为=$A2。

输入“=A$1”，行绝对列相对混合引用，竖向复制公式不会变化，横向复制公式时，列标会发生变化，例如复制到 C2 时，变为=B$1。

绝对引用：就是当计算结果存放位置发生变化时，公式中所引用单元格不发生任何位置变化的引用。在绝对引用的时候，Excel 才真正地记录被引用单元格的地址，无论计算结果的单元格怎么移动位置，都不会改变所引用的单元格。它的格式是在行号前面和列标前面都加上“$”。输入“=$A$1”，绝对引用，横向竖向复制公式，都不会变化，始终引用该单元格。我们可以把“$”看成是一把锁，放在列标前面，就把列标锁住，放在行号前面，就把行号锁住。

2. 常用函数

（1）SUM

功能：求选定区域数值之和，简称求和。

格式：= SUM(number1,[number2],...])

其中 number1 是想要相加的第一个数值参数，是必须添加的。每个参数都可以是区域、单元格引用、数组、常量、公式或另一个函数的结果。number2 是想要相加的 2 到 255 个数值参数，是可以选添的。

（2）AVERAGE

功能：求选定区域中数值单元格的平均值，简称求平均值。

格式：= AVERAGE(number1,[number2],...])

其中：其中 number1 是想要相加的第一个数值参数，是必须添加的。每个参数都可以是区域、单元格引用、数组、常量、公式或另一个函数的结果。number2 是想要相加的 2 到 255 个数值参数，是可以选添的。

（3）COUNT

功能：对选定区域中数值单元格的计数（不能对文本项计数），简称计数。

格式：= COUNT (number1,[number2],...])

其中：其中 number1 是想要相加的第一个数值参数，是必须添加的。每个参数都可以是区域、单元格引用、数组、常量、公式或另一个函数的结果。number2 是想要相加的 2 到 255 个数值参数，是可以选添的。

（4）MAX

功能：求选定区域中最大的数值，简称求最大值。

格式：= MAXE(number1,[number2],...])

其中：其中 number1 是想要相加的第一个数值参数，是必须添加的。每个参数都可以是区域、单元格引用、数组、常量、公式或另一个函数的结果。number2 是想要相加的 2 到 255 个数值参数，是可以选添的。

（5）MIN

功能：求选定区域中最小的数值，简称求最小值。

格式：= MIN (number1,[number2],...])

其中：其中 number1 是想要相加的第一个数值参数，是必须添加的。每个参数都可以是区域、单元格引用、数组、常量、公式或另一个函数的结果。number2 是想要相加的 2 到 255 个数值参数，是可以选添的。

（6）IF

功能：判定一个条件是否满足，如果条件满足，返回条件满足的返回值；如果条件不满足，则返回条件不满足的返回值，简称条件判定。

格式：= IF（判定条件表达式，条件满足的返回值，条件不满足的返回值）

（7）COUNTIF

功能：统计选定区域中满足指定条件单元格的个数，简称条件统计。

格式：= COUNTIF（条件判定区域，"判定条件"）

（8）SUMIF

功能：计算满足指定条件区域相应单元格数据之和，简称条件求和。

格式：= SUMIF（条件判定区域，"判定条件"，求和区域）

（9）RANK

功能：返回一个数字在数字列表中的排位。

格式：=RANK（需要排位的数值，排位的区域，排序方式）

实战演练

1. 打开"6-2.xlsx"文件中的"实战演练 1"表，如图 6-28 所示，按要求完成计算。

某汽车销售集团销售情况表			
分店	销售量（辆）	所占比列	销售排名
第一分店	20345		
第二分店	25194		
第三分店	34645		
第四分店	19758		
第五分店	20089		
第六分店	32522		
总计			
平均值			
最大值			
最小值			

要求：
1）在B9：B12单元格区域分别计算汽车的销售总量、平均值、最大值和最小值。
2）在C3：C8单元格区域分别计算各分店汽车销售量占总销售量的百分比（带2位小数的百分比格式）。
3）在D3：D8单元格区域计算各分店在六个分店的销售量排名。

图 6-28　销售情况表

2. 打开“6-1.xlsx”文件中的“实战演练 2”表，如图 6-29 所示，按要求完成计算。

科目划分	发生额	科目划分	发生额	科目划分	发生额	科目划分	发生额	科目划分	发生额
邮寄费	5.00	邮寄费	150.00	交通工具消耗	600.00	手机电话费	1,300.00	公积金	15,783.00
出租车费	14.80	话费补	180.00	采暖费补助	925.00	出差费	1,328.90	抵税运费	31,330.77
邮寄费	20.00	资料费	258.00	招待费	953.00	工会经费	1,421.66	办公用品	18.00
过桥过路费	50.00	办公用品	258.50	过桥过路费	1,010.00	出差费	1,755.00	出差费	36.00
运费附加	56.00	养老保险	267.08	交通工具消耗	1,016.78	出差费	2,220.00	招待费	52.00
独子费	65.00	出租车费	277.70	邮寄费	1,046.00	招待费	2,561.00	招待费	60.00
过桥过路费	70.00	招待费	278.00	教育经费	1,066.25	出差费	2,977.90	独子费	65.00
出差费	78.00	手机电话费	350.00	失业保险	1,068.00	出差费	3,048.40	出差费	78.00
手机电话费	150.00	出差费	408.00	出差费	1,256.30	误餐费	3,600.00	招待费	80.00
邮寄费	150.00	出差费	560.00	修理费	1,260.00	出差费	6,058.90	其他	95.00

科目划分	笔数	发生额
邮寄费		
独子费		
过桥过路费		
手机电话费		

要求：
1）在D14：D17单元格计算各类费用的笔数（用countif函数）。
2）在E14：E17单元格计算各类发生额的笔数（用sumif函数）。

图 6-29　科目发生额统计

拓展练习

打开“6-3.xlsx”文件中的“拓展练习”表，如图 6-30 所示，按要求对该文件完成如下操作：

南京中学高三期中考试成绩													
班级	学号	住宿情况	语文	数学	外语	政治	物理	化学	生物	均分	总分	名次	等级
高三	1	走读	63	78	85	78	85	78	65				
高三	2	住宿	75	57	75	90	85	68	87				
高三	3	走读	78	89	98	86	84	57	82				
高三	4	走读	86	73	84	91	81	64	68				
高三	5	走读	73	85	85	85	68	84	85				
高三	6	走读	90	75	98	75	98	66	81				
高三	7	走读	75	85	68	56	86	68	85				
高三	8	走读	85	65	89	58	65	65	89				
高三	9	住宿	89	95	95	98	98	84	88				
高三	10	住宿	92	92	65	87	56	85	98				
高三	11	住宿	86	85	58	86	68	75	82				
高三	12	住宿	88	73	87	77	75	85	78				
高三	13	走读	98	69	54	78	76	87	75				
高三	14	走读	84	68	56	68	74	68	71				
高三	15	走读	81	89	68	84	68	49	54				
高三	16	走读	98	59	76	86	87	43	82				
高三	17	走读	88	78	85	78	85	78	65				
高三	18	走读	87	57	75	90	85	68	87				
高三	19	走读	86	89	98	86	84	57	82				
高三	20	走读	82	53	69	84	84	75	89				
高三	21	住宿	85	59	58	72	65	74	81				
各科最高分													
各科最低分													
住宿生各科平均分													
走读生各科平均分													
90-100各科人数													
0-59分各科人数													

图 6-30　学生成绩表统计

① 在 K3: K22 单元格计算每个同学的平均分（用 AVERAGE 函数）。

② 在 L3：L22 单元格计算每个同学的总分（用 SUM 函数）。

③ 在 M3：M22 单元格按总分进行排名，（用 RANK 函数）降序排序。

④ 在 N3：N22 单元格按总分划分优秀和合格等级，优秀大于等于 540，合格小于 540（用 IF 函数）。

⑤ 在 D24：J24 单元格计算各科最高分（用 MAX 函数）。

⑥ 在 D25：J25 单元格计算各科最低分（用 MIN 函数）。

⑦ 在 D26：J26 单元格计算住宿生各科平均分（用 SUMIF 函数/COUNTIF 函数）。

⑧ 在 D27：J27 单元格计算走读生各科平均分（用 SUMIF 函数/COUNTIF 函数）。

⑨ 在 D28：J28 单元格计算成绩是 90-100 的各科人数（用 COUNTIF 函数）。

⑩ 在 D29：J29 单元格计算成绩不及格的各科人数（用 COUNTIF 函数）。

工作任务三　统计员工基本信息表

【任务要求】

杨主任拿到销售部外包单位的业绩表，他要求李琳在员工基本信息表的基础上做一些基本情况分析和相关记录查询等方面的工作。例如对部门、金额、数量的排序，利用自动筛选筛选出销售部门为“一部”的所有信息，筛选出三部、四部数量大于 80 并且金额大于 25000 的信息等。

【任务分析】

李琳根据工作任务开始分析“销售部外包单位人员业绩表”中的统计内容，归纳如下：

1. 排序

① 先按主要关键字“销售部门”升序排序， 排序依据为自定义序列“一部、二部、三部、四部”。

② 销售部门相等，再按次要关键字“金额”按单元格颜色排序，红色在最顶端。

③ 同一部门金额单元格颜色相同时，再按次要关键字“数量”升序排序。

2. 分类汇总

按销售部门与性别统计数量、金额、成本的总和。

3. 自动筛选

① 利用自动筛选筛选出销售部门为“一部”的所有信息，把筛选结果复制到以 A25 为开始的地方，还原原始数据。

② 利用自动筛选筛选出销售部门为“一部”和数量“大于 100”的所有信息，把筛选结果复制到以 A35 为开始的地方，还原原始数据。

③ 利用自动筛选筛选出销售部门为“三部”和“四部”，金额“大于 25000”，数量“大于 80”的所有信息，在原始位置显示筛选结果。

4. 高级筛选

① 利用高级筛选筛选出销售部门为“一部”和数量“大于 100”的所有信息，把筛选结果复制到以 A25 为开始的地方。

② 利用高级筛选筛选出销售部门为“一部”或数量“大于 100”的所有信息，把筛选结果复制到以 A35 为开始的地方。

③ 筛选出“五部门”或“数量大于 100 的一部门”或“数量大于 200”的所有信息，在原始

位置显示。

【任务实施】

1. 排序

① 启动 Excel，打开工作簿“6-3.xlss”中的“排序”工作表，如图 6-31 所示。选择区域 A2:J22，切换到“开始”选项卡，在“编辑”组中，单击“排序与筛选”命令，在下拉菜单中选择“自定义排序”命令，如图 6-32 所示。

销售部外包单位人员业绩表

工号	姓名	性别	销售部门	数量	金额	成本
W001	陈青花	女	四部	16	19,269.69	18,982.85
W002	田秋秋	女	二部	40	39,465.17	40,893.08
W003	柳峰菲	男	二部	20	21,015.94	22,294.09
W004	李冬	女	一部	20	23,710.26	24,318.37
W005	蔡峰	男	三部	16	20,015.07	20,256.69
W006	王宝超	女	一部	200	40,014.12	43,537.56
W007	高强	男	四部	100	21,423.95	22,917.34
W008	李晓云	女	五部	200	40,014.12	44,258.36
W009	张春	男	一部	400	84,271.49	92,391.15
W010	张三	女	一部	212	48,705.66	51,700.03
W011	李思	男	二部	224	47,192.03	50,558.50
W012	刘梦其	女	五部	92	21,136.42	22,115.23
W013	齐家唯	男	四部	100	27,499.51	30,712.18
W014	赵中前	女	二部	140	29,993.53	32,726.66
W015	刘学燕	女	五部	108	34,682.76	35,738.66
W016	祝贺	男	五部	72	30,449.31	29,871.00
W017	高鹏	女	一部	32	12,492.95	11,098.92
W018	梁翠红	女	三部	12	12,125.30	11,641.51
W019	刘浩	男	一部	56	21,100.42	230,000.00
W020	张涵	女	四部	78	15,492.95	13,098.92

图 6-31 销售部外包单位人员业绩表

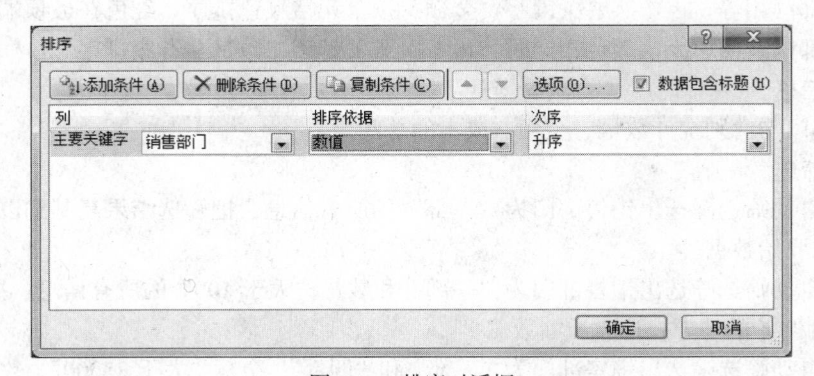

图 6-32 排序对话框

② 在“自定义排序”对话框中，主要关键字为“销售部门”，排序依据为“数值”，次序为“自定义序列”，自定义序列对话框如图 6-33 所示。输入序列“一部、二部、三部、四部、五部”，单击“添加”，选择左侧自定义序列的最底部“一部、二部、三部、四部、五部”，单击“确定”按钮，次序重新选择为“一部、二部、三部、四部、五部”。

③ 单击“添加条件”按钮，次要关键字为“金额”，排序依据为“单元格颜色”，次序为“红色”“在顶端”。

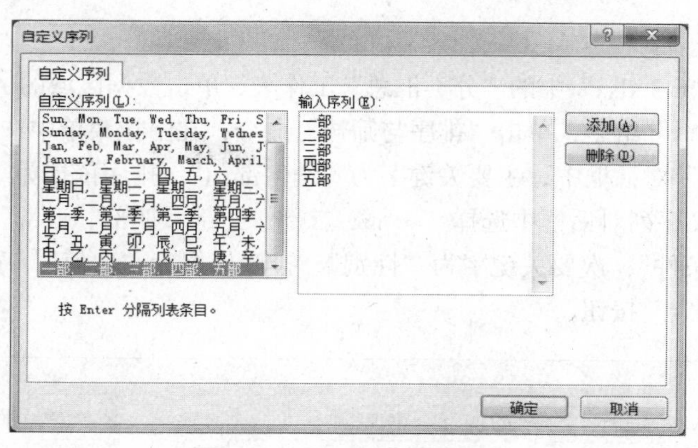

图 6-33 自定义序列对话框

④ 单击“添加条件”，第二个次要关键字为“数量”，排序依据为“数值”，次序为“升序”，如图 6-34 所示，单击“确定”按钮，最终排序结果如图 6-35 所示。

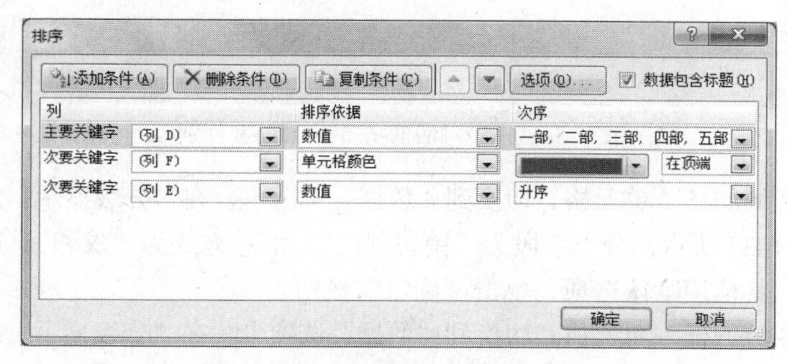

图 6-34 排序对话框-3 个条件设置

销售部外包单位人员业绩表

工号	姓名	性别	销售部门	数量	金额	成本
W006	王宝超	女	一部	200	40, 014. 12	43, 537. 56
W010	张三	女	一部	212	48, 705. 66	51, 700. 03
W009	张春	男	一部	400	84, 271. 49	92, 391. 15
W004	李冬	女	一部	20	23, 710. 26	24, 318. 37
W017	高鹏	女	一部	32	12, 492. 95	11, 098. 92
W019	刘浩	男	一部	56	21, 100. 42	230, 000. 00
W011	李思	男	二部	224	47, 192. 03	50, 558. 50
W003	柳峰菲	男	二部	20	21, 015. 94	22, 294. 09
W002	田秋秋	女	二部	40	39, 465. 17	40, 893. 08
W014	赵中前	女	二部	140	29, 993. 53	32, 726. 66
W018	梁翠红	女	三部	12	12, 125. 30	11, 641. 51
W005	蔡峰	男	三部	16	20, 015. 07	20, 256. 69
W001	陈青花	女	四部	16	19, 269. 69	18, 982. 85
W020	张涵	女	四部	78	15, 492. 95	13, 098. 92
W007	高强	男	四部	100	21, 423. 95	22, 917. 34
W013	齐家唯	男	四部	100	27, 499. 51	30, 712. 18
W008	李晓云	女	五部	200	40, 014. 12	44, 258. 36
W016	祝贺	男	五部	72	30, 449. 31	29, 871. 00
W012	刘梦其	女	五部	92	21, 136. 42	22, 115. 23
W015	刘学燕	女	五部	108	34, 682. 76	35, 738. 66

图 6-35 排序后最终效果图

2. 分类汇总

① 打开工作簿“6-3.xlsx”中的“分类汇总”工作表，单击数据区域的 A2：J22，切换到“开始”选项卡，在“编辑”组中，单击“排序与筛选”命令，在下拉菜单中选择“自定义排序”命令，在“自定义排序”对话框中，主要关键字为“销售部门”，排序依据为“数值”，次序为“自定义序列”，在自定义序列对话框中选择“一部、二部、三部、四部、五部”。

② 单击“添加条件”，次要关键字为“性别”，排序依据为“数值”，次序为“升序”，如图 6-36 所示，单击“确定”按钮。

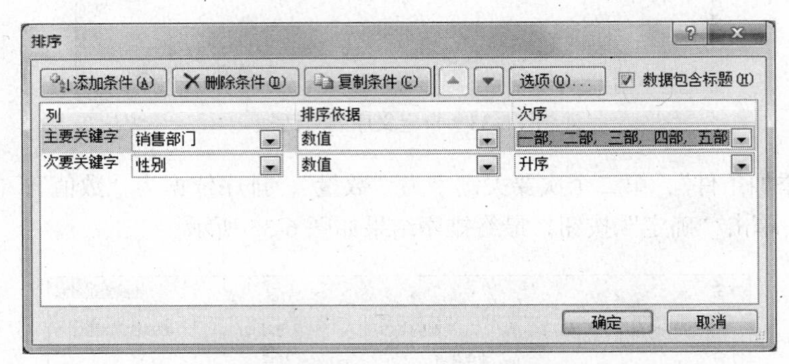

图 6-36 排序对话框-按销售部门和性别

③ 单击数据区域的任一单元格，切换到“数据”选项卡，在“分级显示”组中，单击“分类汇总”命令，如图 6-37 所示，分类字段为“销售部门”，汇总方式为“求和”，选定汇总项为“数量、金额、成本”，其他用默认选项，单击“确定”按钮。

④ 单击数据区域的任一单元格，切换到“数据”选项卡，在“分级显示”组中，单击“分类汇总”命令，如图 6-38 所示，分类字段为“性别”，汇总方式为“求和”，选定汇总项为“数量、金额、成本”，取消勾选“替换当前分类汇总”，单击“确定”按钮，最终汇总如图 6-39 所示。

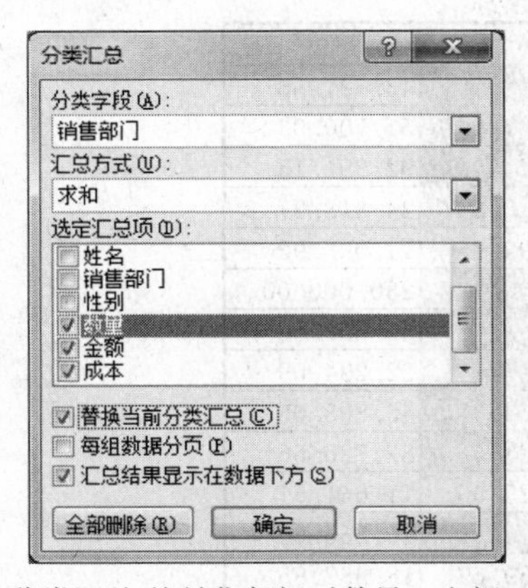

图 6-37 分类汇总-按销售部门对数量、金额、成本求和

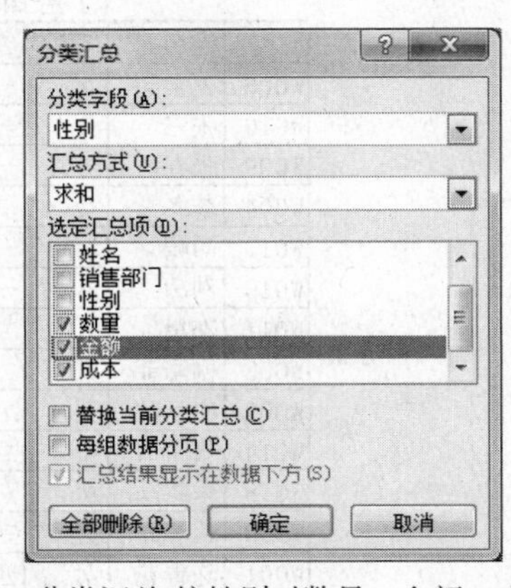

图 6-38 分类汇总-按性别对数量、金额、成本求和

3. 自动筛选

① 打开工作簿“6-3.xlsx”中的“自动筛选”工作表，单击数据区域的任一单元格，切换到“数据”选项卡，在“排序和筛选”组中，单击“筛选”命令，单击字段“销售部门”下拉按钮，取消勾选“全选”，选择“一部”，如图 6-40 所示，单击“确定”按钮，选择 A2：G21 区域，单击右键，选择“复制”命令，选择 A25 单元格，单击右键，选择“粘贴”命令，筛选一部结果如

图 6-41 所示。

	A	B	C	D	E	F	G
1	销售部外包单位人员业绩表						
2	工号	姓名	销售部门	性别	数量	金额	成本
5				男 汇	456	105,371.91	322,391.15
10				女 汇	464	124,922.99	130,654.89
11			一部 汇总		920	230,294.90	453,046.04
14				男 汇	244	66,207.98	72,852.58
17				女 汇	180	69,458.70	73,619.74
18			二部 汇总		424	137,666.68	146,472.32
20				男 汇	16	20,015.07	20,256.69
22				女 汇	12	12,125.30	11,641.51
23			三部 汇总		28	32,140.37	31,898.20
26				男 汇	200	48,923.46	53,629.52
29				女 汇	94	34,762.64	32,081.77
30			四部 汇总		294	83,686.09	85,711.29
32				男 汇	72	30,449.31	29,871.00
36				女 汇	400	95,833.30	102,112.25
37			五部 汇总		472	126,282.61	131,983.25
38			总计		2138	610,070.65	849,111.11

图 6-39 分类汇总最终效果图

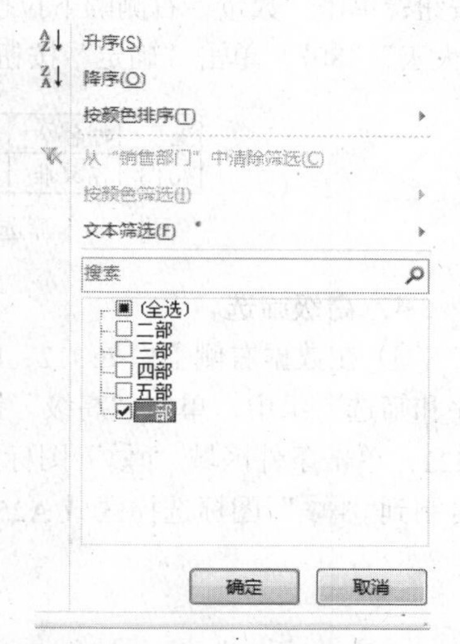

图 6-40 自动筛选对话框-筛选"一部门"

工号	姓名	性别	销售部门	数量	金额	成本
W004	李冬	女	一部	20	23,710.26	24,318.37
W006	王宝超	女	一部	200	40,014.12	43,537.56
W009	张春	男	一部	400	84,271.49	92,391.15
W010	张三	女	一部	212	48,705.66	51,700.03
W017	高鹏	女	一部	32	12,492.95	11,098.92
W019	刘浩	男	一部	56	21,100.42	230,000.00

图 6-41 筛选结果-销售部门为一部

② 单击字段"数量"下拉按钮，单击"数字筛选"命令，从级联菜单中选择"大于"命令，如图 6-42 所示，数量"大于""100"，单击"确定"按钮，选择 A2：G12 区域，单击右键选择"复制"命令，选择 A35 单元格，单击右键"粘贴"命令，数量大于 100 的一部结果如图 6-43 所示。

图 6-42 自定义自动筛选方式-数量大于 100

工号	姓名	性别	销售部门	数量	金额	成本
W006	王宝超	女	一部	200	40,014.12	43,537.56
W009	张春	男	一部	400	84,271.49	92,391.15
W010	张三	女	一部	212	48,705.66	51,700.03

图 6-43 筛选结果-数量大于 100 的一部

③ 单击数据区域的任一单元格，切换到"数据"选项卡，在"排序和筛选"组中，单击"筛选"命令，恢复原有数据切换到"数据"选项卡，在"排序和筛选"组中，单击"筛选"命令，单击字段"销售部门"下拉按钮，取消勾选"全选"，选择三部和四部；单击字段"金额"下拉按

钮，单击“数字筛选”命令，从级联菜单中选择“大于”，数量“大于”“25000”，单击“确定”按钮；单击“数量”右侧的下拉按钮，单击“数字筛选”命令，从级联菜单中选择“大于”，数量“大于”“80”，单击“确定”按钮，筛选结果如图 6-44 所示。

工号	姓名	性别	销售部门	数量	金额	成本
W013	齐家唯	男	四部	100	27,499.51	30,712.18

图 6-44　筛选结果-数量大于 80 且金额大于 25000 且三部和四部

4. **高级筛选**

① 在数据右侧空白处 J12：K13 输入条件，如图 6-45 所示，切换到“数据”选项卡，在“排序和筛选”组中，单击“高级”按钮，如图 6-46 所示，单击列表区域“”图标选择区域 A2：G22，单击条件区域“”图标选择区域 J12：K13，选择“将筛选结果复制到其他位置”，单击复制到“”图标选择区域 A25，单击“确定”按钮，筛选结果如图 6-47 所示。

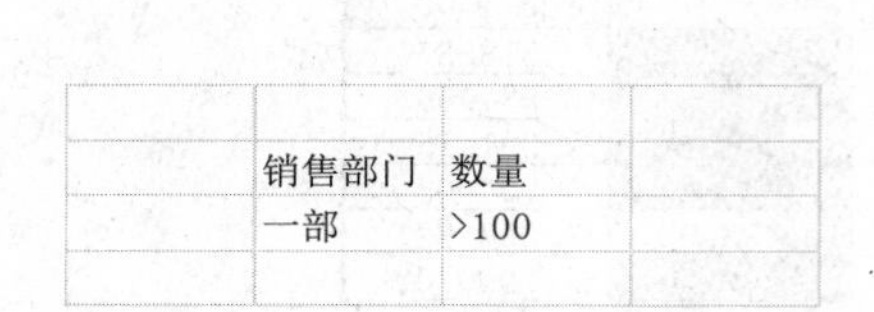

销售部门	数量
一部	>100

图 6-45　条件区域-销售部门为一部且数量大于 100

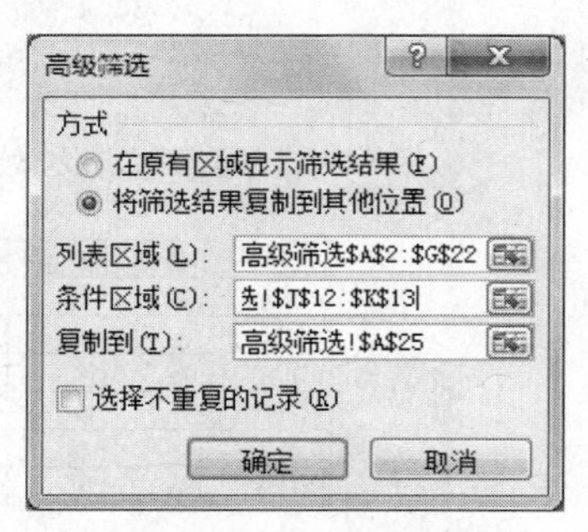

图 6-46　高级筛选对话框

工号	姓名	性别	销售部门	数量	金额	成本
W006	王宝超	女	一部	200	40,014.12	43,537.56
W009	张春	男	一部	400	84,271.49	92,391.15
W010	张三	女	一部	212	48,705.66	51,700.03

图 6-47　筛选结果-销售部门为一部且数量大于 100

② 在数据右侧空白处 J15：K17 输入条件，如图 6-48 所示，切换到“数据”选项卡，在“排序和筛选”组中，单击“高级”按钮，单击列表区域“”图标选择区域 A2：G22，单击条件区域图标选择区域 J15：K17，选择“将筛选结果复制到其他位置”，单击复制到“”图标选择区域 A35，单击“确定”按钮，筛选结果如图 6-49 所示。

销售部门	数量
一部	
	>100

图 6-48　条件区域-销售部门为一部或数量大于 100

工号	姓名	性别	销售部门	数量	金额	成本
W004	李冬	女	一部	20	23,710.26	24,318.37
W006	王宝超	女	一部	200	40,014.12	43,537.56
W008	李晓云	女	五部	200	40,014.12	44,258.36
W009	张春	男	一部	400	84,271.49	92,391.15
W010	张三	女	一部	212	48,705.66	51,700.03
W011	李思	男	二部	224	47,192.03	50,558.50
W014	赵中前	女	二部	140	29,993.53	32,726.66
W015	刘学燕	女	五部	108	34,682.76	35,738.66
W017	高鹏	女	一部	32	12,492.95	11,098.92
W019	刘浩	男	一部	56	21,100.42	230,000.00

图 6-49　筛选结果——销售部门为一部或数量大于 100

③ 在数据右侧空白处 J19：K22 输入条件，如图 6-50 所示，切换到“数据”选项卡，在“排序和筛选”组中，单击“高级”按钮，单击列表区域图标选择区域 A2：G22，单击条件区域“”图标选择区域 J19：K22，单击“确定”按钮，筛选结果如图 6-51 所示。

	销售部门	数量	
	五部		
	一部	>100	
		>200	

图 6-50 条件区域-销售部门为五部或数量大于 100 的一部或数量大于 200

工号	姓名	性别	销售部门	数量	金额	成本
W006	王宝超	女	一部	200	40,014.12	43,537.56
W008	李晓云	女	五部	200	40,014.12	44,258.36
W009	张春	男	一部	400	84,271.49	92,391.15
W010	张三	女	一部	212	48,705.66	51,700.03
W011	李思	男	二部	224	47,192.03	50,558.50
W012	刘梦其	女	五部	92	21,136.42	22,115.23
W015	刘学燕	女	五部	108	34,682.76	35,738.66
W016	祝贺	男	五部	72	30,449.31	29,871.00

图 6-51 筛选结果-销售部门为五部或数量大于 100 的一部或数量大于 200

【知识支撑】

本节以制作“统计员工基本信息表”为例，讲解了利用 Excel 2010 电子表格排序、分类汇总、筛选的操作，现将相关知识点归纳如下：

1. 数据清单

① 定义。数据清单是工作表中包含相关数据的一系列数据行，如前面所建立的“销售部外包单位人员业绩表”，就包含有这样的数据行，它可以像数据库一样接受浏览与编辑等操作。

数据清单中的列是数据库中的字段。

数据清单中的列标志是数据库中的字段名称。

数据清单中的每一行对应数据库中的一个记录。

② 注意事项：使用鼠标器选定单元格区域，Excel 2010 会在需要的时候自动建立一份数据清单。在每张工作表上只能建立并使用一份数据清单，也应避免在一张工作表上建立多份数据清单，因为某些数据清单管理功能（如筛选等）一次也只能在一份数据清单中被使用。

2. 排序

① 分类。在 Excel 2010 中可以根据现有的数据资料对数据值、单元格颜色、自定义序列等进行排序。

② 按递增方式排序的数据类型及其数据的顺序为：

数据，顺序是从小数到大数，从负数到正数。

文字和包含数字的文字，其顺序是：0 到 9，常用符号，A 到 Z。

逻辑值，False 在 True 之前。

错误值，所有的错误值都是相等的。

空白（不是空格）单元格总是排在最后。递减排序的顺序与递增顺序恰好相反，但空白单元格将排在最后。日期、时间和汉字也当文字处理，是根据它们内部表示的基础值排序。

③ 操作注意事项：

主要关键字。通过下拉菜单选择排序字段，打开位于右侧的下拉按钮，按相应方式进行排序。

次要关键字。前面设置的“主要关键字”或“次要关键字”列出现了重复项，就将按当前次要关键字来排序重复的部分。

有标题行：在数据排序时，包含清单的第一行。

无标题行：在数据排序时，不包含清单的第一行。

3. 分类汇总

① 在做分类汇总之前，要先对分类汇总的字段排序，再进行分类汇总。

② 分类汇总后工作左侧小方块用于控制对各组数据和全体数据的隐藏和显示，称为分级显示符号。其操作方法就是单击它，若要取消分类汇总，只要在“分类汇总”对话框中单击“全部删除”按钮就可以了。

③ 将汇总结果复制到一个新的数据表中。在分级显示符号显示汇总后的数据，选取当前屏幕中显示的内容，使用“Alt+;”组合键，然后再进行复制粘贴。

4. 筛选

① 自动筛选。适用于简单的筛选条件。在设置自动筛选的自定义条件时，可以使用通配符，其中问号（？）代表任意单个字符，星号（*）代表任意一组字符。在二个或二个以上字段基础上自动筛选时，各字段之间的筛选条件之间是“与”关系。

② 高级筛选。适用于复杂的筛选条件。高级筛选可以设置行与行之间的“或”关系条件，也可以对一个特定的列指定三个以上的条件，还可以指定计算条件，这些都是它比自动筛选优越的地方。高级筛选的条件区域应该至少有两行，第一行用来放置列标题，下面的行则放置筛选条件，这里的列标题一定要与数据清单中的列标题完全一样才行。在条件区域的筛选条件的设置中，同一行上的条件认为是“与”条件，而不同行上的条件认为是“或”条件。

实战演练

1. 打开“6-3.xlsx”文件中的“实战演练1”表，如图6-52所示，按要求完成操作。

2012年度员工考核表

学号	姓名	出勤考核	工作态度	工作能力	业绩考试	综合考核
A2012001	邵旭春	84	90	90	95	90.3
A2012002	庄景栋	88	84	80	82	83
A2012003	潘玉辉	80	82	87	70	79.5
A2012004	肖余金	83	88	78	80	81.6
A2012005	张玖龙	82	87	80	86	83.6
A2012006	金晓伟	90	80	82	86	84.4
A2012007	李旭旭	90	80	70	70	76
A2012008	王立业	84	83	82	85	83.5
A2012009	丁辉辉	85	98	88	91	90.3
A2012010	孙耀阳	85	83	84	82	83.4
A2012011	刘敏杰	80	79	90	81	83.1
A2012012	徐凯祥	80	88	86	80	83.4

要求：
排序
1）先按主要关键字综合考核排序，红色在最顶端
2）再按业绩考试成绩降序排序

图6-52　2012年度员工考核表

2. 打开“6-3.xlsx”文件中的“实战演练 2”表，如图 6-53 所示，按要求完成操作。

各科目发生额统计表

月	日	凭证号数	部门	科目划分	发生额
01	29	记-0023	一车间	邮寄费	5.00
01	29	记-0021	一车间	出租车费	14.80
01	31	记-0031	二车间	邮寄费	20.00
01	29	记-0022	二车间	过桥过路费	50.00
01	29	记-0023	二车间	运费附加	56.00
01	24	记-0008	财务部	独子费	65.00
01	29	记-0021	二车间	过桥过路费	70.00
01	29	记-0022	销售1部	出差费	78.00
01	29	记-0022	经理室	手机电话费	150.00
01	29	记-0026	二车间	邮寄费	150.00
01	24	记-0008	二车间	话费补	180.00
01	29	记-0021	人力资源部	资料费	258.00
01	31	记-0037	二车间	办公用品	258.50
01	24	记-0008	财务部	养老保险	267.08
01	29	记-0027	二车间	出租车费	277.70
01	31	记-0037	经理室	招待费	278.00
01	31	记-0031	销售1部	手机电话费	350.00
01	29	记-0027	销售1部	出差费	408.00
01	29	记-0022	销售1部	出差费	560.00
01	29	记-0022	二车间	交通工具消耗	600.00
01	24	记-0008	财务部	采暖费补助	925.00
01	29	记-0027	经理室	招待费	953.00
01	29	记-0022	二车间	过桥过路费	1,010.00
01	29	记-0022	二车间	交通工具消耗	1,016.78
01	29	记-0026	二车间	邮寄费	1,046.00

要求：
1） 筛选一车间的数据，复制到H1开始处
2） 筛选发生额大于5000的数据，复制到H15开始处
3） 筛选一车间的邮寄费，复制到 H35 开始处
4） 筛选所有车间的数据，在原有位置显示

图 6-53 各科目发生额统计表-自动筛选

3. 打开“6-3.xlsx”文件中的“实战演练 3”表，如图 6-54 所示，按要求完成操作。

各科目发生额统计表

月	日	凭证号数	部门	科目划分	发生额
01	29	记-0023	一车间	邮寄费	5.00
01	29	记-0021	一车间	出租车费	14.80
01	31	记-0031	二车间	邮寄费	20.00
01	29	记-0022	二车间	过桥过路费	50.00
01	29	记-0023	二车间	运费附加	56.00
01	24	记-0008	财务部	独子费	65.00
01	29	记-0021	二车间	过桥过路费	70.00
01	29	记-0022	销售1部	出差费	78.00
01	29	记-0022	经理室	手机电话费	150.00
01	29	记-0026	二车间	邮寄费	150.00
01	24	记-0008	二车间	话费补	180.00
01	29	记-0021	人力资源部	资料费	258.00
01	31	记-0037	二车间	办公用品	258.50
01	24	记-0008	财务部	养老保险	267.08
01	29	记-0027	二车间	出租车费	277.70
01	31	记-0037	经理室	招待费	278.00
01	31	记-0031	销售1部	手机电话费	350.00
01	29	记-0027	销售1部	出差费	408.00
01	29	记-0022	销售1部	出差费	560.00
01	29	记-0022	二车间	交通工具消耗	600.00
01	24	记-0008	财务部	采暖费补助	925.00
01	29	记-0027	经理室	招待费	953.00
01	29	记-0022	二车间	过桥过路费	1,010.00
01	29	记-0022	二车间	交通工具消耗	1,016.78
01	29	记-0026	二车间	邮寄费	1,046.00

要求：
筛选出一车间或大于3000的二车间或发生额大于10000的数据

图 6-54 各科目发生额统计表-高级筛选

拓展练习

1. 打开“6-3.xlsx”文件中的“拓展练习 1”表，如图 6-55 所示，按要求完成操作。

某公司人员情况表

序号	职工号	部门	性别	职称	学历	基本工资
1	s001	事业部	男	高工	本科	5000
2	s042	事业部	男	工程师	硕士	5500
3	s053	研发部	女	工程师	硕士	5000
4	s041	事业部	男	工程师	本科	5000
5	s005	培训部	女	高工	本科	6000
6	s066	事业部	男	高工	博士	7000
7	s071	销售部	男	工程师	硕士	5000
8	s008	培训部	男	工程师	本科	5000
9	s009	研发部	男	助工	本科	4000
10	s010	事业部	男	助工	本科	4000
11	s011	事业部	男	工程师	本科	5000
12	s012	研发部	男	工程师	博士	6000
13	s013	销售部	女	高工	本科	7000
14	s064	研发部	男	工程师	硕士	5000
15	s015	事业部	男	高工	本科	6500
16	s016	事业部	女	高工	硕士	6500
17	s077	销售部	男	高工	本科	6500
18	s018	销售部	男	工程师	本科	5000
19	s019	销售部	女	工程师	本科	5000
20	s020	事业部	女	高工	硕士	6500

要求:
1)利用分类汇总功能,计算各职称的平均工资.

图 6-55 某公司人员情况表-分类汇总

2. 打开“6-3.xlsx”文件中的“拓展练习 2”表，如图 6-56 所示，按要求完成操作。

某公司人员情况表

序号	职工号	部门	性别	职称	学历	基本工资
1	s001	事业部	男	高工	本科	5000
2	s042	事业部	男	工程师	硕士	5500
3	s053	研发部	女	工程师	硕士	5000
4	s041	事业部	男	工程师	本科	5000
5	s005	培训部	女	高工	本科	6000
6	s066	事业部	男	高工	博士	7000
7	s071	销售部	男	工程师	硕士	5000
8	s008	培训部	男	工程师	本科	5000
9	s009	研发部	男	助工	本科	4000
10	s010	事业部	男	助工	本科	4000
11	s011	事业部	男	工程师	本科	5000
12	s012	研发部	男	工程师	博士	6000
13	s013	销售部	女	高工	本科	7000
14	s064	研发部	男	工程师	硕士	5000
15	s015	事业部	男	高工	本科	6500
16	s016	事业部	女	高工	硕士	6500
17	s077	销售部	男	高工	本科	6500
18	s018	销售部	男	工程师	本科	5000
19	s019	销售部	女	工程师	本科	5000
20	s020	事业部	女	高工	硕士	6500

要求:
1)使用高级筛选,筛选出职称为“工程师”且工资在“5000以上”的人员信息。结果存放在以A24为起始单元格的单元格区域。
2）使用高级筛选，筛选出性别为“女”或学历为“博士”的人员信息。结果存放在以A30为起始单元格的单元格区域。
3）使用自动筛选，筛选出性别为“男”且学历为“博士”的人员信息。

图 6-56 某公司人员情况表-筛选

工作任务四 统计订单销售表

【任务要求】

杨主任拿来了销售部的 2011—2012 年订单销售表，要求李琳统计一下销售部 2011、2012 年各季度的销量情况。

【任务分析】

李琳拿到 2011—2012 年订单销售表后，决定用数据透视表和数据透视图的方式来统计，具体内容归纳如下：

① 用数据透视表统计出各年各季度销售之和，用数据透视表样式中等深浅 10 套用该数据透视表，数据透视表在新建工作表中生成，行标签改为产品名称，列标签改为季度，表命名为“销售汇总表”；

② 在“销售汇总表”中，利用筛选字段“年”自动创建工作表，创建 2011 年、2012 年各季度销售分表，表名为“2011 年”“2012 年”，删除其他无关表；

③ 在“销售汇总表”中，插入销售人员切片器，如查询“陈青花”的销售情况；

④ 在“销售汇总表”中，利用数据透视图对产品名称和各季度建立簇状柱形图，利用年、日期和产品名称进行相关查询并在数据透视图中显示，如图 6-57 所示；

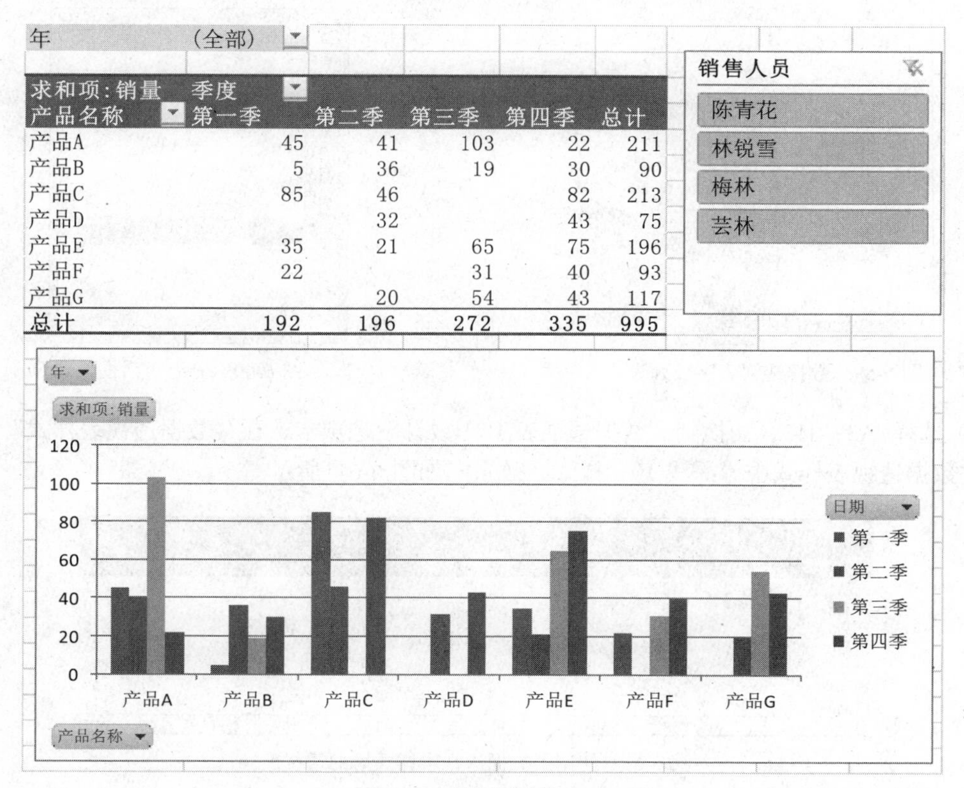

年 (全部)

求和项:销量	季度				
产品名称	第一季	第二季	第三季	第四季	总计
产品A	45	41	103	22	211
产品B	5	36	19	30	90
产品C	85	46		82	213
产品D		32		43	75
产品E	35	21	65	75	196
产品F	22		31	40	93
产品G		20	54	43	117
总计	192	196	272	335	995

图 6-57 销售汇总综合表

⑤ 将“苏州”、“无锡”、“常州”三张表中各产品各月份的销售情况在“各地汇总表”中汇总。

【任务实施】

1. 创建数据透视表

① 打开“6-4.xlsx”文件中的“sheet1”表，切换到“插入”选项卡，在“表格”组中，单击“数据透视表”按钮，在下拉菜单中选择“数据透视表”命令，如图 6-58 所示，表/区域中为有效数据区域（一般系统会默认选择），选择放置数据透视表的位置为新工作表，单击“确定”按钮。

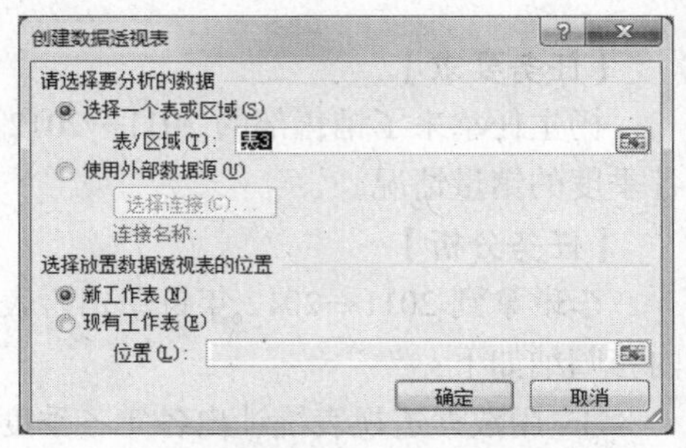

图 6-58 创建数据透视表对话框

② 在“数据透视表字段列表”中，如图 6-59 所示，“产品名称”拖至行标签，“销量”拖至数值，“日期”拖至列标签。

③ 选择任一日期，如“2011/2/8”，切换到“数据透视表工具|选项”选项卡，在“分组”组中，单击“将字段分组”按钮，如图 6-60 所示，选择“季度”和“年”，取消“月”，单击“确定”按钮。

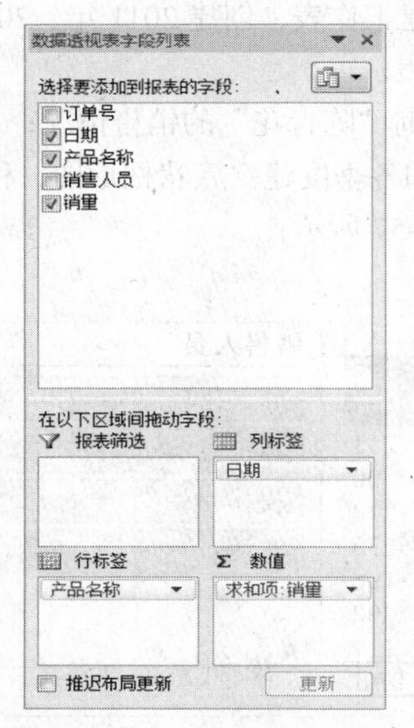

图 6-59 数据透视表字段列表

图 6-60 分组对话框

④ 选择 A3：J13，切换到“数据透视表工具|设计”选项卡，在“数据透视表样式”组中，选择“数据透视表样式中等深浅 10”样式，效果图如图 6-61 所示。

求和项:销量	列标签								
	2011年				2012年				总计
行标签	第一季	第二季	第三季	第四季	第一季	第二季	第三季	第四季	
产品A	12	3	19		33	38	84	22	211
产品B	5	1		30		35	19		90
产品C	41	3		82	44	43			213
产品D		32		43					75
产品E		21	65		35			75	196
产品F			31	40	22				93
产品G						20	54	43	117
总计	58	60	115	195	134	136	157	140	995

图 6-61 使用了数据透视表样式后的透视表

⑤ 在“数据透视表字段列表”中，如图 6-59 中，“年”拖至报表筛选，在数据透视表中，把行标签改为“产品名称”，列标签改为“季度”，最终效果如图 6-62 所示，表命名为“销售汇总表”。

2. 利用筛选字段“年”自动创建工作表

① 选择“销售汇总表”的透视表中任意一单元格，切换到“数据透视表工具|选项”选项卡，在“选项”组中，单击“选项”按钮，在下拉菜单中单击“显示报表筛选页”命令，如图 6-63 所示，单击“确定”按钮。

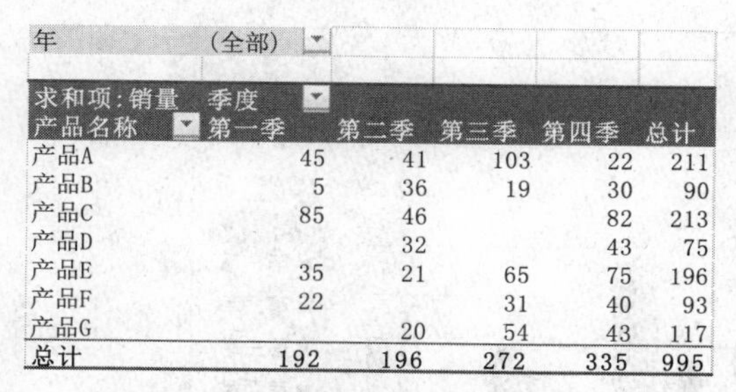

年	(全部)				
求和项:销量	季度				
产品名称	第一季	第二季	第三季	第四季	总计
产品A	45	41	103	22	211
产品B	5	36	19	30	90
产品C	85	46		82	213
产品D		32		43	75
产品E	35	21	65	75	196
产品F	22		31	40	93
产品G		20	54	43	117
总计	192	196	272	335	995

图 6-62 2011—2012 销售汇总表

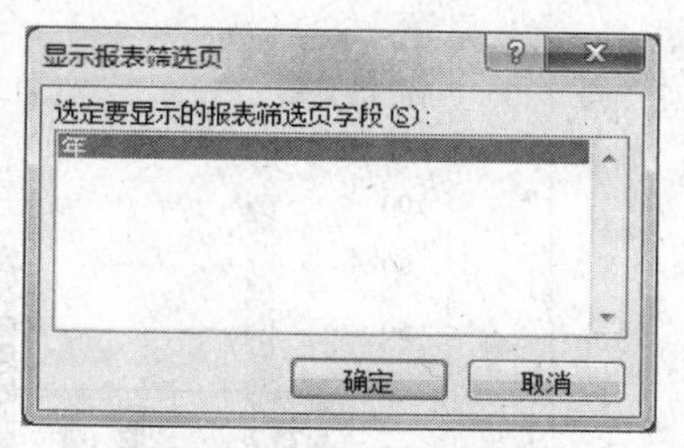

图 6-63 显示报告筛选页

② 自动创建了“sheet4”、“sheet7”、“2011 年”和“2012 年”4 张表，删除表“sheet4”和“sheet7”，“2011 年”表和“2012 年”表内容如图 6-64 和图 6-65 所示。

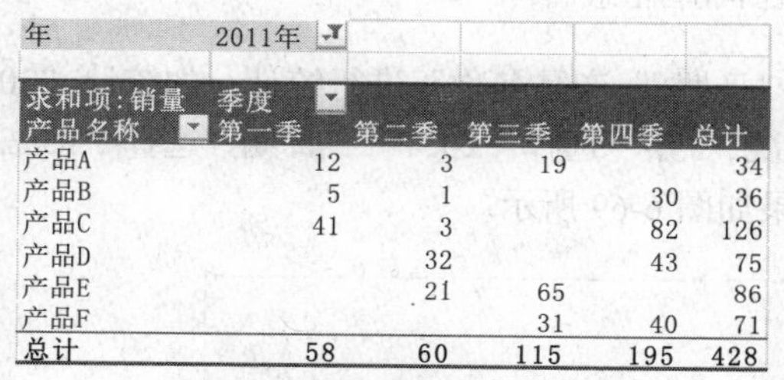

年	2011年				
求和项:销量	季度				
产品名称	第一季	第二季	第三季	第四季	总计
产品A	12	3	19		34
产品B	5	1		30	36
产品C	41	3		82	126
产品D		32		43	75
产品E		21	65		86
产品F			31	40	71
总计	58	60	115	195	428

图 6-64 2011 年销售汇总表

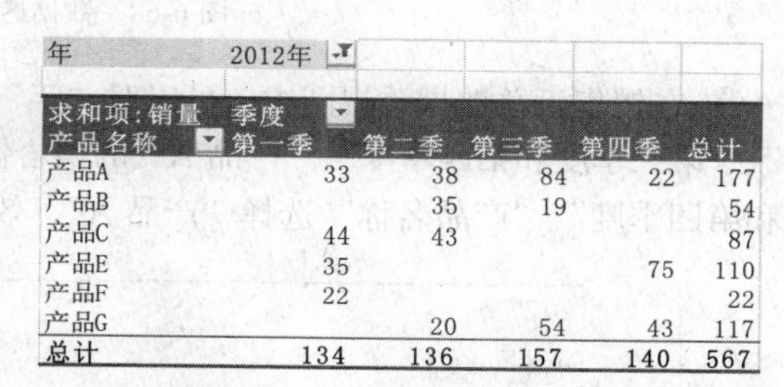

年	2012年				
求和项:销量	季度				
产品名称	第一季	第二季	第三季	第四季	总计
产品A	33	38	84	22	177
产品B		35	19		54
产品C	44	43			87
产品E	35			75	110
产品F	22				22
产品G		20	54	43	117
总计	134	136	157	140	567

图 6-65 2012 年销售汇总表

3. 插入切片器

① 选择“销售汇总表”的透视表中任意一单元格，切换到“数据透视表工具|选项”选项卡，在“排序和筛选”组中，单击“插入切片器”按钮，如图 6-66 所示，单击“确定”按钮。

② 查询“陈青花”销售情况，单击“销售人员”切片器中的“陈青花”，查询结果如图 6-64 所示。

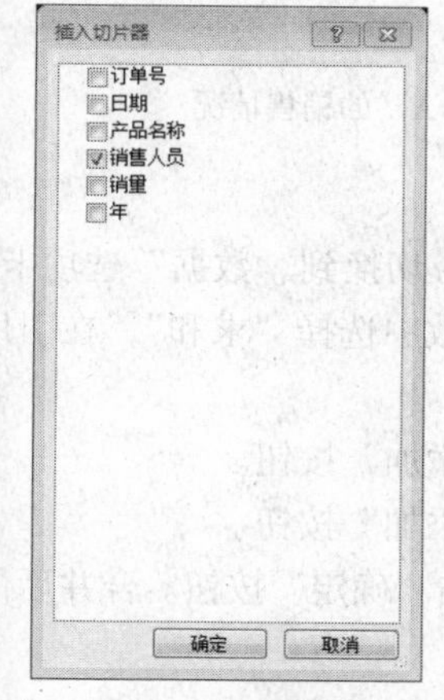

图 6-66 插入切片器对话框

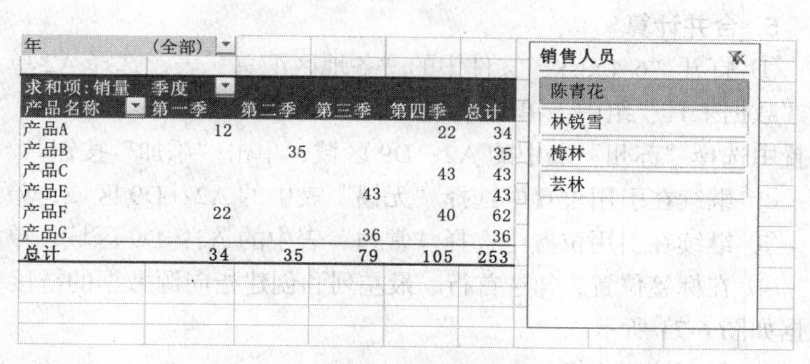

年	(全部)				
求和项:销量	季度				
产品名称	第一季	第二季	第三季	第四季	总计
产品A	12			22	34
产品B		35			35
产品C				43	43
产品E			43		43
产品F	22			40	62
产品G			36		36
总计	34	35	79	105	253

图 6-67 销售人员陈青花销售汇总

③ 还原原始数据。在销售人员切片器窗口中，单击“清除筛选器” 。

4. 创建数据透视图

① 在“销售汇总表”中，选择 A4：E10 区域，切换到“数据透视表工具|选项”选项卡，在“工具”组中，单击“数据透视图”按钮，效果如图 6-68 所示。

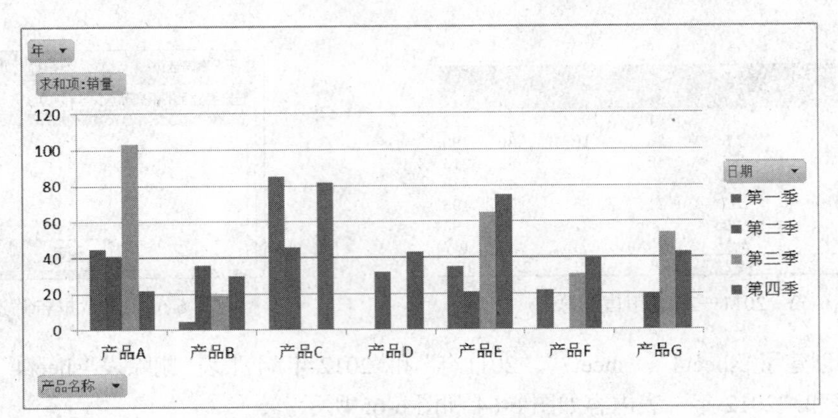

图 6-68　数据透视图-销售汇总

② 在销售汇总数据透视图中，可以对“年”、“日期、”产品名称”进行统计，如统计“2011 年”、“第三季度和第四季度”、“产品 A”的销售情况，“年”选择“2011”，“日期“选择“第三季度和第四季度”、“产品名称”选择“产品 A”，效果如图 6-69 所示。

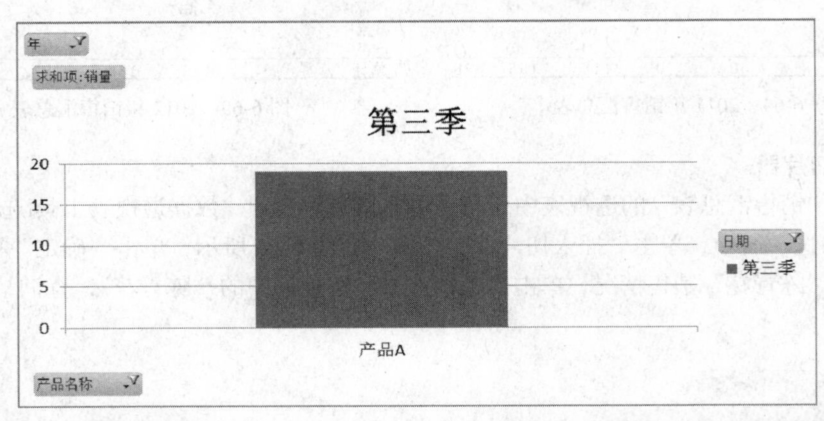

图 6-69　数据透视图-“2011 年”、“第三季度和第四季度”、“产品 A”的销售情况

5. 合并计算

① 打开“6-4.xlsx”文件中的“各地区汇总”表，选择 A2 单元格，切换到“数据”选项卡，在“数据工具”组中，单击“合并计算”按钮，如图 6-70 所示，在函数中选择“求和”，在引用位置中选择“苏州”表中的 A2：D9 区域，单击“添加”按钮。

② 继续在引用位置中选择“无锡”表中的 A2：D9 区域，单击“添加”按钮。

③ 继续在引用位置中选择“常州”表中的 A2：D9 区域，单击“添加”按钮。

④ 在标签位置，勾选首行、最左列和创建指向源数据的链接，单击“确定”按钮。合并后的数据如图 6-71 所示。

⑤ 保存该工作簿。

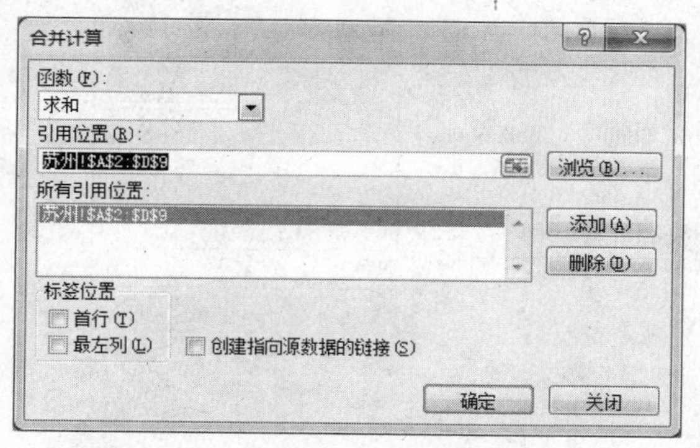

图 6-70　合并计算对话框

	A	B	C	D	E
1			各地区销售情况		
2			一月	二月	三月
6	产品C		78	53	122
10	产品D		62	76	109
14	产品E		84	64	115
18	产品A		68	93	87
22	产品B		75	114	95
26	产品F		52	98	76
30	产品G		81	46	101

图 6-71　汇总后的各地区销售情况

【知识支撑】

本节以统计销售部的 2011—2012 年订单销售表，了解利用 excel 2010 数据透视表和数据透视图的操作，以及合并计算的操作。现将相关知识点归纳如下：

1. 数据透视表和数据透视图

① 数据透视表可以将排序、筛选和分类汇总 3 项操作结合在一起，对数据进行数据汇总和分析，创建“数据透视表”以后，拖动数据字段和数据项可以重新组织数据，可以对数据进行计算和分类。

② 数据透视表利用显示报表筛选页功能自动创建工作表。

③ 数据透视表中切片器功能，方便直观地对数据透视表中数据进行查询。

④ 数据透视图在数据透视表的基础上建立图表，用图表可对相关字段进行筛选，筛选的结果直观地反映在数据透视图上。

2. 合并计算

所谓合并计算是指，通过合并计算的方法来汇总一个或多个源区中的数据。Excel 2010 提供了两种合并计算数据的方法。一是通过位置，即当我们的源区域有相同位置的数据汇总。二是通过分类，当我们的源区域没有相同的布局时，则采用分类方式进行汇总。

① 通过位置来合并计算数据。在所有源区域性中的数据被相同地排列，也就是说想从每一个源区域中合并计算的数值必须在被选定源区域的相同的相对位置上。这种方式非常适用于我们处理日常相同表格的合并工作。

② 通过分类来合并计算数据。当多重来源区域包含相似的数据却以不同方式排列时，此命令可使用标记，依不同分类进行数据的合并计算，也就是说，当选定的格式的表格具有不同的内容时，可以根据这些表格的分类分别进行合并工作。

实战演练

1. 打开“6-4.xlsx”文件中的“实战演练 1”表，用数据透视表统计各部门、各学历的平均基本工资，对职称和性别字段做切片，最后对数据透视表做数据透视图三维饼图，效果如图 6-72 所示。

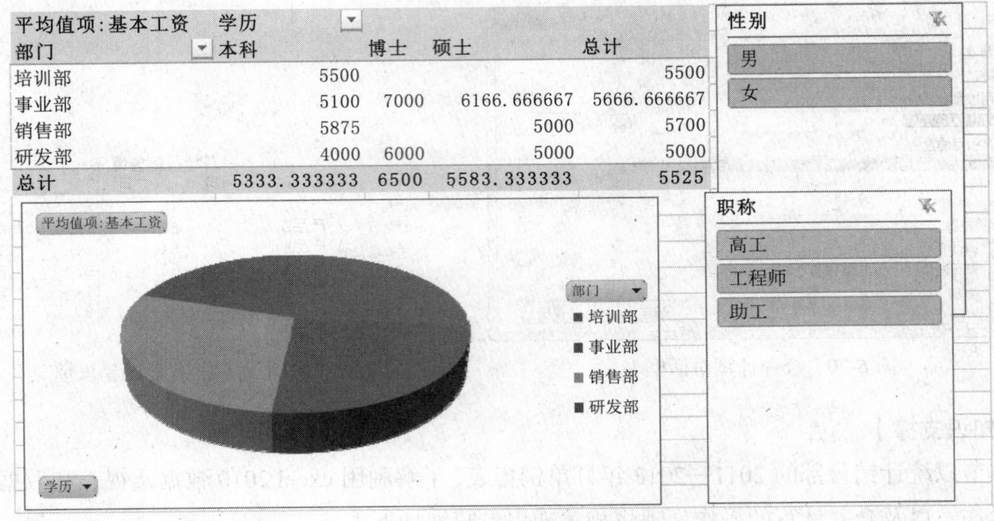

平均值项:基本工资	学历			
部门	本科	博士	硕士	总计
培训部	5500			5500
事业部	5100	7000	6166.666667	5666.666667
销售部	5875		5000	5700
研发部	4000	6000	5000	5000
总计	5333.333333	6500	5583.333333	5525

图 6-72　人员情况表

2. 打开“6-4.xlsx”文件中的“实战演练 2”表，按油品名称与销售方式计算整个数据表销售“金额”的合计数，要求操作后各种油品名称排成水平一行，各种销售方式排成垂直一列，每个加油站在报告筛选，利用筛选字段“加油站”自动创建工作表，创建成三个表，效果如图 6-73 所示。

加油站	（全部）		
求和项:金额	列标签		
行标签	70#汽油	90#汽油	总计
零售	148104	432525	580629
批发	537177	362829	900006
总计	685281	795354	1480635

加油站	中山路		
求和项:金额	列标签		
行标签	70#汽油	90#汽油	总计
零售	148104	214725	362829
批发	214725	362829	577554
总计	362829	577554	940383

加油站	韶山路		
求和项:金额	列标签		
行标签	70#汽油	90#汽油	总计
零售		217800	217800
批发	322452		322452
总计	322452	217800	540252

图 6-73　加油站表

拓展练习

1. 打开“6-4.xlsx”文件中的“拓展练习 1”表，用数据透视表统计各部门各月的的发生额总计，汇总统计结果如图 6-74 所示。

求和项:发生额	部门								
月	财务部	二车间	技改办	经理室	人力资源部	销售1部	销售2部	一车间	总计
10	22,863.39	14,478.15		14,538.85	21,223.89	41,951.80	16,894.00	16.00	131,966.08
11	36,030.86	26,340.45	5,438.58	21,643.45	4,837.74	26,150.48	96,658.50	20,755.79	237,855.85
12	46,937.96	21,892.09	206,299.91	36,269.00	3,979.24	39,038.49	38,984.12	146,959.74	540,360.55
01	18,461.74	9,594.98		3,942.00	2,392.25	7,956.20	13,385.20	31,350.57	87,082.94
02	18,518.58	10,528.06		7,055.00	2,131.00	11,167.00	16,121.00	18.00	65,538.64
03	21,870.66	14,946.70		17,491.30	4,645.06	40,314.92	28,936.58	32,026.57	160,231.79
04	19,016.85	20,374.62	11,317.60	4,121.00	2,070.70	13,854.40	27,905.70	5,760.68	104,421.55
05	29,356.87	23,034.35	154,307.23	28,371.90	2,822.07	36,509.35	33,387.31	70,760.98	378,550.06
06	17,313.71	18,185.57	111,488.76	13,260.60	2,105.10	15,497.30	38,970.41	36,076.57	252,898.02
07	17,355.71	21,916.07	54,955.40	19,747.20	2,103.08	70,604.39	79,620.91	4,838.90	271,141.66
08	23,079.69	27,112.05	72,145.00	10,608.38	3,776.68	64,152.12	52,661.83	19.00	253,554.75
09	22,189.46	13,937.80	47,264.95	21,260.60	12,862.20	16,241.57	49,964.33	14,097.56	197,818.47
总计	292,995.48	222,340.89	663,217.43	198,309.28	64,949.01	383,438.02	493,489.89	362,680.36	2,681,420.36

图 6-74　各部门发生额统计表

2. 打开“6-4.xlsx”文件中的“招展练习 2”表，用数据透视表统计各部门各月的基本工资之和、最大值和最小值，汇总统计结果如图 6-75 所示。

部门	基本工资求和	基本工资最大值	基本工资最小值
办公室	10000	2900	2000
测试部	7000	2500	2000
技术支持部	11400	3200	2200
销售部	11600	3500	2000
研发部	12100	3000	1800
总计	52100	3500	1800

图 6-75　员工工资表统计

工作任务五　制作产品销量图

【任务要求】

杨主任收到了销售部发来的“2012 产品销量分析表”，觉得那些数据通过二维表表达出来不够直观，要求李琳用相关的图表表示。

【任务分析】

李琳拿 2012 产品销量分析表后，决定用迷你图和图表方式来表示，具体内容归纳如下：

1. 迷你图

① 趋势图字段用折线图表示未来几个月的销量趋势。

② 在迷你折线图中，用红色表示高点，用绿色表示低点。

2. 图表

① 对各类产品前三个月的销量创建图表三维簇状柱形图。

② 图表标题“2012 年第一季度销量图”，横坐标标题“产品名称”，纵坐标标题“销量”，图例位于顶部。

③ 设置纵坐标刻度 0-300，主要刻度单位为 100，3 月显示销量。

④ 图表中，1 月用红色表示，2 月用绿色表示，3 月用黄色表示。

⑤ 把数据源更改为“第二季度销量图”，相应图表标题改为“2012 年第二季度销量图”。

⑥ 图表放在 A12：K32 区域。

【任务实施】

1. 迷你图

① 打开“6-5.xlsx”文件中的“sheet1”表，选择 L3 单元格，切换到“插入”选项卡，在“迷你图”组中，选择“折线图”按钮，如图 6-76 所示，数据范围为 B3：K3，位置范围为 L3，单击“确定”按钮。

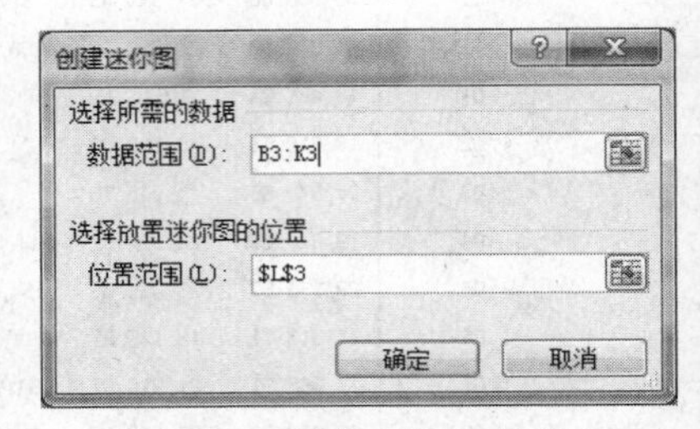

图 6-76 创建迷你图对话框

② 选择 L3 单元格，切换到“迷你图工具|显示”选项卡，在“显示”组中，勾选高点和低点，在“样式”组中，选择标记颜色，高点设为红色，低点设为绿色，拖动单元格右下角的填充句柄进行自动填充，计算出 L4：L9 所有产品的趋势图，如图 6-77 所示。

2012年产品销量分析

部门名称	1月	2月	3月	4月	5月	6月	7月	8月	9月	10月	趋势图
产品A	134	40	34	87	28	46	122	45	116	82	
产品B	99	82	18	128	237	14	198	149	85	66	
产品C	87	116	88	89	141	170	291	191	61	110	
产品D	104	108	93	48	38	59	91	58	42	68	
产品E	128	3	33	78	32	41	135	48	41	81	
产品F	41	54	193	103	108	56	28	30	315	91	
产品G	118	33	286	83	110	89	33	69	54	38	
总计											

图 6-77 趋势图-迷你图表示

2. 图表

① 创建图表三维簇状柱形图。打开“6-5.xlsx”文件中的“sheet1”表，选择 A2：D9 单元格，切换到“插入”选项卡，在“图表”组中，单击插入图表“ ”按钮，如图 6-78 所示，选择“柱形图”，“三维簇状柱形图”，单击“确定”按钮，初始图表如图 6-79 所示。

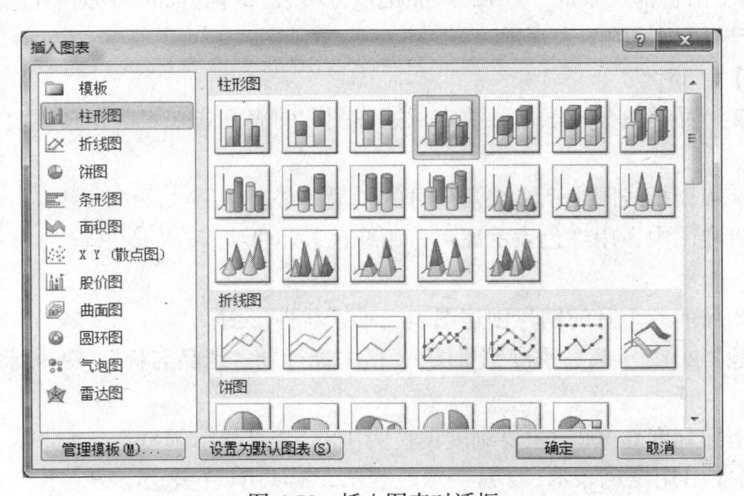

图 6-78 插入图表对话框

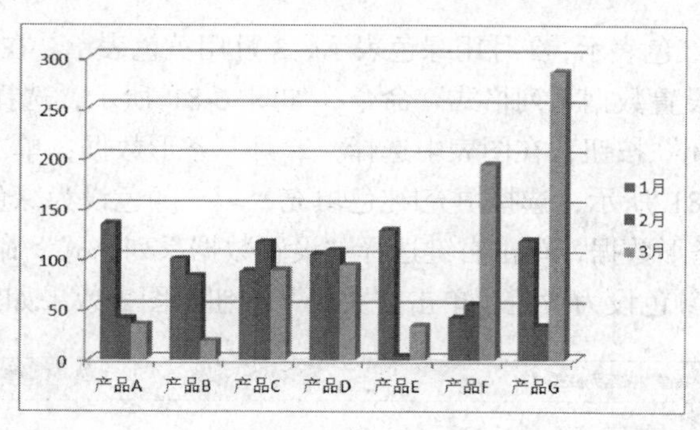

图 6-79　初始图表

② 图表标题“2012 年第一季度销量图”。选择图表，切换到“图表工具|布局”选项卡，在“标签”组中，单击“图表标题”按钮，在下拉菜单上选择“图表上方”命令，在图表中的图表标题处输入“2012 年第一季度销量图”。

③ 横坐标标题“产品名称”。选择图表，切换到“图表工具|布局”，在“标签”组中，单击“坐标轴标题”按钮，在下拉菜单上选择“主要横坐标轴标题”命令，在级联菜单中选择“坐标轴下方标题”命令，在横坐标轴标题处输入“产品名称”。

④ 纵坐标标题“销量”。选择图表，切换到“图表工具|布局”，在“标签”组中，单击“坐标轴标题”按钮，在下拉菜单上选择“主要纵坐标轴标题”，在级联菜单中选择“竖排标题”命令，在纵坐标轴标题处输入“销量”。

⑤ 图例位于顶部。选择图表，切换到“图表工具|布局”，在“标签”组中，单击“图例”按钮，在下拉菜单上选择“在顶部显示图例”命令。

⑥ 3 月条形数据显示销量。选择图表，选择“3 月”条形数据，切换到“图表工具|布局”，在“标签”组中，单击“数据标签”按钮，在级联菜单上选择“数据在标签内”命令。

⑦ 设置纵坐标刻度 0-300，主要刻度单位为 100。选择图表，双击纵坐标刻度值，如图 6-80 所示，主要刻度选择固定，输入“100”，单击“确定”按钮。

图 6-80　设置坐标轴格式对话框

⑧ 图表中，1月用红色表示，2月用绿色表示，3月用黄色表示。在图表中选择“1月”条形数据，单击右键选择“设置数据系列格式”命令，如图6-81所示，选择填充|纯色填充，填充颜色设为红色，单击“关闭”按钮；在图表中选择“2月”条形数据，单击右键选择“设置数据系列格式”命令，如图6-81所示，选择填充|纯色填充，填充颜色设为绿色，单击“关闭”按钮；在图表中选择“3月”条形数据，单击右键选择“设置数据系列格式”命令，如图6-81所示，选择填充|纯色填充，填充颜色设为黄色，单击“关闭”按钮，图表效果如图6-82所示。

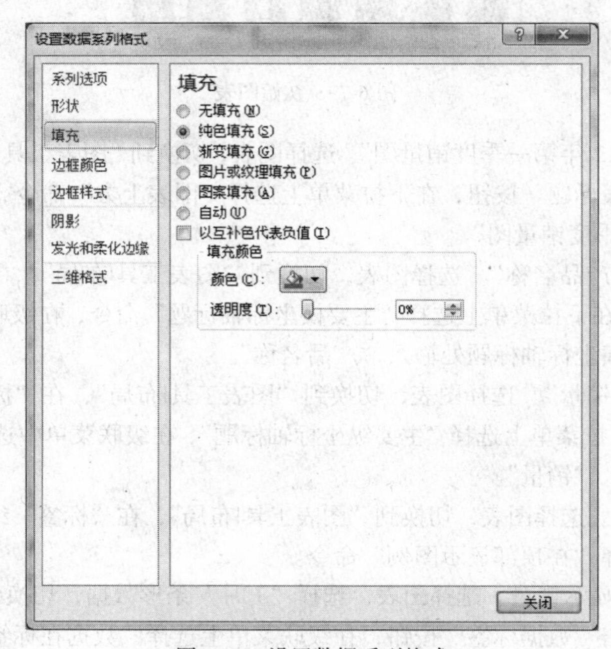

图6-81　设置数据系列格式

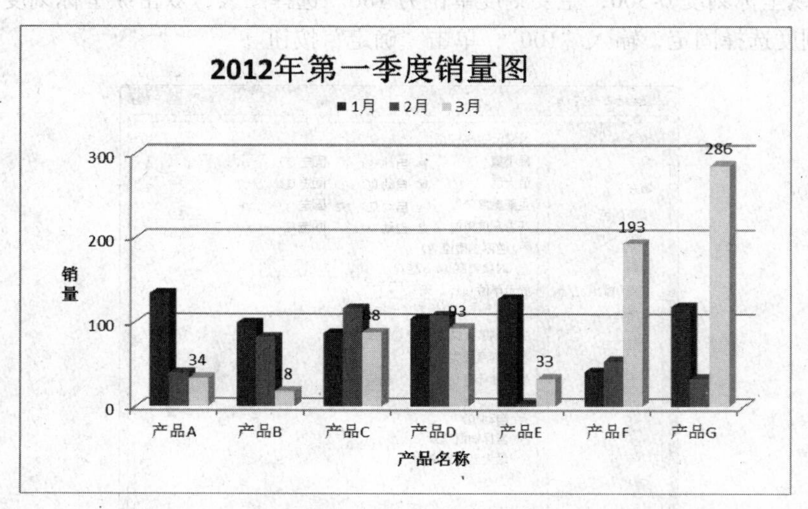

图6-82　美化后的图表

⑨ 改变数据源。选择图表，单击右键选择“选择数据”命令，如图6-83所示，在图表数据区域选择A2：A9和E2：G9，单击“确定”按钮，同时图表中的标题改为“2012年第二季度销量图”，效果如图6-84所示。

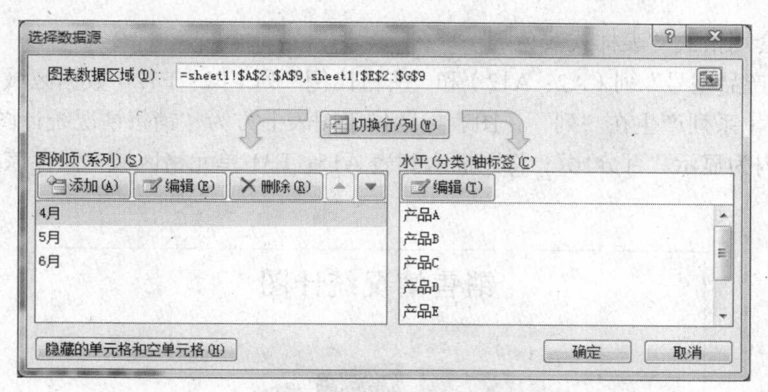

图 6-83 选择数据源对话框

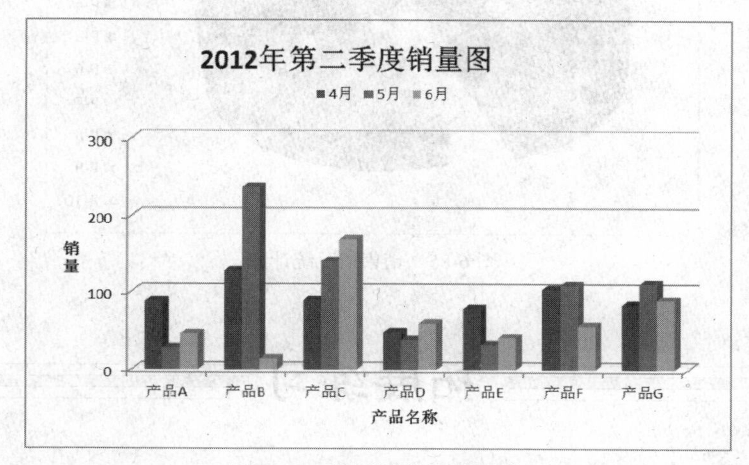

图 6-84 改表数据源后的图表

⑩ 把图表放到 A12：K32 区域，保存工作簿。

【知识支撑】

本节以制作“2012 销量图”为例，讲解了 Excel 2010 图表的建立、坐标的设置、图形的设置、图表中文字大小、数据标志的显示。现将知识点归纳如下：

① 建立图表；

② 向图表中添加或删除数据；

③ 格式化图表，更改图表类型；

④ 设置图表选项；

⑤ 设置图表元素的选项。

实战演练

打开工作簿“6-5.xlsx”中的“实战演练”表。

① 将该工作表的 A1：E1 单元格合并为一个单元格，内容水平居中；计算“销售额”列的内容（数值型，保留小数点后 0 位），计算各产品的总销售额置于 D13 单元格内；计算各产品销售额占总销售额的比例（百分比型，保留小数点后 1 位）置于“所占比例”列；将 A2：E13 数据区

域设置为自动套用格式“表样式浅色 5”。

② 选取“产品型号”列（A2：A12）和“所占比例”列（E2：E12）数据区域的内容建立“分离型三维饼图”（系列产生在“列”），图表标题位于图表上方为“销售情况统计图”，图例靠左，数据标志标签内为显示“百分比”；将图插入到表 A15：E31 单元格区域，保存该文件，效果如图 6-85 所示。

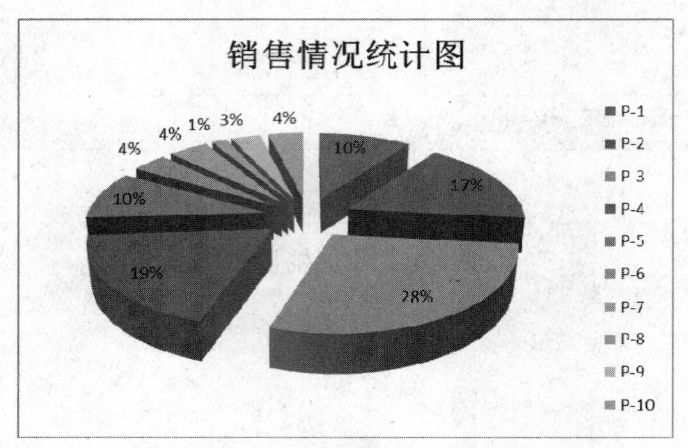

图 6-85　销售情况统计图

拓展练习

打开工作簿“6-5.xlsx”中的“拓展练习”表。

① 创建图表，用“XY 散点图”表示语文、数学成绩的分布，要添加图例，图表标题为“语文数学成绩分布统计图”，分类轴为“学号”，主数值轴为“成绩”，成绩 0-100，每隔 10 分画一网络线，将图插入到表 A35：E55 单元格区域，如图 6-86 所示。

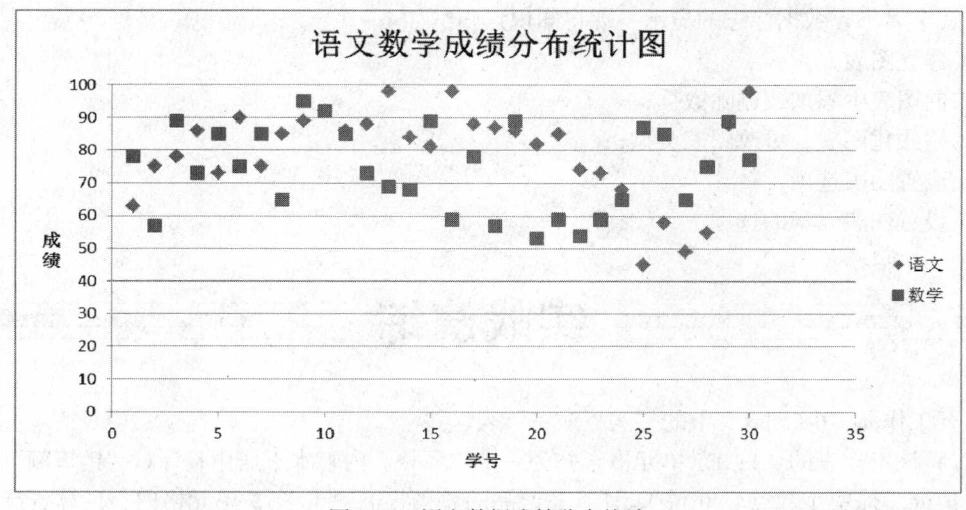

图 6-86　语文数据成绩分布统计

② 在各科成绩分布列，创建折线迷你图，如图 6-87 所示。

南京中学高三期中考试成绩										
班级	学号	住宿情况	语文	数学	外语	政治	物理	化学	生物	各科成绩分布
高三	1	走读	63	78	85	78	85	78	65	
高三	2	住宿	75	57	75	90	85	68	87	
高三	3	走读	78	89	98	86	84	57	82	
高三	4	走读	86	73	84	91	81	64	68	
高三	5	走读	73	85	85	85	68	84	85	
高三	6	走读	90	75	98	75	98	66	81	
高三	7	走读	75	85	68	56	86	68	85	
高三	8	走读	85	65	89	58	65	65	89	
高三	9	住宿	89	95	95	98	98	84	88	
高三	10	住宿	92	92	65	87	56	85	98	
高三	11	住宿	86	85	58	86	68	75	82	
高三	12	住宿	88	73	87	77	75	85	78	
高三	13	走读	98	69	54	78	76	87	75	
高三	14	走读	84	68	56	68	74	68	71	
高三	15	走读	81	89	68	84	68	49	54	
高三	16	走读	98	59	76	86	87	43	82	
高三	17	走读	88	78	85	78	85	78	65	
高三	18	走读	87	57	75	90	85	68	87	
高三	19	走读	86	89	98	86	84	57	82	
高三	20	走读	82	53	69	84	84	75	89	
高三	21	住宿	85	59	58	72	65	74	81	
高三	22	住宿	74	54	62	76	68	85	83	
高三	23	住宿	73	59	58	85	92	68	91	
高三	24	住宿	68	65	54	94	85	58	87	
高三	25	住宿	45	87	86	94	76	68	83	
高三	26	住宿	58	85	83	68	72	84	91	
高三	27	住宿	49	65	82	65	72	85	92	
高三	28	走读	55	75	77	68	85	88	75	
高三	29	走读	88	89	89	91	78	78	78	
高三	30	走读	98	77	72	85	65	72	71	

图 6-87　各科成绩分布迷你图

项目七
PowerPoint 2010 演示文稿制作

公司在日常生活中要进行产品宣传，年终也需要总结工作，因此用幻灯片演示成了公司的主流方式。PowerPoint 2010 是最为常用的多媒体演示软件，它可以将文字、图像、图形、动画、声音和视频剪辑等多种媒体对象集合于一体，在一组图文并茂的画面中显示出来。本章以制作新员工培训的演示文稿为主线，将 PowerPoint 2010 的知识点融进演示文稿的幻灯片制作的案例中，系统地介绍了 PowerPoint 2010 中幻灯片文本的使用及版式的控制，模板的使用，图形、图像和艺术字的使用，视频、声音、表格和图表的使用等，让读者通过案例在掌握运用 PowerPoint 2010 完成日常办公任务的同时，掌握 PowerPoint 2010 的使用技巧。

工作任务一　制作新员工培训演示文稿

【任务要求】

甲乙丙丁科技有限公司新引进一批人才，公司王经理要在第一次例会上进行新员工培训，通知人事部门办公文员李琳做一个培训演示文稿。要求简单介绍公司的基本情况、公司的发展规划、公司规章制度等。文稿中要充分利用文字、图形、图像、动画、表格、图表、音频、视频等表现形式，并要处理好文本和其他媒体之间的关系。

【任务分析】

李琳接到任务，感觉有点棘手，这是第一次制作 PPT 演示文稿。经过思考，她认为要制作成一个效果比较好的演示文稿，需要完成以下任务：

① 创建和编辑演示文稿；

② 在文稿的幻灯片上输入适当的文本内容；

③ 在幻灯片上插入各种对象，如图形、图像、动画、表格、图表、音频、视频等；

④ 设置幻灯片的外观；

⑤ 设置幻灯片各种格式。

在参阅了公司的资料、准备好相关的素材后，经过分析，李琳结合 PowerPoint 2010 制作演示文稿的方法和步骤，完成了上述任务。

【任务实施】

1. 创建新的演示文稿

单击任务栏上的“开始”按钮，弹出“开始”菜单，单击“程序”｜“Microsoft Office”｜“Microsoft PowerPoint 2010”启动 PowerPoint 2010，新建一个版式为“标题幻灯片”的演示文稿，

执行菜单命令“文件”|“保存”，将文件保存为“新员工培训.pptx”。新建的演示文稿如图 7-1 所示。

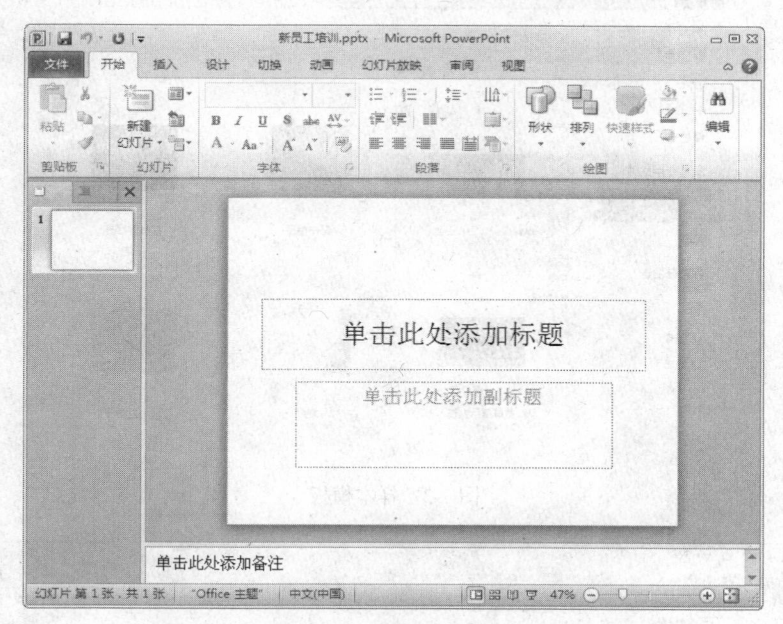

图 7-1 新建“新员工培训.pptx”

2. 根据设计模板创建演示文稿

设计模板是预先定义好的演示文稿的样式、风格，包括幻灯片的背景、图案、文字的布局、文字的字体、字号、颜色等。借助于演示文稿的华丽性和专业性，观众才能被充分感染。PowerPoint 2010 为我们提供了缤纷亮丽的具有专业水准的设计模板。

单击任务栏上的“开始”按钮，弹出“开始”菜单，单击“程序”|“Microsoft Office”|“Microsoft PowerPoint 2010”启动 PowerPoint 2010，在窗口里单击“文件”选项卡，选择“新建”命令，单击如图 7-2 所示的中间窗格中的“样本模板”，在弹出的如图 7-3 所示“样本模板”里选择“培训”模板，产生了图 7-4 所示的“培训新员工”效果图。

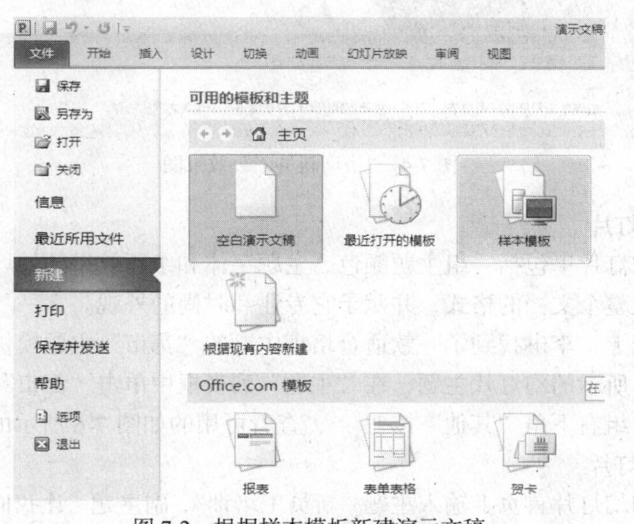

图 7-2 根据样本模板新建演示文稿

图 7-3　样本模板

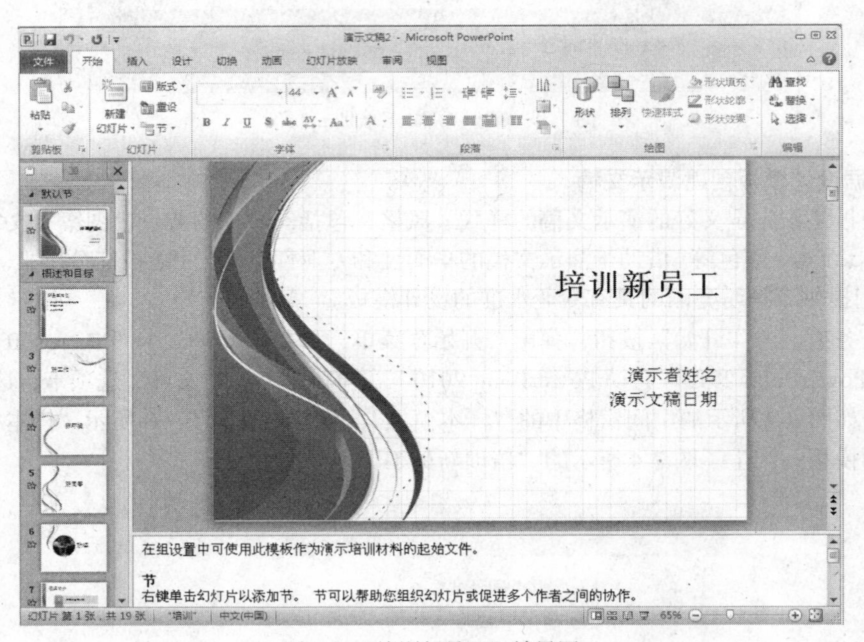

图 7-4　“培训新员工” 效果图

3. 设置主题幻灯片

主题幻灯片是幻灯片里包括一组主题颜色、主题字体和主题效果的幻灯片。通过应用主题，可以快速轻松地设置整个文档的格式，并赋予它专业和时尚的外观。

在步骤 1 的基础上，李琳找到了一款适合培训主题的“都市”主题模板。切换到“设计”选项卡，弹出如图 7-5 所示的幻灯片主题，在“主题”列表框中单击“都市”主题。如需选择更多主题，单击“主题”组右下角“其他”按钮，查看可用的如图 7-6 所示的其他应用主题。

4. 创建首张幻灯片

在创建好主题的幻灯片首页上输入主题“新员工培训”，副主题“让我们携手共进”，如图 7-7 所示。

图 7-5　幻灯片主题

图 7-6　应用主题

图 7-7　文稿幻灯片主题

分别单击主题右侧选项组中的颜色、字体和效果，可以选择符合幻灯片主题的颜色、字体和效果。如单击“颜色”按钮 颜色 ，可以在弹出如图 7-8 所示的主题颜色列表框选择符合主题的颜色；如单击“字体”按钮 文 字体 ，可以在弹出如图 7-9 所示的主题字体列表框选择符合主题的字体；如单击“效果”按钮 效果 ，可以在弹出如图 7-10 所示的主题效果列表框选择符合主题的效果。

图 7-8　主题颜色

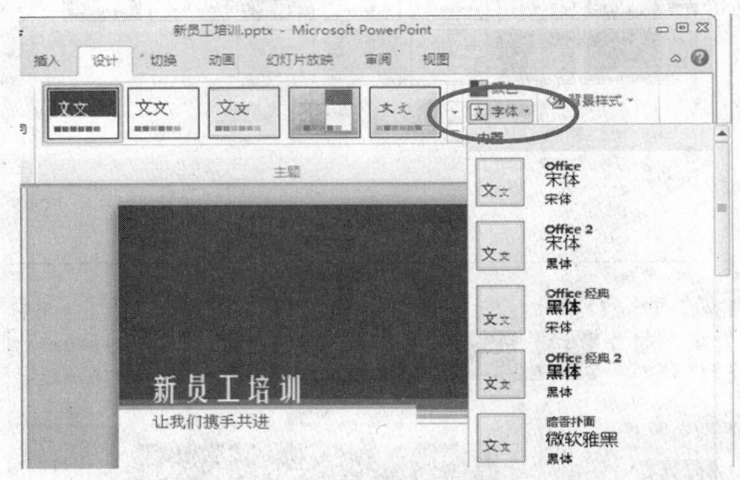

图 7-9　主题字体

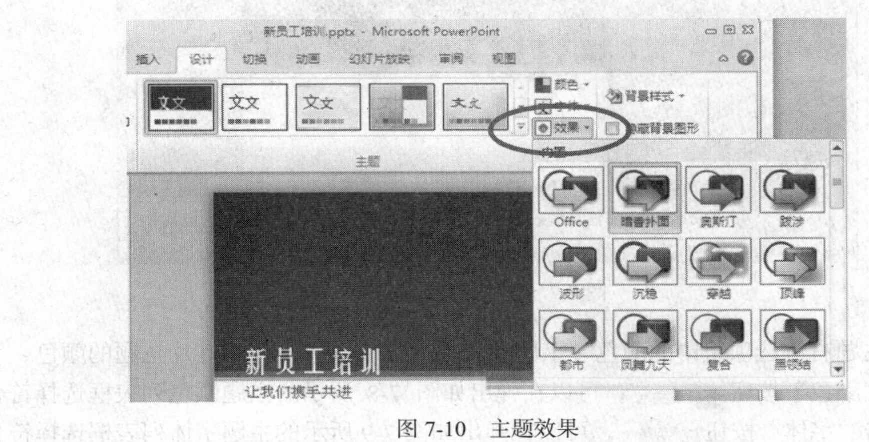

图 7-10　主题效果

5. 插入新的幻灯片，选择幻灯片版式

在窗口中切换到“开始”选项卡，单击“新建幻灯片”按钮，弹出如图 7-11 所示的新建幻灯片版式，选择其中满足幻灯片要求的“仅标题”的版式。在新插入的演示文稿的第 2 张幻灯片上输入标题“公司简介”，如图 7-12 所示。

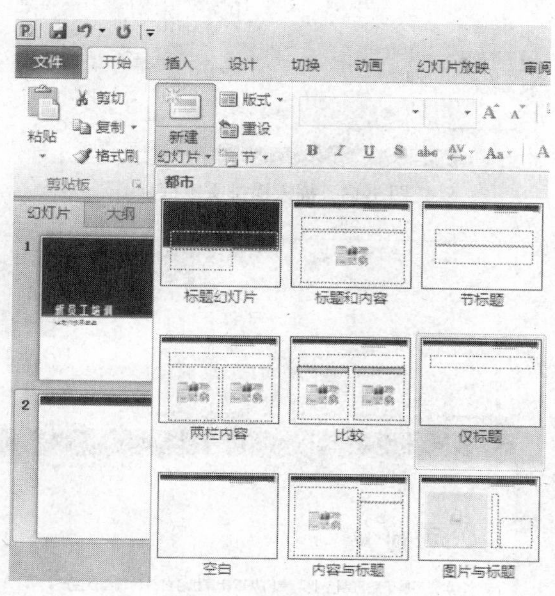

图 7-11　新建幻灯片版式

图 7-12　“仅标题”的新建幻灯片版式

6. 在幻灯片中插入文本框

在图 7-12 的幻灯片里添加一个横排文本框。切换到“插入”选项卡，单击“文本框”按钮，选择如图 7-13 所示的“横排文本框”，并输入如图 7-14 所示的文本内容。选择图 7-13 中的“垂直文本框”也可以在幻灯片中插入垂直文本框。

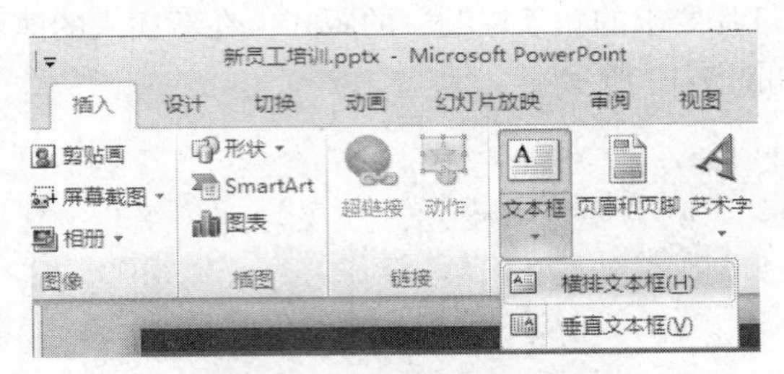

图 7-13　插入横排文本框

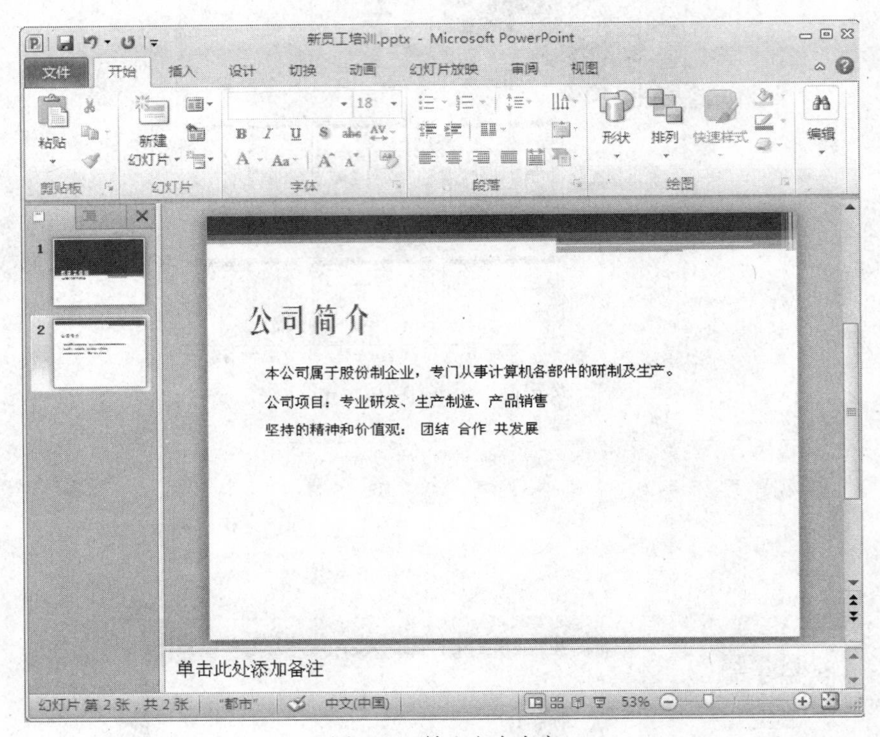

图 7-14　输入文本内容

7. 设置字体、自定义颜色

切换到“开始”选项卡，选中第二张幻灯片标题“公司简介”，在“字体”组中选择字体“隶书”，字形“加粗”，修改字号为“48”，颜色“红色”。将文本框内的文本内容修改字号为 26。对字体的设置，可以选定文本框后，单击“字体”组中的“字体”按钮，在弹出来的“字体”对话框中单击“字体”和“字符间距”。

选中文字“团结　合作　共发展”，按照刚才的方式设置字形“加粗”，自定义颜色为“红：100；绿：200；蓝：100”。自定义颜色实施过程如下：

① 选定文字“团结　合作　共发展”，单击颜色按钮 A ，在图 7-15 所示界面单击“其他颜色”，弹出图 7-16 所示的“颜色”对话框。

② 在“颜色”对话框里单击“自定义”标签，分别设置“红：100；绿：200；蓝：100”，单击“确定”按钮。

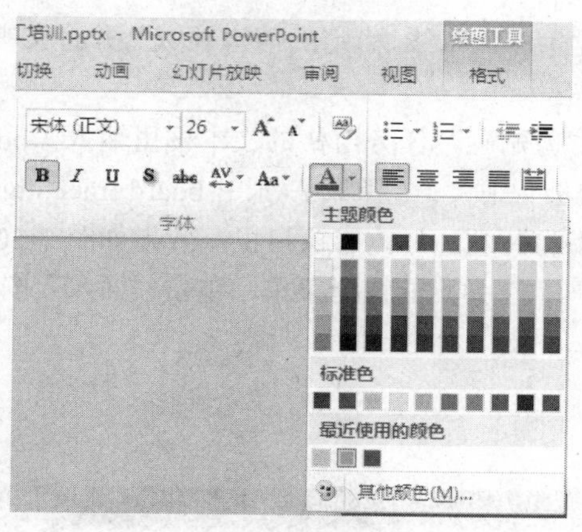

图 7-15 颜色列表

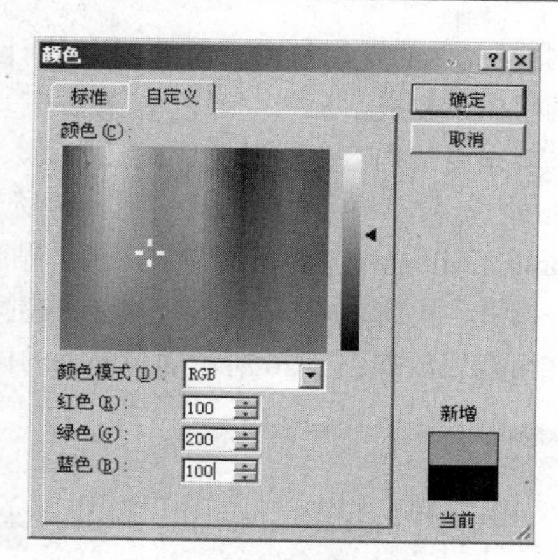

图 7-16 “颜色”对话框

8. 设置行距

选定第 2 张幻灯片的文本部分，在“开始”选项卡的“段落”组中单击行距按钮，选择合适的行距。用户也可以选择“行距选项”，打开如图 7-17 所示的“段落”对话框，设置合适的“缩进”和“间距”等，此处设置间距为“多倍行距”0.9 行。

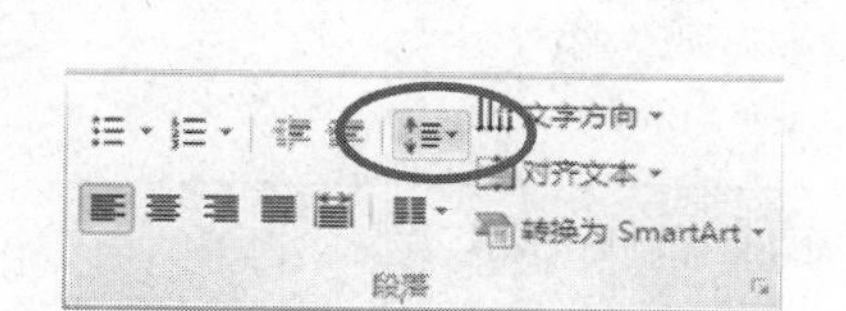

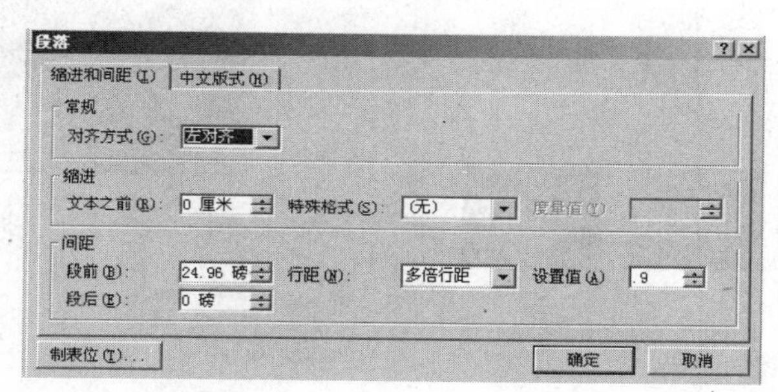

图 7-17 设置行距

字体和行距设置以后的幻灯片效果如图 7-18 所示。

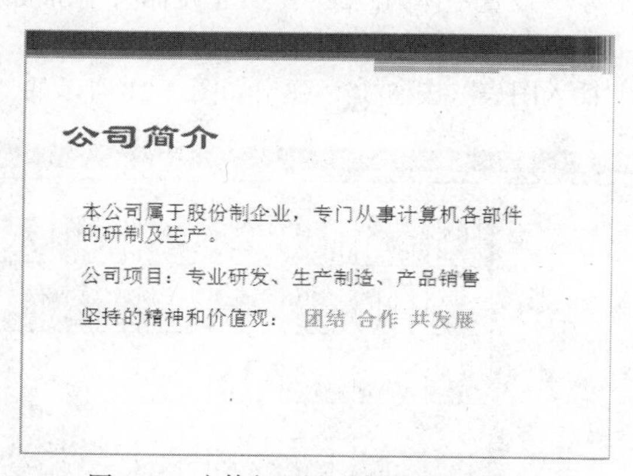

图 7-18 字体行距设置完毕后的效果图

9. 在幻灯片里插入剪贴画

按照任务实施 5 的步骤插入一张“内容与标题”的新的幻灯片作为此演示文稿的第三张幻灯片。添加标题“公司发展现状”，设置字体为“28”、“方正姚体”，添加文本“成熟的人力资源管

理制度 成熟的现代科技技术 强大的设计团队 一条龙生产流水线 稳定的销售领域”，并将文本内容的字体设置成“24”、“绿色”、“隶书”。

单击左边内容框中的剪贴画按钮，在右侧的“剪贴画”任务窗格的文本框里输入“board meetings”搜索出如图 7-19 所示的所有该类别的剪贴画，选择第一张“board meetings，communications…”剪贴画，单击该剪贴画，插入到幻灯片左边的内容窗口里。效果如图 7-20 所示。或者，找到相应剪贴画后，鼠标右键单击该剪贴画，在弹出的快捷菜单中单击“插入”按钮，同样可以完成如图 7-20 所示的剪贴画的插入过程。

图 7-19 搜索剪贴画

图 7-20 插好剪贴画后的幻灯片

10. 插入图表

按照任务实施 5 的步骤插入一张“内容与标题”的新的幻灯片作为此演示文稿的第四张幻灯片。添加标题“公司发展规划”，设置字体为“28”、“方正姚体”，添加如图 7-24 所示的文本内容，并将文本内容的字体设置成“24”、“绿色”、“隶书”。

单击左边内容框中的“插入图表”按钮，弹出如图 7-21 所示的“插入图表”对话框。

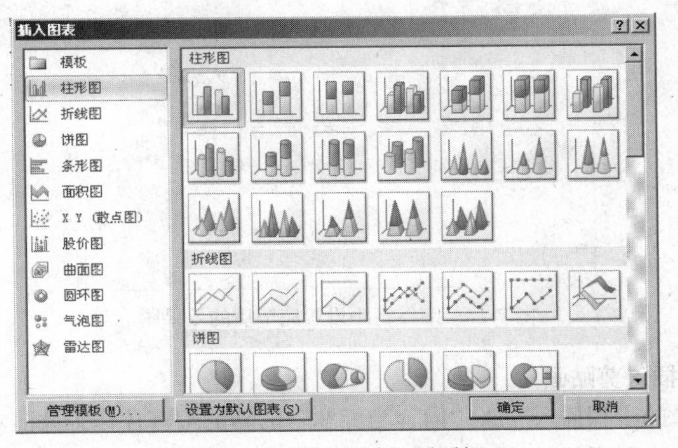

图 7-21 “插入图表”对话框

选择“柱形图”中的“簇状柱形图”，打开如图 7-22 所示的与幻灯片中图表对应的数据表。

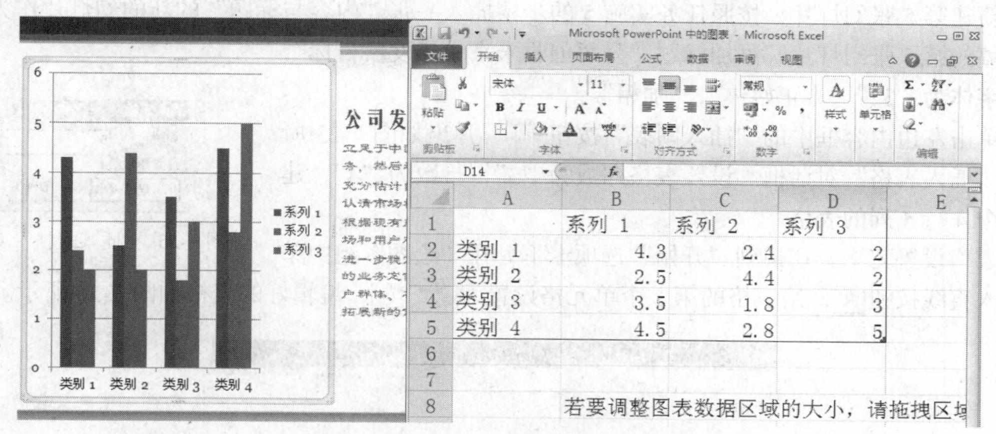

图 7-22　与簇状柱形图对应的数据表

在弹出的如图 7-22 所示的电子表格中修改相关数据后，可产生如图 7-23 所示的图表。

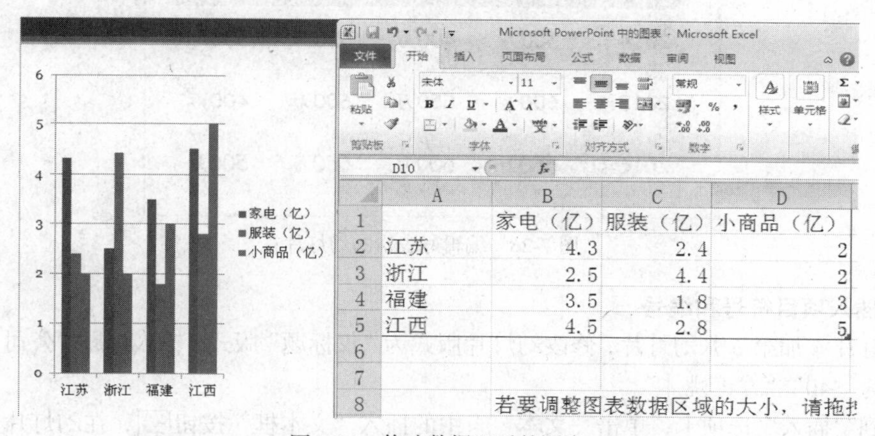

图 7-23　修改数据以后的图表

设置好标题、文本和图表后的幻灯片如图 7-24 所示。

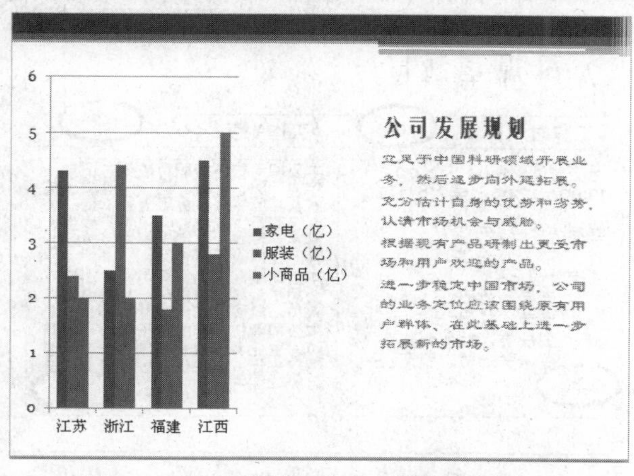

图 7-24　设置好标题、文本和图表后的幻灯片

11．插入表格

新建第5张幻灯片，按照任务实施5的步骤插入一张“内容与标题”的新的幻灯片作为此演示文稿的第5张幻灯片。添加标题“公司创收未来3年发展目标”，设置字体为“32”“方正姚体”，“加粗”。

单击左边内容框中的“插入图表”按钮，弹出如图7-25所示的“插入表格”对话框。设置表格列数为“5”，行数为“4”，建立一个4行5列的表格。

图7-25 “插入表格”对话框

表格设置完毕，切换到“开始”选项卡下，在“绘图”组中单击插入直线按钮，给表格的第1个单元格设置为 金额 地区 年份 ，编辑好的表格如图7-26所示。

公司创收未来3年发展目标

金额 地区 年份	江苏省	浙江省	福建省	香港
2014年	500万	400万	450万	300万
2015年	600万	550万	600万	400万
2016年	650万	600万	650万	500万

图7-26 编辑好表格的幻灯片

12．插入项目符号和编号

给幻灯片添加第6张幻灯片，修改幻灯片版式为“仅标题”版式。输入标题“公司规章制度”，设置字体为“40”“方正姚体”。

切入到“插入”选项卡，单击“文本”组中的插入“文本框”按钮，在幻灯片上分别插入4个横排文本框，分别输入如图7-27所示的文本内容。

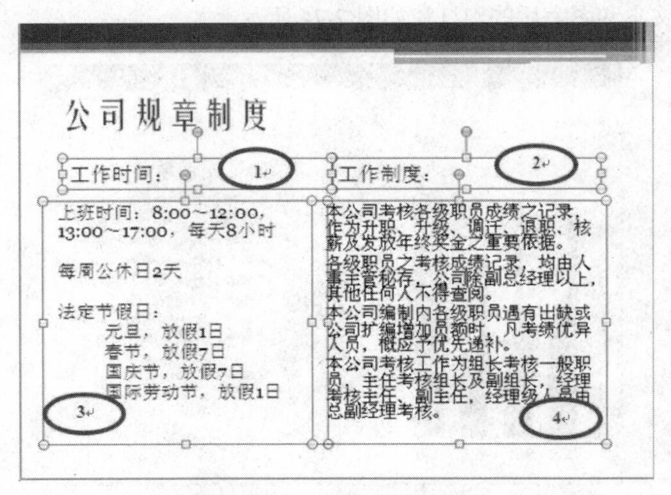

图7-27 插入4个横向文本框

切换到“开始”选项卡。选择编号是 3 的文本框，单击“段落”组中的“编号”按钮，在列表框里选择如图 7-28 所示的“1. 2. 3”的编号；选择编号是 4 的文本框，单击“段落”组中的“项目符号”按钮，单击“项目符号”列表框中的 项目符号和编号(N)... 按钮，打开如图 7-29 所示的“项目符号和编号”对话框，在该对话框中单击“图片”按钮 图片(P)... ，弹出如图 7-30 所示的“图片项目符号”对话框，选择其中的“blends，bullets，icons…”图片，单击“确定”按钮。插入了项目符号和编号的幻灯片，做适当调整后效果如图 7-31 所示。

图 7-28　插入编号

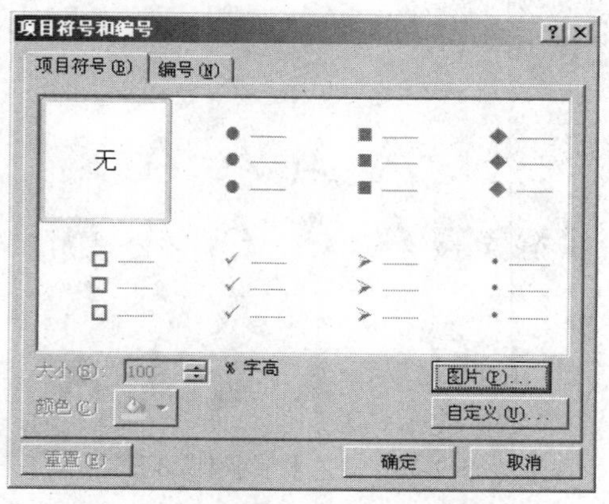

图 7-29　“项目符号和编号”对话框

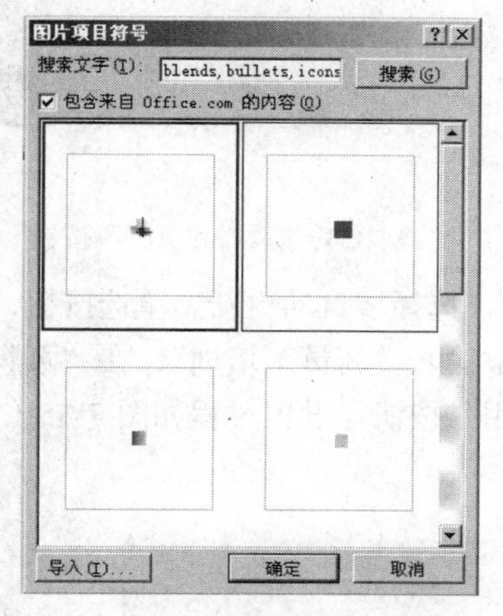

图 7-30　“图片项目符号”对话框

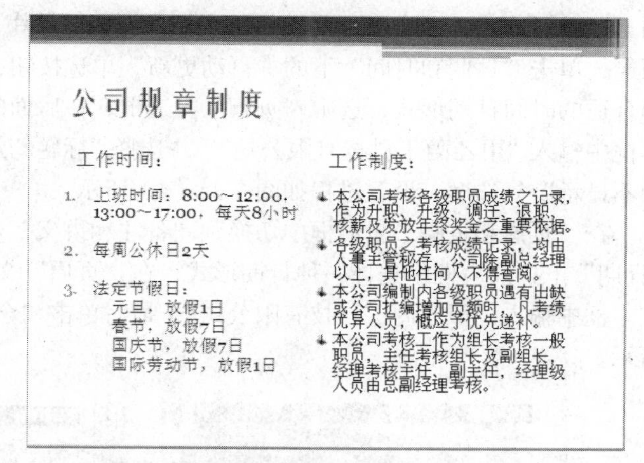

图 7-31　插入了项目符号和编号后的幻灯片

13. 插入艺术字

插入一张版式是“仅标题”的幻灯片作为第 7 张幻灯片。切换到“插入”选项卡，在“文本”组中单击“艺术字”按钮，弹出如图 7-32 的“艺术字字型”列表框，选择其中第 5 行第 5 列的“填充-靛蓝，强调文字颜色 1，塑料棱台，映像”，单击后在幻灯片中产生“请在此放置您的文字”文本框，在其中输入文本内容“祝您工作愉快!”。

右键单击“艺术字”文本框，在弹出来的快捷菜单中单击“设置形状格式”，弹出“设置形状格式”对话框，如图 7-33 所示。在这个对话框里可以设置艺术字的线条、大小、位置等各方面的参数，从而使艺术字能符合制作者及主题的要求。

14. 添加页眉和页脚

制作幻灯片时，可以使用 PowerPoint 2010 提供的设置页眉页脚功能，为每张幻灯片添加相对固定的信息，如公司名称、页码、制作时间等。这种方式可以添加演示文稿固定的 LOGO，增加幻灯片的个性设置。

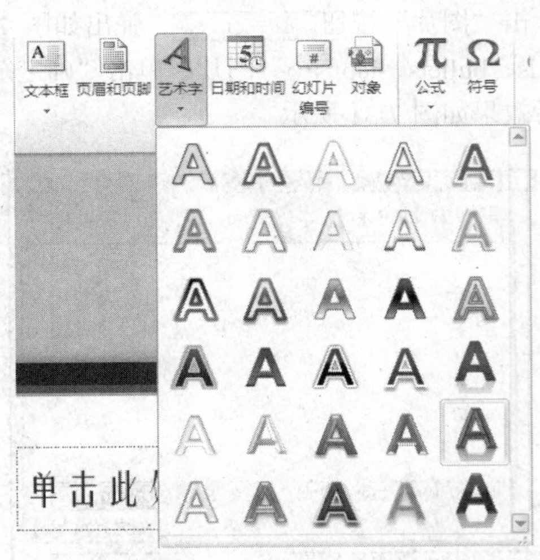

图 7-32 “艺术字字型”列表框

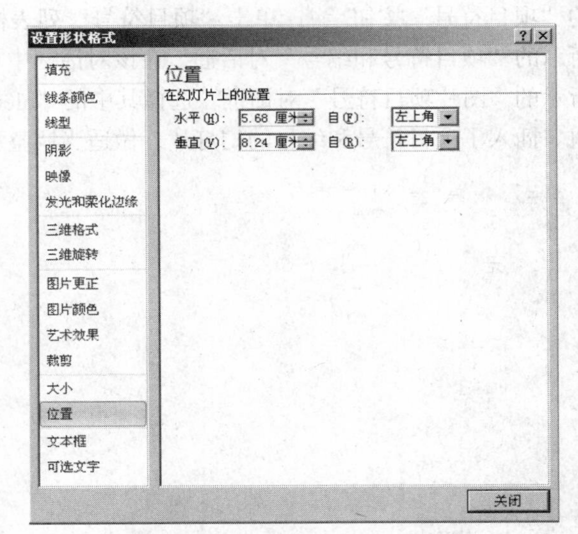

图 7-33 “设置形状格式”对话框

切换到“插入”选项卡，单击“文本”组中的“页眉和页脚”按钮，如图 7-34 所示。打开如图 7-35 所示的“页眉和页脚”对话框。切换到“幻灯片”选项卡，单击“日期和时间”下的“自动更新”单选按钮，选择合适的时间日期形式，选中“页脚”复选框，在后面的文本框中输入“甲乙丙丁科技有限公司”，并选择“标题幻灯片中不显示”复选框，设置过程如图 7-35（a）所示。

图 7-34 “页眉和页脚”按钮

在“页眉和页脚”对话框中切换到“备注和讲义”选项卡，选择“自动更新”单选按钮，在“日期”下拉列表框中选择一种日期形式，在“页眉”文本框中输入“新员工培训”，在“页脚”文本框中输入“甲乙丙丁科技有限公司”，最后单击“全部应用”按钮。设置过程如图 7-35（b）所示。

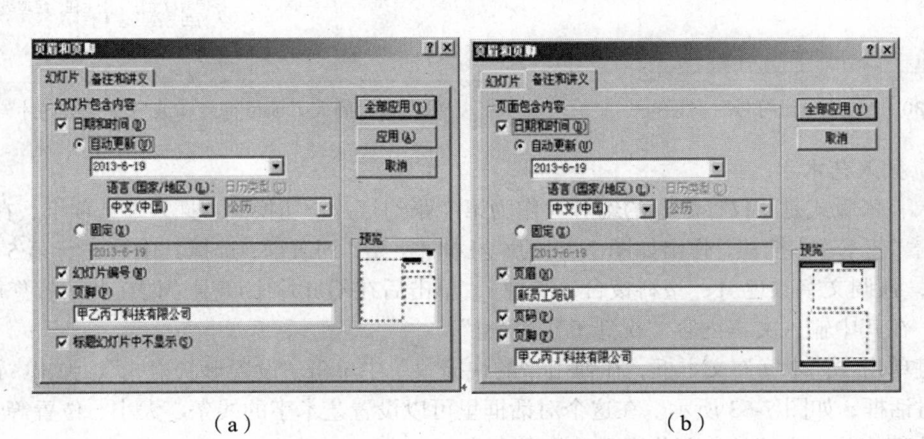

（a） （b）

图 7-35 “页眉和页脚”对话框

选定第 3 张幻灯片，切换到“视图”选项卡，单击“演示文稿视图”中的“备注页”按钮，切换到备注视图下，效果如图 7-36 所示。

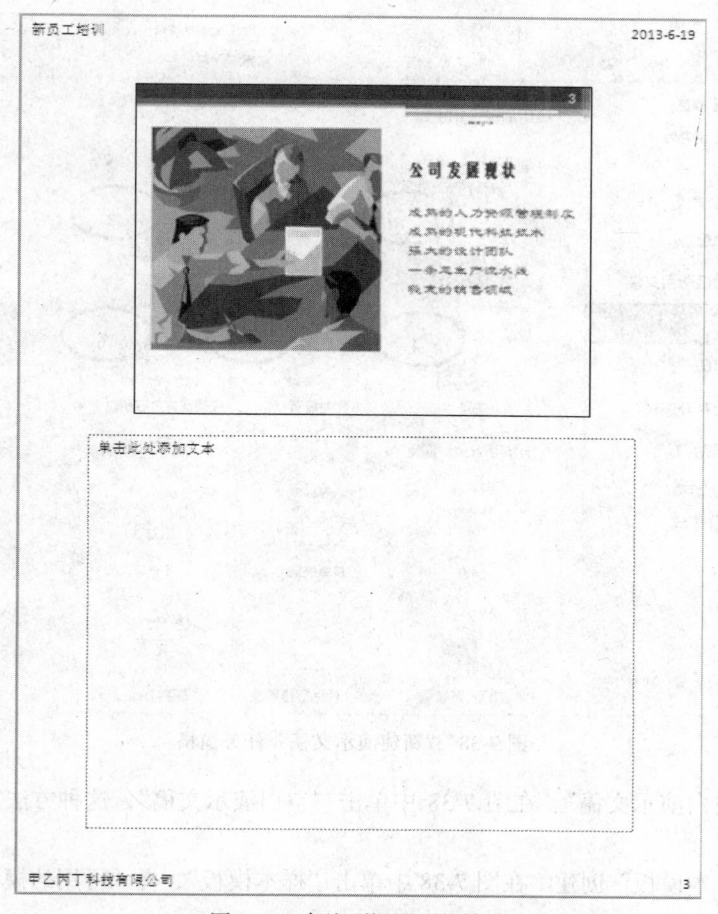

图 7-36 备注页视图下的效果

15. 幻灯片放映

李琳经过上面 12 个任务的制作，决定试着播放一下看看效果。幻灯片放映方法：切换到"幻灯片放映 "选项卡，展开如图 7-37 所示的幻灯片放映设置组。可以选择"从头开始"、"从当前幻灯片开始"，还可以选择"自定义幻灯片"放映等多种放映方式。李琳就将做好的演示文稿交给了杨主任审查，并很谦虚地请求杨主任提出批评意见。

图 7-37 幻灯片放映设置

【知识支撑】

1. 新建幻灯片

用 PowerPoint 2010 创建一个新的演示文稿常常可以使用 3 种方法。切换到"文件"选项卡，单击“新建”按钮，在如图7-38所示的任务窗格里有6种新建演示文稿方式。

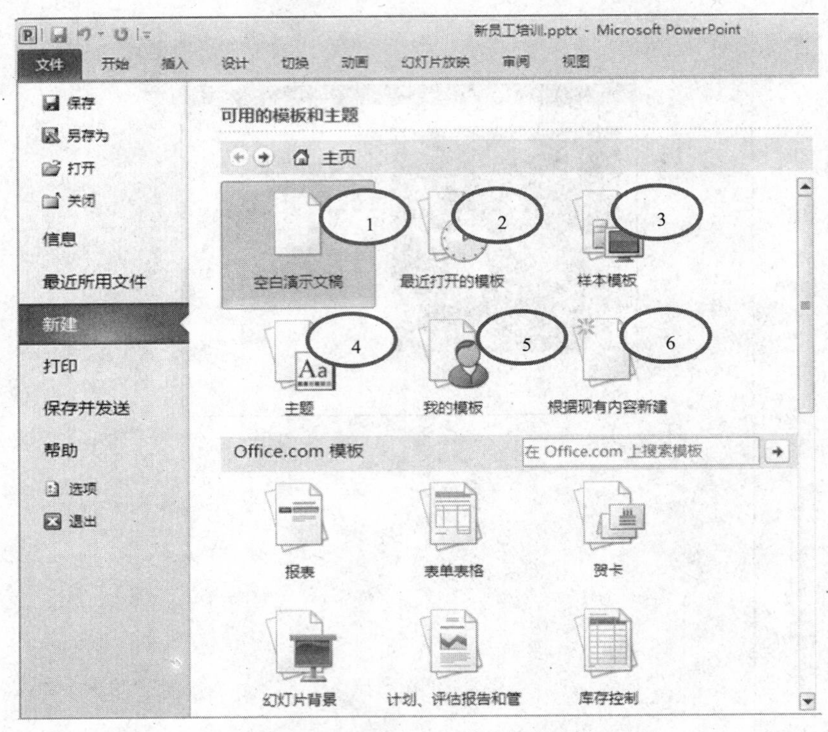

图7-38 “新建演示文稿”任务窗格

① 创建“空白演示文稿”。在图7-38中单击“空白演示文稿”，这种方法简单，给用户足够的设计空间。

② 根据“样本模板”创建。在图7-38中单击“样本模板”，在“可用的模板和主题”列表框中选择合适的模板。

③ 根据“主题”创建。在图7-38中单击“主题”，在“可用的模板和主题”列表框中选择合适的主题模板。

2. 编辑幻灯片

① 查看视图。PowerPoint 2010应用程序中幻灯片的视图方式有4种，如图7-39所示，即“普通视图”、“幻灯片浏览”视图、“备注页”视图和“阅读视图”。切换到“视图”选项卡，在下面的“演示文稿视图”任务栏里可以选择上面的某种视图形式。

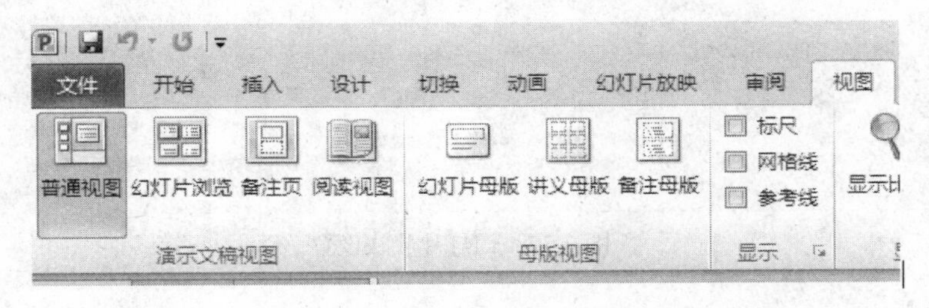

图7-39 幻灯片视图

② 添加新幻灯片。切换到“开始”选项卡，单击“新幻灯片”按钮，即可在选定的位置插入

新的幻灯片。

③ 复制、移动幻灯片。切换到“开始”选项卡，选定幻灯片，单击图 7-40 所示的图片中“复制”、“剪切”、“粘贴”按钮，即可实现幻灯片的复制、剪切和粘贴操作。或者选定幻灯片，分别按组合键 Ctrl+C、Ctrl+X、Ctrl+V 组合键也可以实现幻灯片的复制、剪切和粘贴操作。

图 7-40　复制、剪切、粘贴按钮

④ 调整幻灯片顺序。选择需要更改位置的幻灯片，用鼠标左键拖住不放到目标位置释放。

⑤ 删除幻灯片。选中要删除的幻灯片，按 Delete 键；或右键单击要删除的幻灯片，在弹出的快捷菜单中选择“删除幻灯片”命令。

练习编辑幻灯片中的文本、表格、图表、图片、页眉和页脚等内容。此相关内容在“工作任务一”中已详述，此处不再赘述。

3. 插入形状

在普通视图下，切换到“插入”选项卡，单击“插图”组中的图 7-41 所示“形状”按钮，在图 7-42 的“形状”列表框中选择合适的图形进行编辑。

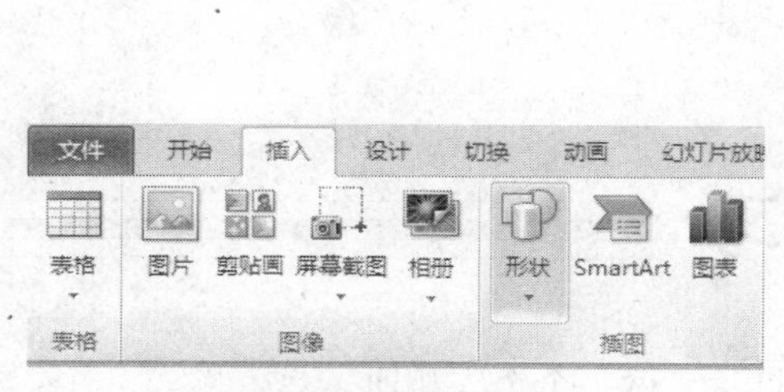

图 7-41　“形状”按钮

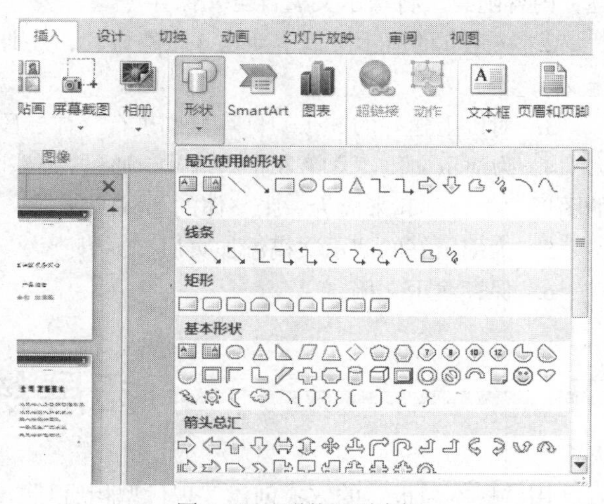

图 7-42　“形状”列表框

4. 插入 SmartArt 图形

在 PowerPoint 2010 中，可以向幻灯片插入新的 SmartArt 图形对象，包括组织结构图、列表、循环图、射线图等。具体操作步骤如下：

在普通视图下，切换到“插入”选项卡，单击“插图”组中的图 7-43 所示“插入 SmartArt 图形”按钮，弹出图 7-44 所示的“选择 SmartArt 图形”对话框，在其中选择满足设计者要求的“列表”、“流程”等图形。在幻灯片中图形的相应位置输入文本，就可以在“字体”组上设置其格式。

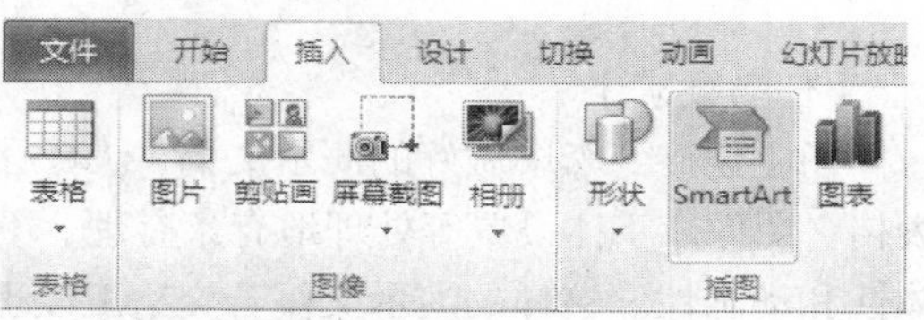

图 7-43　插入 SmartArt 图形按钮

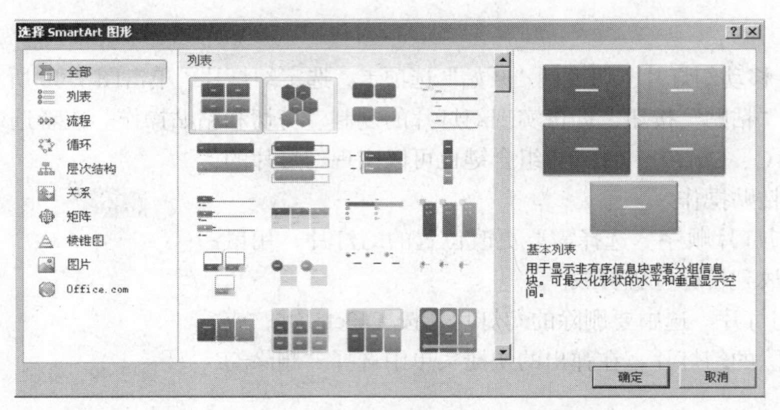

图 7-44 “选择 SmartArt 图形”对话框

实战演练

1. 创建一张新的演示文稿，在“幻灯片设计”任务窗格中选择合适的模板，添加标题和副标题，内容随意。将演示文稿自定义保存。

2. 在建立的演示文稿中新建 4 张幻灯片，分别插入文本、剪贴画、表格和图表（内容对象自定义）。

3. 对以上建好的 5 张幻灯片分别进行字体、段落等格式的设置。

4. 为演示文稿建立第 6 张幻灯片，通过“绘图”组绘出一个“日月争辉”的图形，并将画好的图形“组合”起来成为一张整体的图案。

5. 为编辑好的演示文稿添加页眉和页脚。

6. 保存演示文稿。

拓展练习

用“样本模板”的方式创建“现代型相册”的幻灯片，做一个个人相册。

工作任务二 在演示文稿中添加特殊效果

【任务要求】

杨主任接到李琳做好的演示文稿，认真看了一下，觉得整个幻灯片的安排还可以，文本内容、表格、图像、字体设置等处理地有条有理。不过整体效果比较单一，没有体现 PowerPoint 的多媒体性和动画性。这样的演示文稿若交给王经理，演示效果会不太理想。因此，需要李琳再进行加工处理。

【任务分析】

李琳觉得杨主任提的意见很及时，幻灯片播放下来，确实感觉很单调。经过深思熟虑，她觉得为了让幻灯片看起来效果更好，需要完成下面几个任务：

① 为演示文稿添加背景、自定义配色方案；

② 用动画方案让文稿变得活泼生动；

③ 添加音乐或声音效果；

④ 添加动作按钮增强演示文稿的交互性；

⑤ 设置演示文稿的播放形式。

【任务实施】

1. 为演示文稿添加背景

（1）为演示文稿添加“渐变”的背景效果

选中第 2 张幻灯片，切换到“设计”选项卡，在“背景”组里单击如图 7-45 所示的“背景样式”按钮，在弹出的列表框中单击“设置背景样式”单按钮，弹出图 7-46 所示的“设置背景格式”对话框。单击“填充”选项，再单击“渐变填充”单选框，单击“预设颜色”按钮，在弹出的列表框中选择“雨后初晴”。单击“方向”按钮，在弹出的图 7-47 中选择“线性对角-右上到左下”的方向。设置渐变效果后幻灯片如图 7-48 所示。

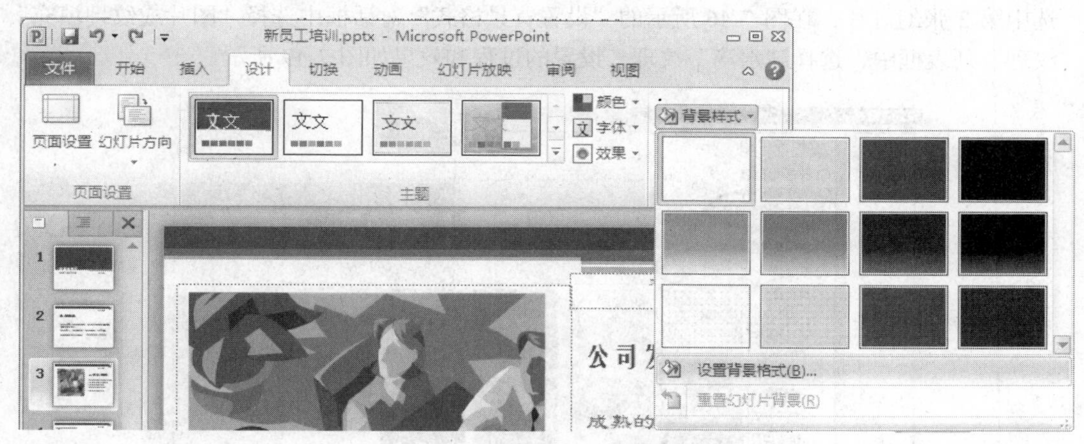

图 7-45　“背景样式”按钮

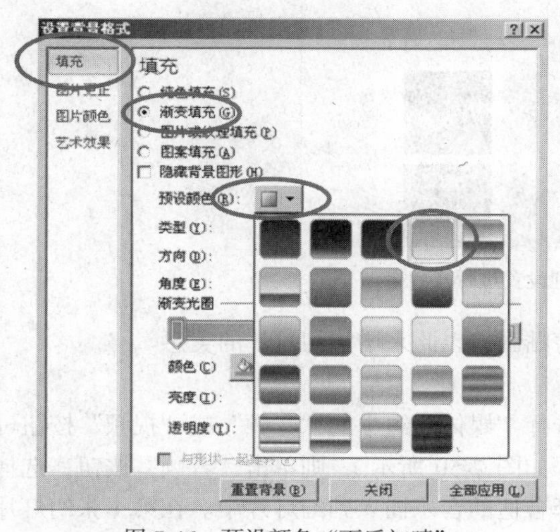

图 7-46　预设颜色“雨后初晴”

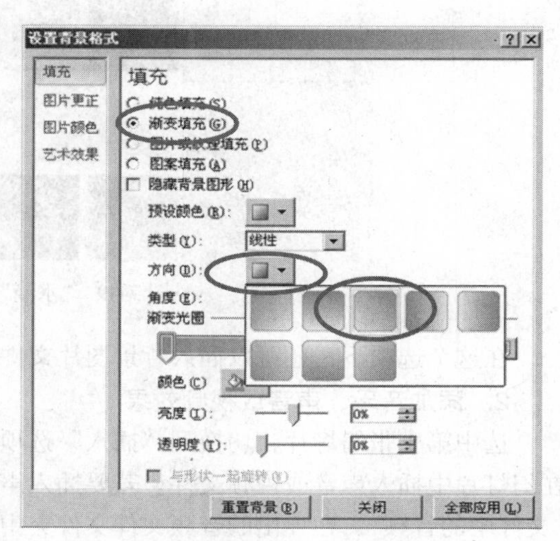

图 7-47　“方向”设置

图 7-48 “渐变填充”效果图

（2）为演示文稿添加“纹理”的背景效果

选中第 3 张幻灯片，在图 7-46 所示的“设置背景格式”对话框中选择“图片或纹理填充”。在“纹理”列表框中，选择“水滴”纹理，设置的过程和效果如图 7-49 所示。

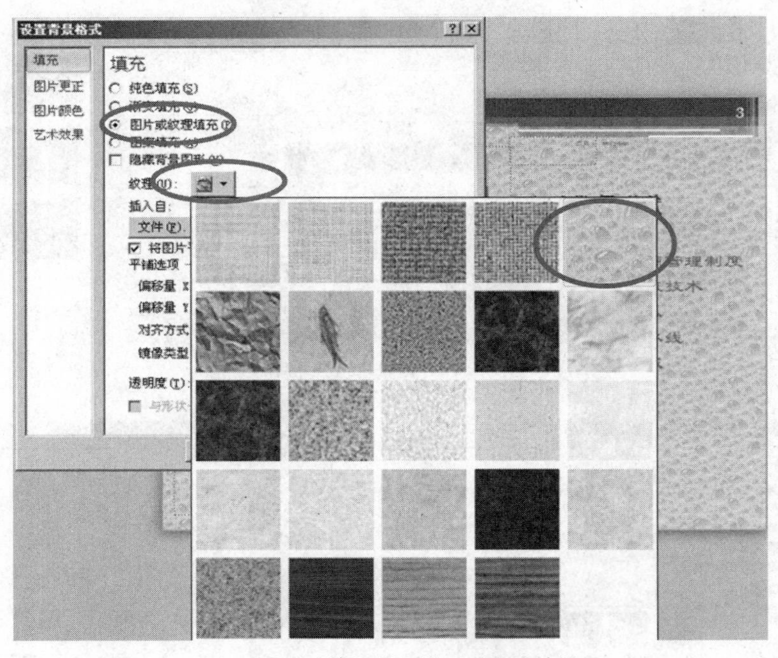

图 7-49 “水滴”纹理设置过程及效果

在这个选项下，还可以插入背景图片文件或剪贴画，以此来增加幻灯片的美感。

2. 添加音乐、声音或视频效果

选中第 1 张幻灯片，切换到“插入”选项卡选择“媒体”组中的“音频”或“视频”按钮可在幻灯片中插入声音或视频文件。若要插入声音（如图 7-50 所示），则单击“音频”按钮，选择“文件中的音频”，在弹出的音频文件文件夹中选择合适的音乐插入到幻灯片中。在第 1 张幻灯片中单击“音频”图形，在“音频工具”组中选择“播放”选项卡，在工具组中设置音频文件的播放方式，过程如图 7-51 所示。用类似的方法可以在演示文稿中插入影片文件。

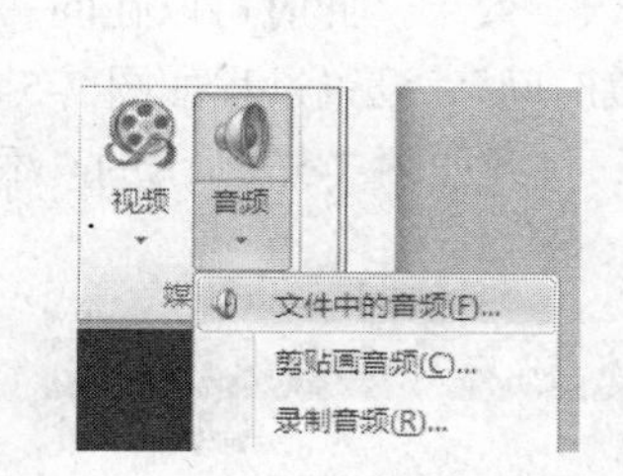

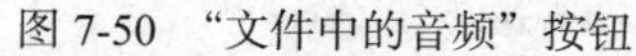

图 7-50　“文件中的音频”按钮

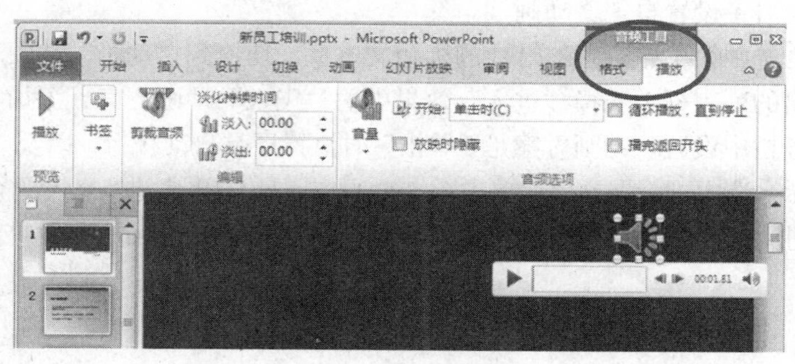

图 7-51　设置音频文件的播放方式

3. 添加动作按钮

选中第 6 张幻灯片，切换到“插入”选项卡，在“插图”组中单击“形状”按钮，在展开的列表框中选择“动作按钮”中的第 5 个“动作按钮：第一张”，如图 7-52 图所示。当鼠标指针变成“+”时，在幻灯片的右下角按住鼠标左键不放拖动鼠标，绘制出如图 7-53 图左下角所示的动作按钮，同时会弹出“动作设置”对话框，在“超链接到:”的下拉列表框中选择“第一张幻灯片”，单击“确定”按钮，设置过程如图 7-53 所示。

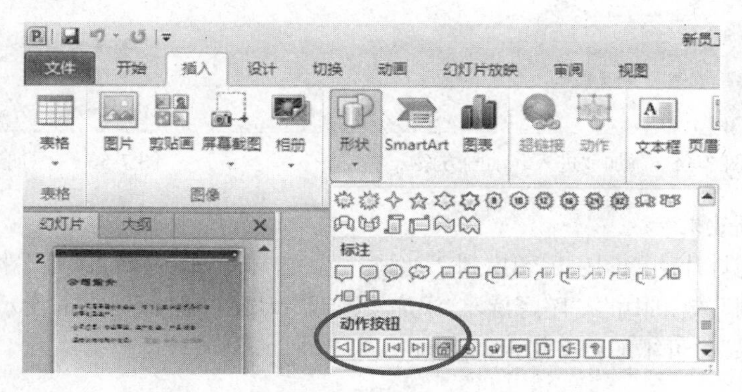

图 7-52　插入动作按钮

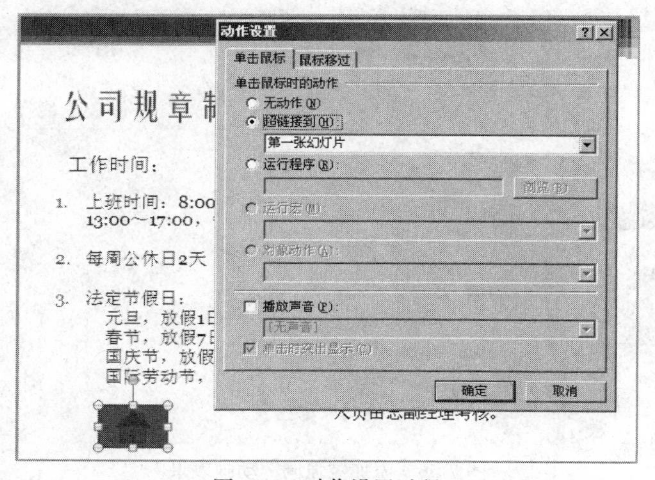

图 7-53　动作设置过程

4. **使用动画方案**

（1）设置自定义动画

选中第 1 张标题幻灯片的标题文本框，切换到“动画”选项卡，单击“添加动画”按钮，在弹出的列表框中选择“进入”效果中的“飞入”动画方案，添加“飞入”效果。此时可以在同一任务栏中设置该动画方案是“单击”时执行还是自动执行，以及“持续时间”，设置过程如图 7-54 所示。选中副标题文字，单击图 7-54 中出现的“更多进入效果”命令，打开如图 7-55 所示的“添加进入效果”对话框，在“温和型”选项组中选择“回旋”效果。

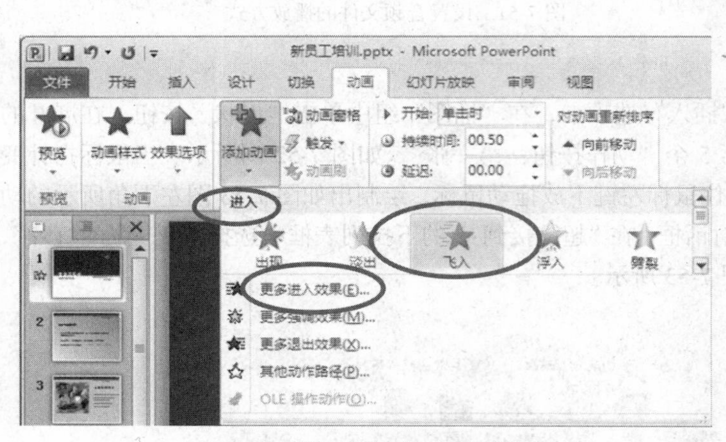

图 7-54 添加“进入”动画方案

图 7-55 “添加进入效果”对话框

（2）添加强调效果

选中第 4 张幻灯片中的图表，切换到“动画”选项卡，单击“添加动画”按钮，在弹出的列表框中选择“强调”效果中的“陀螺旋”，添加“强调”动画过程如图 7-56 所示。单击图 7-56 中的“更多强调效果”，可添加更多的强调动画效果。

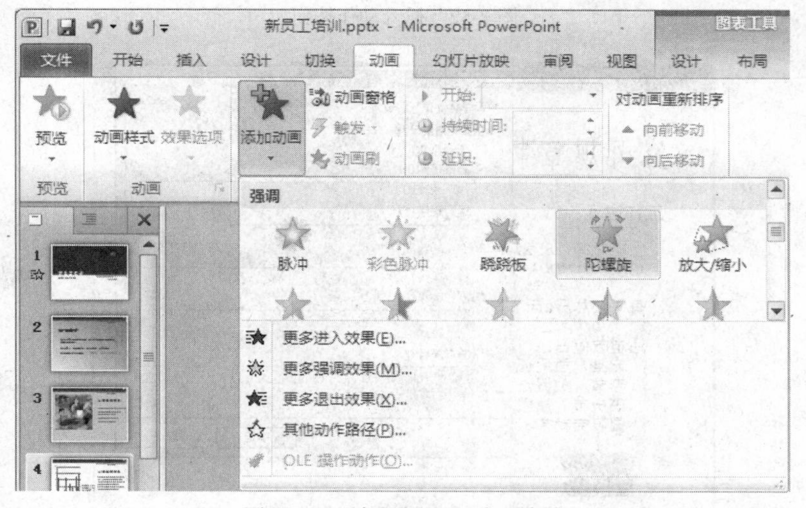

图 7-56 添加“强调”动画效果

（3）添加退出效果

选中第 5 张幻灯片的标题，设置字体颜色为红色：247；绿色：202；蓝色：77，并加粗。在图 7-56 中单击“更多退出效果”，在如图 7-57 所示的“添加退出效果”对话框中选择“温和型”选项组中的“回旋”效果，单击“确定”按钮即可。

（4）设置幻灯片的切换效果

选择第 1 张幻灯片，切换到“切换”选项卡，在图 7-58 中单击“其他按钮”，在弹出的切换效果列表框中选择“细微型”中的“形状”效果，单击图 7-58 中间的“效果选项”按钮，可以设置形状的样式，对于本张幻灯片，设置“圆”的效果；在“声音”的下拉列表框中选择“风铃”；在图右侧的“换片方式”里设置“单击鼠标时”或“设置自动换片时间：00：02.00”。用类似的方法，可以在图 7-59 全部的幻灯片切换效果里为其他幻灯片设置各种切换效果，如果所有的幻灯片用的是同一种切换效果，可单击图 7-58 中的“全部应用”。

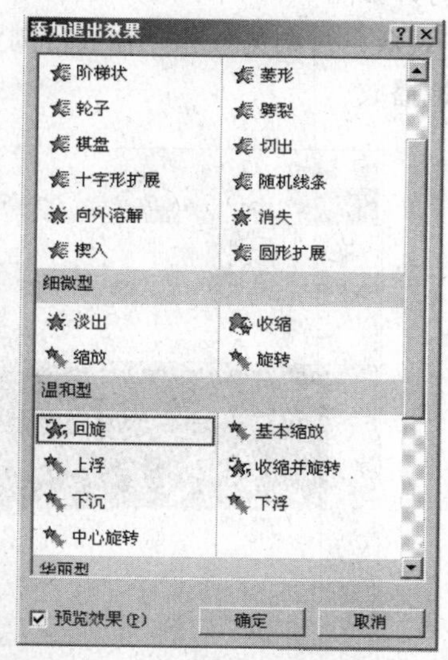

图 7-57 “添加退出效果”对话框

图 7-58 切换的“其他”按钮和“效果选项”按钮

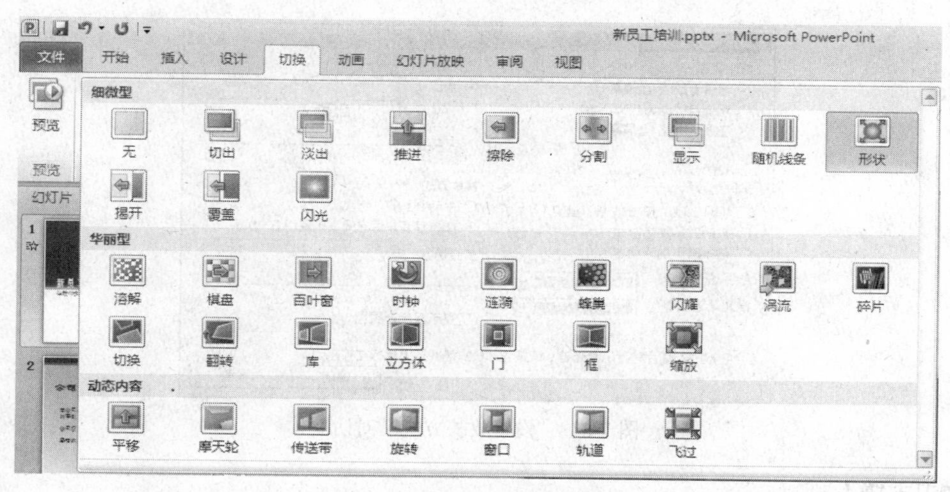

图 7-59 幻灯片切换效果

对整个演示文稿，切换到“视图”选项卡下的“幻灯片浏览”，将幻灯片从普通视图切换到幻灯片浏览视图，如图 7-60 所示。此时在设置好的幻灯片的左下角会出现幻灯片动画标志 ☆ **00:02**。

5. 设置演示文稿的放映方式

通过前面的所有操作，演示文稿设置基本完成。PowerPoint 2010 提供了 3 种放映方式，供用户在不同的环境下使用。切换到“幻灯片放映”选项卡，单击“设置”组中的“设置幻灯片放映”，打开如图7-61所示的“设置放映方式”对话框。在“放映类型”选项组中可以选择“演讲者放映”、“观众自行浏览”和“在展台浏览”。在“放映幻灯片”选项组中可以选择“全部”播放或有选择地播放。

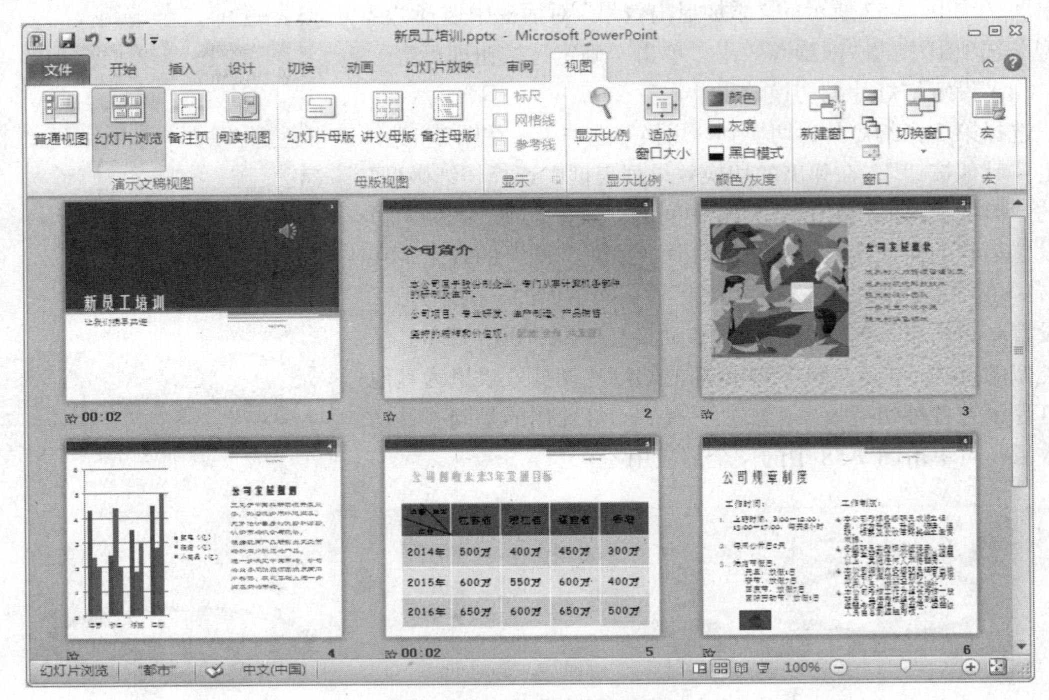

图7-60　幻灯片浏览视图

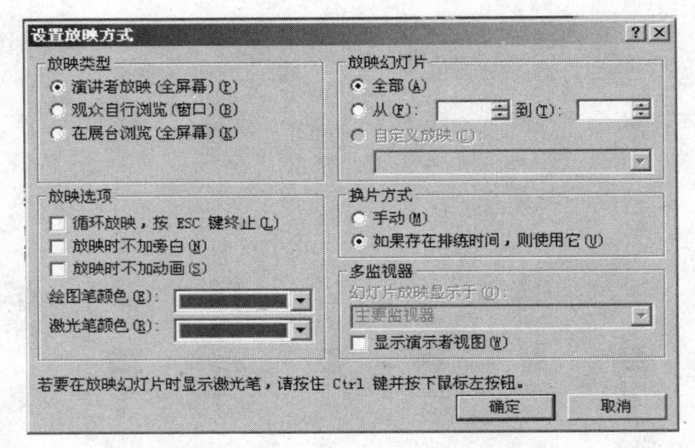

图7-61　“设置放映方式”对话框

【知识支撑】

1. 设置演示文稿外观

（1）添加背景

单击菜单命令“格式”|“背景”，在“设置背景格式”对话框中可以设置“纯色填充”、“渐变填充”、“图片或纹理填充”、“图案填充”等多种背景。

（2）应用和编辑配色方案

切换到“设计”选项卡，在图7-7中单击“颜色”按钮 颜色 打开颜色方案。在“颜色方案”

的下拉列表框中选择合适的配色，如图 7-62 颜色方案所示。如果都不满意，可以单击图 7-62 中的“新建主题颜色”，打开“新建主题颜色”对话框，如图 7-63 所示，在其中选择设置背景、文本和线条、阴影、标题文本等项目的颜色。

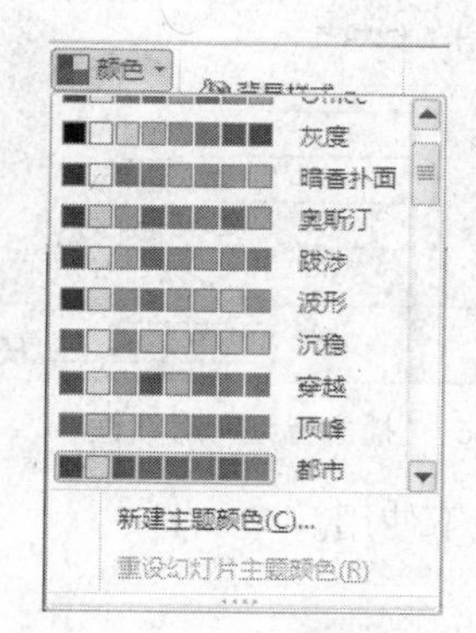

图 7-62　颜色方案

图 7-63　“新建主题颜色”对话框

2. 在演示文稿中添加动画效果

切换到“切换”选项卡，可以给幻灯片中的对象设置“进入”、“强调”、“退出”和“动作路径”的动画效果。前 3 种动画效果的设置参照“工作任务二”中的详细讲述。设置“动作路径”动画效果的过程如下：在图 7-54 中单击“其他动作路径”，打开如图 7-64 所示的“添加动作路径”对话框，在其中选择合适的路径方式后单击“确定”按钮。

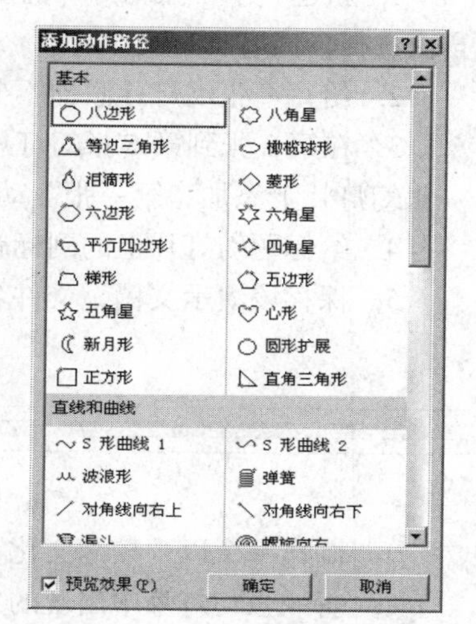

图 7-64　设置“动作路径”动画效果

3. 添加动作按钮

切换到“插入”选项卡，在“插图”组中选择“形状”按钮，在展开的列表框中选择“动作按钮”，并设置该按钮链接的对象或位置。

4. 添加音乐或声音，并连续播放

切换到“插入”选项卡，选择“媒体”组中的“音频”按钮可在幻灯片中插入声音，具体过程在“工作任务二”的第 2 部分已详细描述。连续播放背景音乐的过程如下：选中小喇叭，在选项卡上方出现的“音频工具”格式区单击“效果选项”下方的“其他”按钮（如图 7-65 所示），弹出图 7-66 所示的“音频播放”对话框。

图 7-65　音频动画“其他”效果按钮

在弹出的“播放音频”对话框中的“效果”选项卡下设置停止播放的方式。希望连续 *N* 张幻灯片播放背景音乐，就可以选择“在 *N* 张幻灯片后”；若演示文稿共 7 张幻灯片，选择“在 7 张幻灯片后”这样音乐就可以贯穿整个演示文稿了；在“开始播放”选项下，选择“开始时间”，输入希望开始播放的音乐时间，比如从 30 秒的位置开始播放，则输入时间 00:30，即可以直接从声音文件的 30 秒处开始播放；背景音乐插入后，在放映幻灯片时会有一个图标，如果不想显示该图标，可以在“播放音频”对话框中的“音频设置”选项卡中选择“幻灯片放映时隐藏声音图标”。

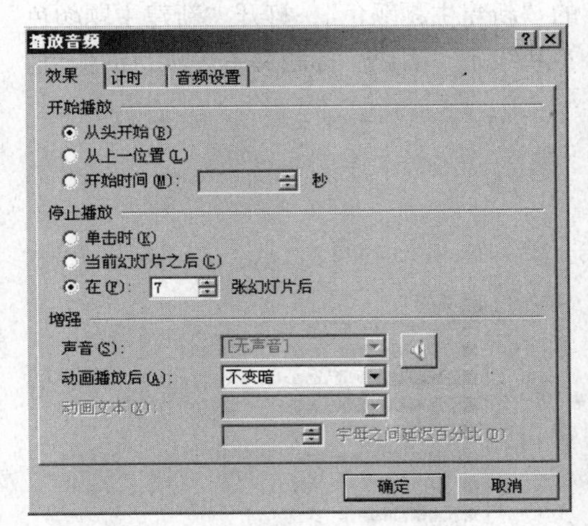

图 7-66 “播放音频”对话框

5. 设置演示文稿的放映方式

切换到“幻灯片放映”选项卡，可以设置放映方式，在打开的“设置放映方式”对话框。选择“演讲者放映”、“观众自行浏览”和“在展台浏览”，供用户在各种环境下使用。

实战演练

1. 新建一个 7 张幻灯片的演示文稿，第 1 张幻灯片应用“标题幻灯片”版式。应用设计模板自由选择，内容自定义。

2. 给每一张幻灯片添加不少于 2 个不同的动画效果。

3. 在第 2 张到第 5 张幻灯片的左下角、右下角分别添加“后退”和“前进”动作按钮，最后一张幻灯片上添加“第一张”动作按钮。

4. 给标题幻灯片上的副标题创建超级链接，链接到 http://www.sohu.com。

5. 保存该演示文稿，文件名自定义。

拓展练习

1. 制作一个以“校园文化”为主题的演示文稿。要求：

① 每一张幻灯片中出现的文字自行组织；

② 添加第 1 张“仅标题”版式的幻灯片标题字号：54，字体：华文彩云，带文字阴影；在幻灯片右上角利用文本框插入文字“作者：（自己真实的姓名）”；幻灯片背景的填充采用“蓝色面巾纸”纹理；所有文字均预设动画为：飞入效果；

③ 添加第 2 张幻灯片版式为“标题和内容”，剪贴画自行选择；自定义动画：标题和文本均为溶解效果；图像为右侧切入效果，并设置在前一事件后 1 秒钟启动动画；动画顺序为：标题——图像——文本。

④ 添加第 3 张幻灯片，版式为“垂直排列标题与文本”；所有对象均预设动画为：飞入效果；幻灯片背景采用渐变效果填充：预设颜色为“雨后初晴”，底纹式样随意；

⑤ 添加第 4 张幻灯片，幻灯片版式为“标题和竖排文字”；标题居中显示；插入“小雨中的回忆.mid”音乐文件（自行下载），把出现在幻灯片中的喇叭图标拖到右上角，在喇叭图标前面输入文本框文字“单击喇叭图标欣赏美妙音乐”，并设置文本框文字为 16 字号；

⑥ 设置所有幻灯片的切换方式为自己喜欢的切换方式；

⑦ 放映幻灯片，观看演示效果。将演示文稿以“校园文化.pptx”文件名保存到以自己的班级姓名为文件夹名的文件夹中。

2. 使用 PowerPoint 2010 制作一个“个人简介”。要求：

① 幻灯片至少 6 页，幻灯片切换方式不得少于 6 种；

② 演示文稿中至少插入文本、图片、背景音乐和一小段视频文件等内容；

③ 给演示文稿中插入的各内容添加动画效果，不少于 5 个效果；

④ 设置放映方式为“观众自行浏览”；

⑤ 将演示文稿保存为“我的个人简介.pps”。（注：“pps”是 PowerPoint 演示格式。）

项目八 使用常用工具软件

本章以公司人事员工日常工作中的常用工具软件为主线，从反病毒工具、文件压缩工具到电子图书阅读工具、网页浏览工具、翻译工具进行了介绍，读者只有学会选择和使用各种工具软件，才能充分发挥计算机的作用，感受到计算机强大功能带来的方便与乐趣。

工作任务一　查杀病毒——360 杀毒软件

【任务要求】

杨主任的计算机运行越来越慢，而且经常出现蓝屏，还会莫名其妙的死机。要李琳帮助查看出了什么问题?

【任务分析】

李琳仔细看了一下杨主任的计算机，发现他的 360 杀毒软件病毒库已有半年没有更新了，很有可能是中毒了，决定先杀毒再看看。

【任务实施】

1. 在线升级

① 双击任务栏右侧的绿色标志，启动 360 杀毒软件，如图 8-1 所示。

图 8-1 “360 杀毒软件-首页”主界面

② 单击杀毒软件首页中的检查更新，系统自动实现升级。

③ 单击杀毒软件首页中的修复命令，系统进行扫描和修复系统漏洞。

2. 查杀病毒

① 双击任务栏右侧的绿色标志，启动杀毒软件，可以选择“快速扫描”、“全盘扫描”、或者“自定义扫描”，这里我们以“自定义扫描”为例。单击自定义扫描命令，出现如图 8-2 所示界面。

② 确定要扫描的文件夹或其他目标，在“选择扫描目录”中被勾选的目录即是当前选定的查杀目标。

③ 单击“扫描”按钮，则开始扫描相应目标，发现病毒立即清除。

④ 扫描过程中可随时单击“暂停”按钮来暂时停止扫描，单击“继续”按钮则继续扫描，或单击“停止”按钮停止扫描。

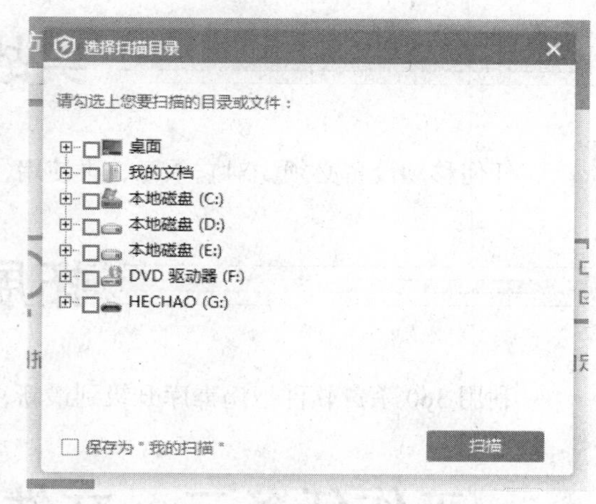

图 8-2 “360 杀毒软件-杀毒”主界面

3. 设置瑞星

选择【设置】命令，在升级设置中设置定时升级、病毒扫描设置中设置快捷扫描、实时防护设置中设定安全防护级别等，如图 8-3 所示。

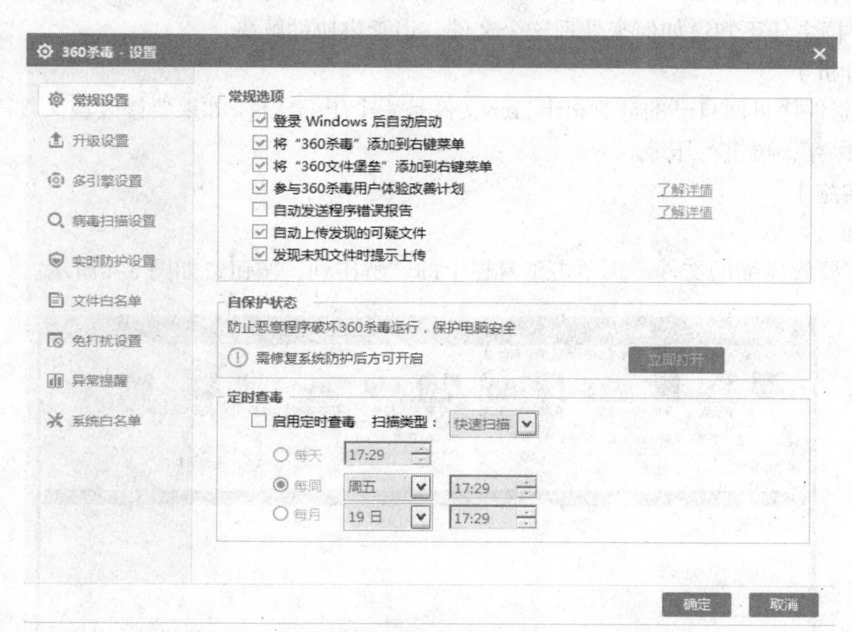

图 8-3 “360 杀毒软件-设置”界面

同样在“360 杀毒-设置”对话框中还可以设置包括文件监控、内存监控、网页监控等，以全面保护计算机不受病毒侵害。

【知识支撑】

随着计算机的普及，互联网的迅猛发展，计算机病毒也增强了破坏力度，危害的范围进一步扩大。在这种情况下，计算机用户有必要掌握杀毒工具的使用。当前比较常用的查毒和杀毒软件有 360 杀毒、金山毒霸、瑞星杀毒软件、诺顿杀毒软件、江民杀毒软件和 Kaspersky（卡巴斯基）杀毒软件。读者应该学会使用常用杀毒软件查杀病毒、监控系统文件和监控内存。

实战演练

任何移动设备必须先对它杀毒，再使用，练习如何对外带移动硬盘进行杀毒。

拓展练习

利用 360 杀毒软件把病毒库升级到最新，再对本机硬盘进行全面查杀病毒。

工作任务二　文件压缩工具——Winrar

【任务要求】

集团公司给杨主任发了一个电邮，让他把资料修改一下发过去，可是总公司发过来的附件扩展名是 rar，杨主任不知道如何来处理这个文件，请李琳协助解决。

【任务分析】

李琳把附件拷贝回自己的计算机上，rar 文件是一个压缩文件，如果要修改该文件需要先解压，修改好之后保存，再进行压缩。

【任务实施】

1．解压

① 选好要解压缩的文件，再单击工具栏上的“解压到”按钮，如图 8-4 所示。

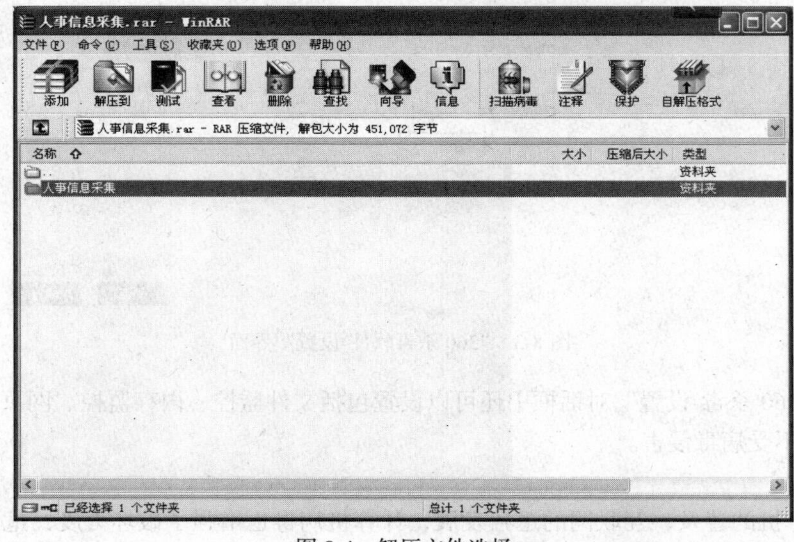

图 8-4　解压文件选择

② 在弹出的“释放路径和选项”对话框中，输入或选择要解压缩到的目录，如图 8-5 所示。

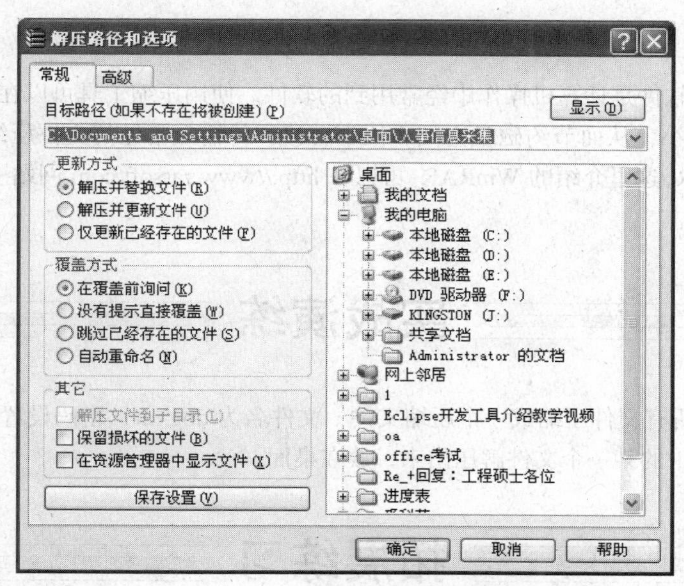

图 8-5　解压路径和选项

③ 单击“确定”按钮，文件就被解压缩到指定的目录中。

2. 保存

用户可以对需要修改的文件进行保存。

3. 压缩

① 当安装 Winrar 软件之后，选中要压缩的文件或文件夹，右击，在弹出的快捷菜单中选择“添加到压缩文件”命令，如图 8-6 所示。

② 在打开的“档案文件名字和参数”对话框中选择“高级”选项卡，单击“设置密码”按钮，可以为压缩文件加上一个密码，只有输入了这个密码才能为该压缩文件解压缩。这提供了一种文件加密的办法，如图 8-7 所示。

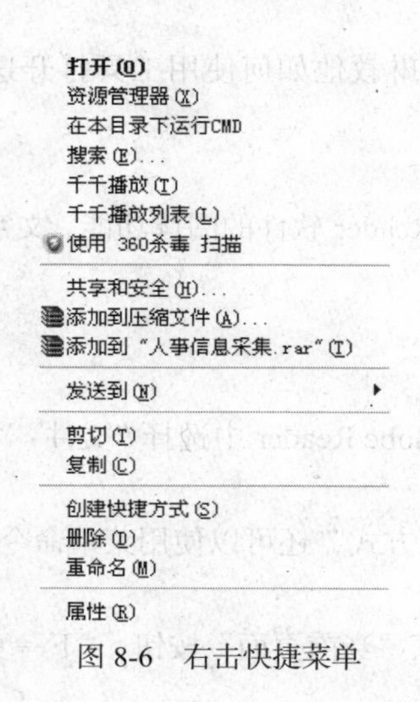

图 8-6　右击快捷菜单

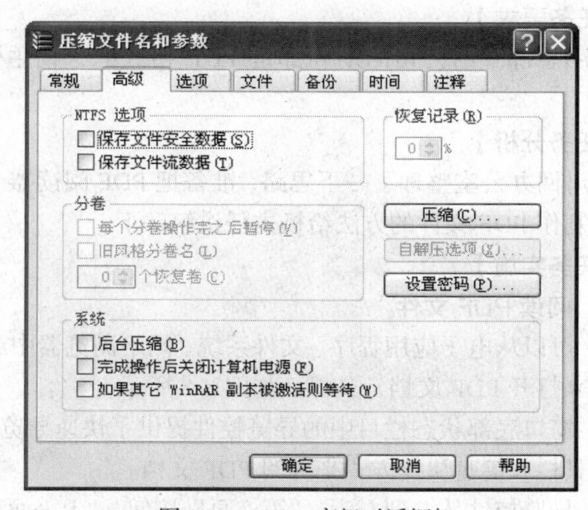

图 8-7　Winrar-高级对话框架

③ 设置好后，在“档案文件名字和参数”对话框中，单击“确定”按钮，即可开始生成压缩文件。

【知识支撑】

文件压缩工具软件是计算机操作中经常用到的软件。使用压缩工具可以在不损坏文件的前提下将其“体积”缩小，从而节约磁盘空间、便于转移和传输。常见的文件压缩软件有 Winzip、WinAce 和 WinRAR，这里介绍的 WinRAR，可以在 http://www.rarsoft.com 网站上免费下载得到（或升级到最新版本）。

实战演练

1. 把 D 盘下所有文件压缩成一个压缩文件，文件名为 dog.rar，密码设置为 123456。
2. 把 dog.rar 中的某一个文件解压出来，放在桌面。

拓展练习

把“我的文档”中的所有 Office 文档压缩成一个压缩文件，文件名为 documents.rar，并把这个文件以电子邮件附件的方式发送到老师指定的邮箱中；同时分别压缩一个 Word 文档和一个图片文件，比较一下这两种文件的压缩率。

工作任务三　电子图书阅读工具——Adobe Reader

【任务要求】

集团总部发给公司的期刊都是 PDF 格式的，杨主任请李琳教他如何使用工具打开这样的文件。

【任务分析】

李琳回办公室整理了一下思路，准备把 PDF 阅读器 adobe Reader 软件的阅读功能、文字识别功能和制作 PDF 文件的方法给杨主任讲解一下。

【任务实施】

1. 阅读 PDF 文件

① 可以从电子应用程序、文件系统、网络浏览器中或在 Adobe Reader 中选择“文件”“打开”命令，来打开 PDF 文档，其界面如图 8-8 所示。

② 窗口底部状态栏目中的导览控件提供了快速导览文档的方式，还可以使用菜单命令、“导览”工具栏和键盘快捷方式来翻阅 PDF 文档。

③ 导览控件从左到右为：“第一页”按钮、“上一页”按钮、“当前页面”按钮、“下一页”按钮、“最后一页”按钮、“上一视图”按钮和“下一视图”按钮。

图 8-8 Adobe Reader 主界面

2. 使用 Adobe Reader 进行文字识别

① 在打开的 PDF 文件中，在工具栏上单击“选择工具”按钮，鼠标指针就会由小手状变成 I 型。

② 选中 PDF 文件阅读框中的文字，在选中的文字上右击，在弹出的快捷菜单中选择“复制到剪贴板”命令，就可以把选中的文字识别成文本并复制到剪贴板中。

③ 打开 Word，就可以把剪切板上的内容粘贴到 Word 中，还可以对文字进行编辑。

3. 用 Adobe Acrobat 制作 PDF 文件

① 启动 Adobe Acrobat 6.0 Standard 后，单击工具栏上的“创建 PDF”按钮旁边的下拉按钮，出现一个下拉菜单。

② 选择“从文件”项，在“打开”对话框中选择文件类型。

③ 选择一个已有的 DOC 文件，单击“打开”按钮，就开始转换了。在转换过程中，屏幕会有闪烁，转换的时间会根据 DOC 文件的大小不同而有所差别，等转换完毕，就可以看到一个内容和原来完全一样的 PDF 文件。

【知识支撑】

PDF 是当前应用范围最广、最通用的一种开放式的电子图书文件格式规范。PDF 文件图像质量高、文件小、阅读速度快，受到越来越多的网上阅读者的青睐，是我们在网上见到的电子图书的主要格式之一。要阅读 PDF 文件就必须使用 Adobe Reader 阅读工具，Adobe Reader 是由 Adobe 公司开发的免费的 PDF 阅读工具，可以从 Adobe Reader 的官方网站 www.adobe.com 中下载最新版本。

实战演练

1. 打开一个 PDF 文件进行阅读。
2. 把某个 DOC 文件转换成 PDF 文件格式。

拓展练习

从网上下载一个 PDF 文件，利用 Adobe Reader 工具对它进行阅读并把该文件转换成 Word 文档，并对它进行相应的编辑。

工作任务四　网页浏览工具——360 安全浏览器

【任务要求】

最近，杨主任的电脑打开网页后浏览网页的速度比较慢，请李琳介绍一个比较好用的工具。

【任务分析】

李琳下载好 360 安全浏览器，准备安装在杨主任的电脑上。

【任务实施】

1. 网站浏览

启动 360 安全浏览器，主界面如图 8-9 所示。

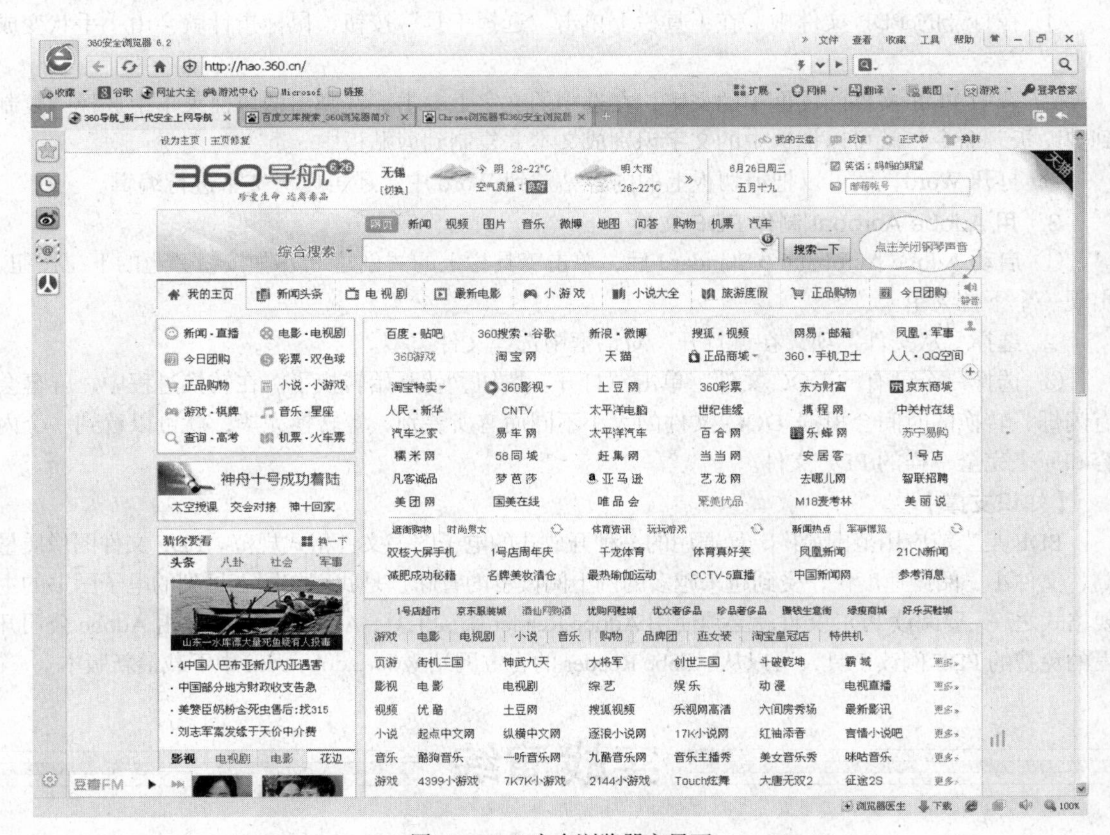

图 8-9　360 安全浏览器主界面

根据自己的需要进行选择，也可以在地址栏中输入相关的地址。360 安全浏览器和傲游浏览器一样，可以设置自己的登录账号，单击“e”图标，可以创建自己的账号密码，以方便保存自己常用的网址和隐私。

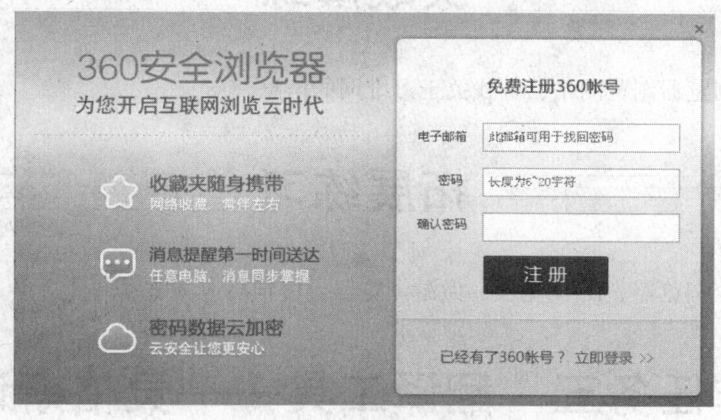

图 8-10　浏览器账号注册界面

2. 浏览设置

可以对网站进行一定的设置，单击“工具”→“选项”，出现如图 8-11 所示界面。可以设置默认的浏览器、打开的主页、下载文件的保存位置、广告的拦截等。

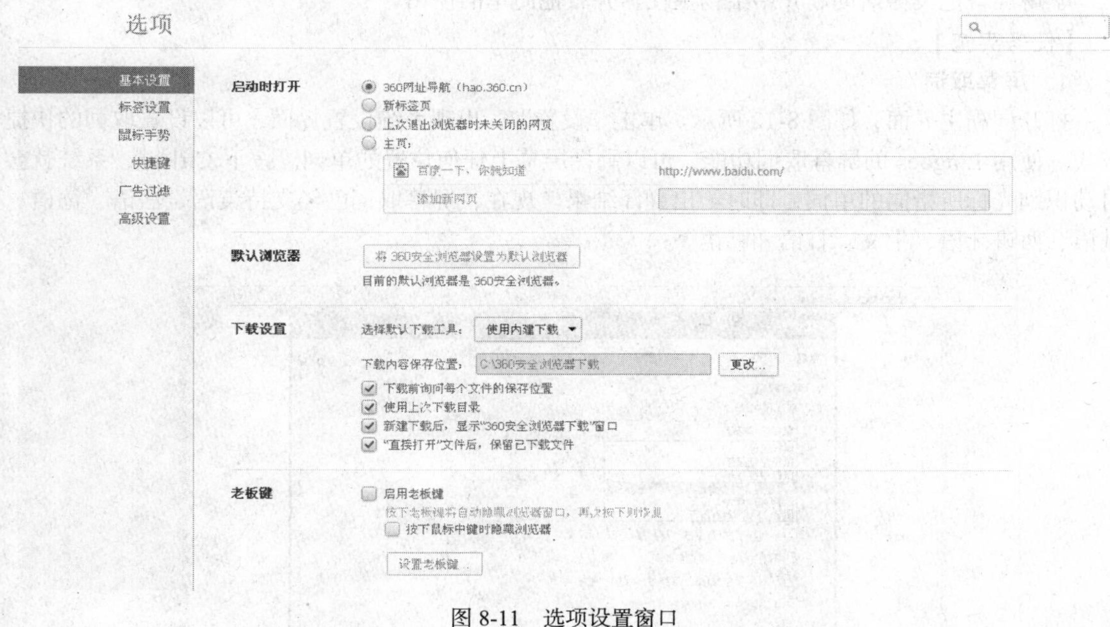

图 8-11　选项设置窗口

【知识支撑】

360 安全浏览器是目前比较流行的网页浏览器之一，是互联网上安全好用的新一代浏览器。360 安全浏览器拥有中国最大的恶意网址库，采用云查杀引擎，可自动拦截挂马、网银仿冒等恶意网址。

目前比较流行的浏览器除了 360 安全浏览器以外，还有金山猎豹浏览器、IE 浏览器、傲游浏览器、搜狗高速浏览器等。

实战演练

用360安全浏览器浏览网站，查找关于万维网的信息。

拓展练习

比较360安全浏览器、IE浏览器、傲游浏览器、搜狗高速浏览器的优缺点。

工作任务五　翻译工具——灵格斯词霸

【任务要求】

杨主任最近收到不少外文资料，请李琳帮助介绍一款翻译的软件及其使用方法。

【任务分析】

李琳准备把灵格斯词霸介绍给杨主任，并教他简单的使用。

【任务实施】

1．屏幕取词

打开词霸主界面，如图8-12所示。单击“设置”，出现系统设置界面，可以设置取词的快捷方式。使用Lingoes的屏幕取词功能，可以翻译屏幕上任何位置的单词。按下Ctrl键，系统就会自动识别光标所指向的单词，即时给出翻译结果。现在，屏幕取词已经支持英语、法语、德语、俄语、西班牙语、中文、日语和韩语……

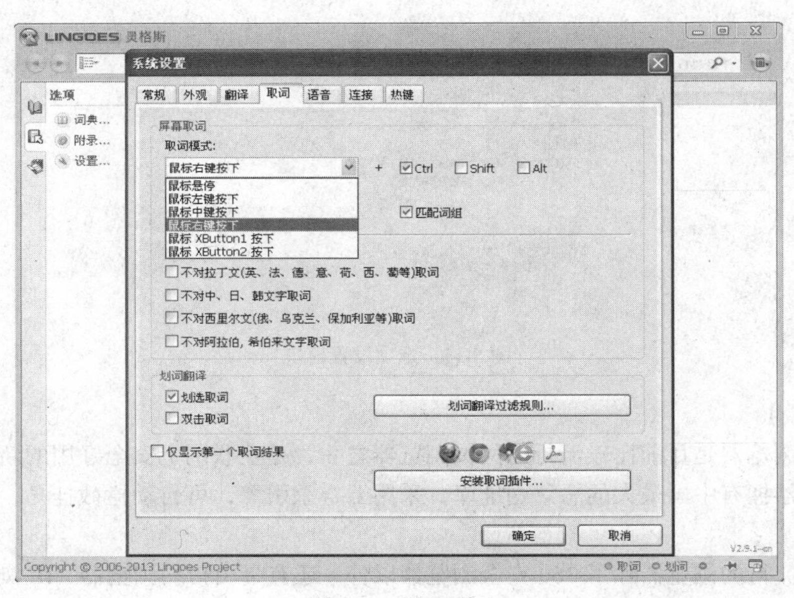

图8-12　设置界面

2. 真人语音

支持真人语音的单词及文本朗读，基于最新的真人发音引擎及 TTS 合成发音引擎，Lingoes 提供了单词和文本朗读功能，让您聆听真人朗读，掌握正确的单词发音，便于学习和记忆。

3. Ctrl + F12 键屏幕朗读

灵格斯的屏幕朗读技术，可以朗读屏幕上任意选中的文字，帮你用听的方法来冲浪互联网，选中文字，然后按下 Ctrl + F12 热键，听电脑以字正腔圆的声调为你朗读整篇内容。

【知识支撑】

灵格斯是一款简明易用的词典和文本翻译软件，支持全球超过 80 多个国家语言的词典查询和全文翻译，支持屏幕取词、划词、剪贴板取词、索引提示和真人语音朗读功能，并提供海量词库免费下载，专业词典、百科全书、例句搜索和网络释义一应俱全，是新一代的词典与文本翻译专家。

目前常用的翻译工具除了灵格斯词霸，还有金山快译，有道词典等。

实战演练

利用灵格斯词霸软件练习把一篇英文翻译成中文。

拓展练习

利用灵格斯词霸软件练习把一篇中文翻译成英文。

项目九
维护计算机系统

一个完整的计算机系统应该包括电脑的硬件系统和软件系统两大部分。硬件系统也称为硬件或硬设备，都是看得见、摸得着的，是计算机的实体组成部分；软件是相对于硬件而言的，软件是使用计算机和发挥计算机功能的各种程序的总称。计算机已经融入我们生活、工作的方方面面，不懂计算机就要被社会所淘汰。在计算机使用过程中，经常会出现这样那样的问题。计算机系统出现的问题不外乎软件系统的故障和硬件系统的故障。在这个项目中，将给读者讲述计算机系统的一般故障及其排除方法。

工作任务一　防御与查杀计算机病毒

【任务要求】

李琳在使用计算机过程中，经常碰到一些问题，其中病毒是引起计算机软件系统异常的主要原因。李琳想了解并掌握防御与查杀计算机病毒的技能。

【任务分析】

为了能够很好的防御与查杀计算机病毒，主要从计算机病毒的概念、计算机病毒的表现形式和计算机病毒的检测与预防来了解。

【任务实施】

一、计算机病毒的概念

计算机病毒是一组人为设计的程序，这些程序隐藏在计算机系统中，通过自我复制来传播，满足一定条件即被激活，从而给计算机系统造成一定损害甚至严重破坏。计算机病毒不单单是一个计算机学术问题，还是一个严重的社会问题。

1. 病毒的定义

《中华人民共和国计算机信息系统安全保护条例》对计算机病毒的定义是："编制或者在计算机程序中插入的破坏计算机功能或者毁坏数据，影响计算机使用，并能自我复制的一组计算机指令或者程序代码。"

2. 计算机病毒的发展历史

计算机病毒起源于 1988 年 11 月 2 日发生在美国的莫里斯事件，这是一场损失巨大、影响深远的大规模"病毒"疫情。计算机病毒的发展历史可以划分为四个阶段。

（1）第一代病毒

第一代病毒的产生年限可以认为在 1986—1989 年之间，这一期间出现的病毒可以被称为传统的病毒，是计算机病毒的萌芽和滋生时期。由于当时计算机的应用软件少，而且大多是单机运行环境，因此病毒没有大量流行，病毒的种类也很有限，病毒的清除工作较容易。

（2）第二代病毒

第二代病毒又称为混合型病毒，其产生的年限在 1989—1991 年之间，它是计算机病毒由简单发展到复杂，由单纯走向成熟的阶段。计算机局域网开始应用与普及，许多单机应用软件开始转向网络环境，应用软件更加成熟。网络系统尚未有安全防护的意识，缺乏在网络环境下病毒防御的思想准备与方法对策，给计算机病毒带来了第一次流行高峰。

（3）第三代病毒

第三代病毒的产生年限在 1992—1995 年之间，此类病毒被称为“多态性”病毒或“自我变形”病毒，是最近几年来出现的新型计算机病毒。所谓“多态性”或“自我变形”的含义是指此类病毒在每次传染目标时，放入宿主程序中的病毒程序大部分是可变的，即在搜集到同一种病毒的多个样本中，病毒程序的代码绝大多数是不同的。由于这一特点，传统利用特征码的方法不能检测出此类病毒。

（4）第四代病毒

90 年代中后期产生了第四阶段病毒，随着远程网、远程访问服务的开通，病毒流行面更加广泛，病毒的流行迅速突破地域的限制。首先通过广域网传播至局域网内，再在局域网内传播扩散。1996 年下半年随着国内 Internet 的大量普及和 E-mail 的使用，夹杂于 E-mail 内的 WORD 宏病毒已成为当前病毒的主流。由于宏病毒编写简单、破坏性强、清除繁杂，给清除工作带来了诸多不便。这一时期的病毒的最大特点是利用 Internet 作为其主要传播途径，因而，病毒传播快、隐蔽性强、破坏性大。

3. 计算机病毒的来源

计算机病毒主要来源于：从事计算机工作的人员和业余爱好者的恶作剧、寻开心制造出的病毒；软件公司及用户为保护自己的软件被非法复制而采取的报复性惩罚措施；旨在攻击和摧毁计算机信息系统和计算机系统而制造的病毒，蓄意进行破坏；用于研究或有益目的而设计的程序，由于某种原因失去控制产生了意想不到的效果。

4. 计算机病毒的特点

计算机病毒通常具有如下主要特点：

（1）传染性

正常的计算机程序不会将自身的代码强行连接到其他程序上，而病毒却能使自身的代码强行传染到一切符合其传染条件的未受到传染的程序上。病毒程序一旦进入系统与其中的程序接在一起，就会在运行带病毒的程序之后再传染其他程序。

（2）隐蔽性

病毒程序与正常程序是不容易区别开来的，在其进入系统并破坏数据的过程中通常不易被用户感觉到，而发现有明显变化时，往往计算机病毒已经造成危害。

（3）潜伏性

大部分的病毒感染系统之后一般不会马上发作，它可长期隐藏在系统中，只有在满足其特定条件时才启动运行。

（4）破坏性

计算机病毒的破坏性主要有两个方面：一是占用系统的时间、空间资源；二是干扰或破坏系统的运行、破坏或删除程序和数据文件。

（5）寄生性

计算机病毒寄生在其他程序之中，当执行这个程序时，病毒就起破坏作用，而在未启动这个程序之前，它是不易被人发觉的。

（6）可触发性

病毒既要隐蔽又要维持杀伤力，它必须具有可触发性。病毒的触发机制就是用来控制感染和破坏动作的频率的。病毒具有预定的触发条件，这些条件可能是时间、日期、文件类型或某些特定数据等。

5. 计算机病毒的分类

① 按破坏性分：良性病毒、恶性病毒、极恶性病毒、灾难性病毒。

② 按传染方式分：引导区型病毒、文件型病毒、混合型病毒、宏病毒。

③ 按连接方式分：原码型病毒、入侵型病毒、操作系统型病毒、外壳型病毒。

二、计算机病毒的表现形式

1. 计算机病毒的破坏行为

计算机病毒的破坏行为体现了病毒的杀伤能力。病毒破坏行为的激烈程度取决于病毒作者的主观愿望和他所具有的技术能力。数以万计、不断发展扩张的病毒，其破坏行为千奇百怪，不可能穷举其破坏行为，难以做全面的描述。根据有关病毒资料可以把病毒的破坏目标和攻击部位归纳如下：

① 攻击系统数据区。攻击部位包括：硬盘主引寻扇区、Boot 扇区、FAT 表、文件目录。一般来说，攻击系统数据区的病毒是恶性病毒，受损的数据不易恢复。

② 攻击文件。病毒对文件的攻击方式很多，可列举如下： 删除、改名、替换内容、丢失部分程序代码、内容颠倒、写入时间空白、变碎片、假冒文件、丢失文件簇、丢失数据文件。

③ 攻击内存。内存是计算机的重要资源，也是病毒的攻击目标。病毒额外地占用和消耗系统的内存资源，可以导致一些大程序受阻。病毒攻击内存的方式有占用大量内存、改变内存总量、禁止分配内存、蚕食内存。

④ 干扰系统运行。病毒会干扰系统的正常运行，以此做为自己的破坏行为。此类行为也是花样繁多，包括不执行命令、干扰内部命令的执行、虚假报警、打不开文件、内部栈溢出、占用特殊数据区、换现行盘、时钟倒转、重启动、死机、强制游戏、扰乱串并行口。

⑤ 速度下降。病毒激活时，其内部的时间延迟程序启动。在时钟中纳入了时间的循环计数，迫使计算机空转，计算机速度明显下降。

⑥ 攻击磁盘。攻击磁盘数据、不写盘、写操作变读操作、写盘时丢字节。

⑦ 扰乱屏幕显示。病毒扰乱屏幕显示的方式很多，包括字符跌落、环绕、倒置、显示前一屏、光标下跌、滚屏、抖动、乱写、吃字符。

⑧ 键盘。病毒干扰键盘操作，包括响铃、封锁键盘、换字、抹掉缓存区字符、重复、输入紊乱。

⑨ 攻击 CMOS。在机器的 CMOS 区中，保存着系统的重要数据。例如系统时钟、磁盘类型、内存容量等，并具有校验和。有的病毒激活时，能够对 CMOS 区进行写入动作，破坏系统 CMOS 中的数据。

2. 计算机病毒的表现形式

（1）机器不能正常启动

加电后机器根本不能启动，或者可以启动，但所需要的时间比原来的启动时间变长了。有时会突然出现黑屏现象。

（2）运行速度降低

如果发现在运行某个程序时，读取数据的时间比原来长，存文件或调文件的时间都增加了，那就可能是由于病毒造成的。

（3）磁盘空间迅速变小

由于病毒程序要进驻内存，而且又能繁殖，因此使内存空间变小甚至变为“0”，用户什么信息也进不去。

（4）文件内容和长度有所改变

一个文件存入磁盘后，本来它的长度和其内容都不会改变，可是由于病毒的干扰，文件长度可能改变，文件内容也可能出现乱码。有时文件内容无法显示或显示后又消失了。

（5）经常出现“死机”现象

正常的操作是不会造成死机现象的，即使是初学者，命令输入不对也不会死机。如果机器经常死机，那可能是由于系统被病毒感染了。

（6）外部设备工作异常

因为外部设备受系统的控制，如果机器中有病毒，外部设备在工作时可能会出现一些异常情况，出现一些用理论或经验难以解释现象。

以上仅列出一些比较常见的病毒表现形式，肯定还有一些其他的特殊现象，这就需要由用户自己判断了。

三、计算机病毒的检测与预防

1. 从管理上对病毒的预防

① 谨慎地使用公用软件和共享软件；

② 限制计算机网络上的可执行代码的交换，尽量不运行不知来源的程序，新使用的计算机软件应先经过检查；非本机软盘须先检测；不玩游戏；除原始的系统盘外，尽量不用其他软盘去引导系统；

③ 定期检测软、硬盘上的系统区和文件并及时消除病毒，经常检查 AUTOEXEC.BAT 和 CONFIG.SYS 中有无插入引导病毒程序的命令；系统中的数据盘和系统盘要定期进行备份；不将数据或程序写到系统盘上；把专用系统盘放置在安全可靠的地方；

④ 对所有系统盘和文件或重要的磁盘文件进行写保护，如将所有文件扩展名为 COM 和 EXE 的文件赋以“只读”属性；软盘加写保护；把 COMMAND.COM 文件隐藏起来。

2. 从技术上对病毒的预防

（1）硬件保护法

任何计算机病毒对系统的入侵都是利用 RAM 提供的自由空间及操作系统所提供的相应中断功能来达到传染的目的。因此，可以通过增加硬件设备来保护系统，此硬件设备既能监视 RAM 中的常驻程序，又能阻止对外存储器的异常写操作，这样就能达到对计算机病毒预防的目的。目前普遍使用的防病毒卡就是一种病毒的硬件保护手段，将它插在主机板的 I/O 插槽上，在系统的整个运行过程中密切监视系统的异常状态。

（2）计算机病毒疫苗

计算机病毒疫苗是一种能够监视系统的运行、可以发现某些病毒入侵时防止或禁止病毒入侵、当发现非法操作时及时警告用户或直接拒绝这种操作的不具备传染性的可执行程序。

3. 病毒的预防又可分为主动预防和被动预防两种

（1）主动预防

主动预防是指堵塞病毒的传播途径，使病毒无法传入计算机中。把防病毒软件在系统启动时驻留在内存，就是一种主动预防方法，但它会占据系统的内存空间。

（2）被动预防

被动预防是指计算机感染病毒之后，尽可能及时发现并清除病毒，减少病毒所造成的危害。例如，通常采用的把反病毒软件作为应用程序来运行就是一种被动预防方法。

4. 病毒的清除

（1）人工处理的方法

用正常的文件覆盖被病毒感染的文件；删除被病毒感染的文件；重新格式化磁盘，但这种方法有一定的危险性，容易造成对文件的破坏。

（2）用反病毒软件清除病毒

常用的反病毒软件有 KV3000、瑞星等。这些反病毒软件操作简单、提示丰富、行之有效，但对某些病毒的变种不能清除。

【知识支撑】

随着计算机应用的推广和普及，国内外软件的大量流行，计算机病毒的滋扰也愈加频繁。这些病毒还在继续蔓延，给计算机的正常运行造成严重威胁。如何保证数据的安全性，防止病毒的破坏，已成为当今计算机研制人员和应用人员所面临的重大问题。研究完善的抗病毒软件和预防技术成为目前亟待攻克的新课题。

思考练习

1. 观察防病毒软件如何工作。
2. 下载 360 安全卫士并且安装，思考其有何作用。
3. 查找资料，了解更多计算机安全方面的知识。

拓展练习

1. 以下关于计算机病毒的叙述，说法不正确是（　　）。
   A. 病毒是一段程序　　B. 病毒能够扩散
   C. 病毒是由计算机系统运行混乱造成　　D. 病毒可以预防和消除
2. 计算机病毒可以造成计算机（　　）的损坏。
   A. 软件和数据　　B. 硬件和数据
   C. 硬件、软件和数据　　D. 硬件和软件
3. 计算机病毒主要是通过（　　）传播的。
   A. 磁盘与网络　　B. 微生物病毒　　C. 人体　　D. 电源
4. 计算机病毒是依靠它的（　　）实现自身与合法系统的连接。
   A. 系统调用部分　　B. 启动部分　　C. 破坏部分　　D. 传染部分

5. 下列不是计算机病毒特点的是（　　）。

A. 传染性　　B. 隐藏性　　C. 破坏性　　D. 通用性

6. 计算机病毒的主要特征是（　　）。

A. 只会感染不会致病　　B. 造成计算机器件永久失效

C. 格式化磁盘　　D. 传染性、隐藏性、破坏性和潜伏性

7. 下列叙述中，正确的是（　　）。

A. 所有计算机病毒只在可执行文件中传染

B. 计算机病毒通过读写软盘或 Internet 网络进行传播

C. 只要把带毒软盘片设置成只读状态，那么此盘片上的病毒就不会因读盘而传染给另一台计算机

D. 计算机病毒是由于软盘片表面不清洁造成的

8. 病毒程序按其侵害对象不同分为（　　）。

A. 外壳型、入侵型、源码型和外壳型

B. 源码型、外壳型、复合型和网络病毒

C. 引导型、文件型、复合型和网络病毒

D. 良性型、恶性型、源码型和外壳型

9. 不是微机之间病毒传播的媒介的是（　　）。

A. 硬盘　　B. 鼠标　　C. 软盘　　D. 光盘

10. 对已感染病毒的磁盘（　　）。

A. 用酒精消毒后可继续使用　　B. 用杀毒软件杀毒后可继续使用

C. 可直接使用，对系统无任何影响　　D. 不能使用只能丢掉

11. 发现计算机感染病毒后，如下操作可用来清除病毒（　　）。

A. 使用杀毒软件　　B. 扫描磁盘

C. 整理磁盘碎片　　D. 重新启动计算机

12. 防止病毒入侵计算机系统的原则是（　　）。

A. 对所有文件设置只读属性　　B. 定期对系统进行病毒检查

C. 安装病毒免疫卡　　D. 坚持以预防为主，堵塞病毒的传播渠道

13. 计算机病毒的防治方针是（　　）。

A. 坚持以预防为主　　B. 发现病毒后将其清除

C. 经常整理硬盘　　D. 经常清洗软驱

14. 计算机病毒的最终目标在于（　　）。

A. 干扰和破坏系统的软、硬件资源　　B. 丰富原有系统的软件资源

C. 传播计算机病毒　　D. 寄生在计算机中

15. 计算机病毒在发作前，它（　　）。

A. 很容易发现　　B. 没有现象

C. 较难发现　　D. 不能发现

16. 若出现下列现象（　　）时，应首先考虑计算机感染了病毒。

A. 不能读取光盘　　B. 写软盘时，报告磁盘已满

C. 程序运行速度明显变慢　　D. 开机启动时，先扫描硬盘

17. 为了预防计算机病毒，对于外来磁盘应采取（　　）。

A. 禁止使用　　B. 先查毒，后使用
C. 使用后，就杀毒　　D. 随便使用

18. 文件型病毒感染的主要对象是（　　）类文件。
A. .TXT 和.WPS　　B. .COM 和.EXE
C. .WPS 和.EXE　　D. .DBF 和.COM

19. 下列操作中，（　　）不可能清除文件型计算机病毒。
A. 删除感染计算机病毒的文件
B. 将感染计算机病毒的文件更名
C. 格式化感染计算机病毒的磁盘
D. 用杀毒软件进行清除

20. 下列现象中的（　　）时，不应首先考虑计算机感染了病毒。
A. 磁盘卷标名发生变化　　B. 以前能正常运行的程序突然不能运行了
C. 鼠标操作不灵活　　D. 可用的内存空间无故变小了

21. 用于查杀计算机病毒的软件是（　　）。
A. Excel　　B. FoxPro　　C. Kill　　D. Windows

工作任务二　发现与排除计算机故障

【任务要求】

李琳在使用计算机过程中，经常碰到一些问题，其中硬件系统的异常比较常见。李琳想了解并掌握发现与排除计算机故障的技能。

【任务分析】

为了能够很好的发现与排除计算机常见故障，要先从硬件故障的现象来分析，然后看解决方案。常见的发生硬件故障的部件主要有 CPU、内存、主板、输入输出设备、主要扩展板卡等。

【任务实施】

一、CPU 常见故障

当电脑出现运行不稳定、通电后不能启动等现象时，如果排除了电源、内存以及软件病毒等因素引发故障的可能性以后，接下来就需要检查 CPU 是否有问题了。由 CPU 造成的故障表现虽然是多种多样的，但归纳起来也无外乎频繁死机、开机自检显示的工作频率反复变 化、因超频过度而无法开机，以及系统加电后没有任何反应等几种方式。当然，应对的办法也都不尽相同，下面我们将分别加以介绍。

1. 频繁死机

这种故障现象比较常见，一般是由散热系统工作不良、CPU 与插座接触不良、BIOS 中有关 CPU 高温报警设置错误等造成的。

采取的对策主要是围绕 CPU 散热、插接件是否可靠和检查 BIOS 设置来进行。例如，检查风扇是否正常运转（必要时甚至可以更换大排风量的风扇）、检查散热片与 CPU 接触是否良好、导热硅脂涂敷得是否均匀、取下 CPU 检查插脚与插座的接触是否可靠、进入 BIOS 设置调整温度保护点等。

2. 开机自检显示的工作频率不正常

具体的表现为开机后 CPU 工作频率降低，屏显“Defaults CMOS Setup Loaded”的提示，在重新设置 CMOS 中的 CPU 参数之后，系统可恢复正常显示，但故障会再次出现。产生这种情况与 CMOS 电池或主板的相应电路有关。

此类故障可遵循先易后难的检修原则，首先测量主板电池的电压，如果电压值低于 3 伏特，应考虑更换 CMOS 电池。假如更换电池没多久，故障又出现，则是主板 CMOS 供电回路的元器件存在漏电，此时需将主板送修。

3. 超频过度造成的无法开机

过度超频之后，电脑启动时可能出现散热风扇转动正常，而硬盘灯只亮了一下便没有反应了，显示器也维持待机状态的故障。由于此时已不能进入 BIOS 设置选项，因此，也就无法给 CPU 降频了。此类情况的处理方法有两种。

① 打开机箱并在主板上找到给 CMOS 放电的跳线（一般都安排在钮扣电池的附近），将其设置在“CMOS 放电”位置或者把电池抠掉，稍微等待几分钟时间后，再将跳线或电池复位并重新启动电脑即可。

② 目前较新的主板大多具有超频失败的专用恢复性措施。例如，可以在开机时按住 Insert 键不放，此时系统启动后便会自动进入 BIOS 设置选项，随后即可进行降频操作。而在一些更为先进的主板中，还可在超频失败后主动“自行恢复”CPU 的默认运行频率。因此，对于热衷超频而又缺乏实际操作经验的普通读者来说，选择带有“逐兆超频”、“超频失败自动恢复”等人性化功能的主板，会使超频 CPU 的工作变得异常的简单轻松。

4. 系统加电没有反应

一般这类故障可采用“替换法”来确定故障的具体部位。假如消除了主板、电源引发故障的可能性，则可确定是 CPU 的问题并多为内部电路损坏。倘若如此的话，就只能通过更换 CPU 来解决了。

二、内存常见故障

1. 开机无显示

出现此类故障一般是因为内存条与主板内存插槽接触不良造成，只要用橡皮擦来回擦试其金手指部位即可解决问题（不要用酒精等清洗）。另外，内存损坏或主板内存槽有问题也会造成此类故障。

由于内存条原因造成开机无显示故障，主机扬声器一般都会长时间蜂鸣（针对 Award Bios 而言）。

2. Windows 注册表经常无故损坏，提示要求用户恢复

此类故障一般都是因为内存条质量不佳引起，很难予以修复，唯有更换一途。

3. Windows 经常自动进入安全模式

此类故障一般是由于主板与内存条不兼容或内存条质量不佳引起，常见于高频率的内存条用于某些不支持此频率内存条的主板上，可以尝试在 CMOS 设置内降低内存读取速度的方法，如果不行，那就只有更换内存条了。

4. 随机性死机

此类故障一般是由于采用了几种不同芯片的内存条，由于各内存条速度不同产生一个时间差从而导致死机，对此可以在 CMOS 设置内降低内存速度予以解决，否则，唯有使用同型号内存条。

还有一种可能就是内存条与主板不兼容，此类现象一般少见，另外也有可能是内存条与主板接触不良引起电脑随机性死机。

5. **内存加大后系统资源反而降低**

此类现象一般是由于主板与内存不兼容引起，常见于高频率的内存条用于某些不支持此频率的内存条的主板上，当出现这样的故障后你可以试着在 COMS 中将内存的速度设置得低一点。

6. **运行某些软件时经常出现内存不足的提示**

此现象一般是系统盘剩余空间不足造成的，可以删除一些无用文件，多留一些空间，一般保持在 300M 左右为宜。

三、主板常见故障

在电脑的所有配件中，主板是决定计算机整体系统性能的一个关键性部件，好的主板可以让电脑更稳定地发挥系统性能，反之，系统则会变得不稳定。实际上主板本身的故障率并不是很高，但由于所有硬件构架和软件系统环境都搭在这块板子上，而且我们在很多的情况下也是凭借主板发出的信息来判断其他设备存在故障的，所以掌握了它，对我们排除故障有很大的帮助。

1. **开机自检与开机故障的处理**

计算机启动过程是个很复杂的过程。在我们按下启动键时，供电电压还是不稳定的，主板控制芯片组会向 CPU 发出一个 RESET 信号，让 CPU 初始化。当电源稳定供电后，芯片组便撤去 RESET 信号，CPU 马上就从地址 FFFF0H 处开始执行指令，这个地址在系统 BIOS 的地址范围内，无论是 Award BIOS 还是 AMI BIOS，放在这里的只是一条跳转指令，跳到系统 BIOS 中真正的启动代码处。系统 BIOS 的启动代码首先要做的事情就是进行 POST（加电自检）。POST 的主要任务是检测系统中的一些关键设备是否存在和能否正常工作，如内存和显卡等。如果这个时候系统的喇叭发出的不是一声清脆的“嘀”声，那就有可能是内存条或是显示卡等出故障了。具体的错误一般可以从警报声的长短和次数来判断。目前最常见的 Award BIOS 开机鸣叫声的具体意义如下，供大家参考。

1 短：系统正常启动。

2 短：常规错误，请进入 CMOS SETUP 重新设置不正确的选项。

1 长 1 短：内存 RAM 或主板出错。

1 长 2 短：显示器或显示卡错误。

1 长 3 短：键盘控制器错误。

1 长 9 短：主板 Flash RAM 或 EPROM 错误，BIOS 损坏。

重复长响：内存条未插紧或损坏。

不停地响：电源，显示器未和显示卡连接好。

重复短响：电源有问题。

如果 BIOS 自检没有问题的话，多数电脑开机画面将有两到三屏，其中第一屏为显卡的相关信息，如生产厂商、图形芯片类型、显存容量等内容，如果此处显示的信息与显卡标称的指标有异，那么显卡很可能存在问题。第二屏显示的信息比较多，有内存自检数值、BIOS 信息（系统 BIOS 的类型、序列号和版本号等内容）、主板信息代码等，如果内存存在质量问题，会在这里有提示。第三屏画面上半部分的框中会显示电脑的主要配置，而下面将显示 PCI 插槽中设备 IRQ 等信息。如果一切正常，在显示完第三屏画面后将启动操作系统。这时最常出现的不能启动故障就是找不到硬盘。除线路接触不好外，一般找不到硬盘的原因，主要是硬盘物理损坏，但有时也会是硬盘主引导区信息被病毒破坏。

另外，由于现在 CPU 发热量非常大，所以许多主板都提供了严格的温度监控和保护装置。一般 CPU 温度过高，或主板上的温度监控系统出现故障，主板就会自动进入保护状态。拒绝加电启动，或报警提示。往往由于主板温度监控线的脱落，而导致主板自动进入保护状态，拒绝加电。所以当你的主板无法正常启动或报警时，先检查一下主板的温度监控装置是否正常。

2. 主板常见故障的处理

（1）CMOS 故障

在开机自检时如果总是出现“CMOS checksum error-Defaults loaded”的提示，而且必须按 F1，Load BIOS default 才能正常开机。通常发生这种状况都是因为主板上给 CMOS 供电的电池没电了，因此建议先换电源看看。如果此情形依然存在，那就有可能是 CMOS RAM 有问题。因为 CMOS RAM 是我们个人无法维修的，所以建议把它送回原厂处理。

开机后提示“CMOS Battery State Low”，有时可以启动，使用一段时间后死机，这种现象大多是 CMOS 供电不足引起的。对于不同的 CMOS 供电方式，采取不同的措施：

焊接式电池：用电烙铁重新焊上一颗新电池即可；

钮扣式电池：直接更换；

芯片式电池：更换此芯片最好采用相同型号芯片替换。如果更换电池后时间不长又出现同样现象的话，很可能是主板漏电，可检查主板上的二极管或电容是否损坏，也可以跳线使用外接电池。

（2）主板元器件及接口损坏

主板的平面是一块 PCB 印刷电路板，上面布满了插槽、芯片、电阻、电容等。其中任何元器件的损坏都会导致主板不能正常工作。

主板上的芯片。一般的非整合主板都有两个芯片，一个是南桥芯片，一个是北桥芯片。如果北桥芯片坏了，CPU 与系统的主界面交换就会出现问题。南桥芯片一旦出现问题，电脑就会失去磁盘控制器功能，这和没有了硬盘是一样的。这两个芯片很重要，如果这两个芯片烧掉了，就得送回原厂去修。如果是整合主板，它只有一个芯片，要是坏了，比一般的主板的问题还要严重。

主板上的铝电解电容（一般在 CPU 插槽周围）。其内部采用了电解液，由于时间、温度、质量等方面的原因，会使它发生“老化”现象，这会导致主板抗干扰指标的下降，影响计算机正常工作。我们可以购买与“老化”电容容量相同的电容，准备好电烙铁、焊锡丝、松香后，将“老化”的替换即可。如果包换期还没过，最好找商家换块新主板。

电源质量不好，或其他配件短路往往会造成电阻的烧毁。这种故障的判断，当然要反复的检查，看各插头、插座是否歪斜，电阻、电容引脚是否相碰，表面是否烧焦，芯片表面是否开裂，主板上的铜箔是否烧断。还要查看是否有异物掉进主板的元器件之间。遇到有疑问的地方，可以借助万用表量一下。触摸一些芯片的表面，如果异常发烫，可换一块芯片试试。

不恰当的带电热拔插，往往会造成主板接口的损坏。例如因热拔插打印机造成的并口损坏故障就很多，在不准备换主板的前提下，解决的办法：一是找一家具备芯片级维修能力的厂家维修；二是添加一块多功能卡。

（3）主板兼容及稳定性故障

主板的兼容性故障也是大家经常要遇到的问题之一，例如无法使用大容量硬盘、无法使用某些品牌的内存条或 RAID 卡、不识别新 CPU 等。导致这类故障的主要原因：一是主板的自身用料和做工存在问题；二是主板 BIOS 存在问题，一般通过升级新版的 BIOS 就能够解决。

主板的稳定性故障也是比较常见的，这类故障是由元器件功能失效、电路断路、短路引起，其故障现象稳定重复出现，而不稳定性故障往往是由接触不良、元器件性能变差，使芯片逻辑功能处于时而正常、时而不正常的临界状态所引起。我们应注意：

由于 I/O 插槽变形，造成显示卡与该插槽接触不良，使显示呈变化不定的错误状态。

因为主板的过热而导致系统的运行不稳定。出现此类故障一般是由于主板 Cache 有问题或主板设计散热不良引起，对于 Cache 有问题的故障，可以进入 CMOS 设置程序，将 Cache 禁止后即可顺利解决问题，当然，Cache 禁止对运行速度会有影响。

在主板的保养方面不容忽视。灰尘是主板最大的敌人之一，灰尘可能令主板遭受致命的打击。我们应定期打开机箱用毛刷或吸尘器除去主板上的灰尘。

主板上一些插卡、芯片采用插脚形式，常会因为引脚氧化而接触不良。可用橡皮擦去表面氧化层，重新插接。

在突然掉电时，要马上关上计算机，以免又突然来电把主板和电源烧毁。

（4）芯片组与操作系统的兼容问题

主板芯片组的更新换代速度越来越快，新的芯片组所带来的一系列问题也摆在了我们的面前。如很多主板芯片组无法被操作系统正确识别，这直接造成了本来能够支持的新技术不能正常使用以及兼容性问题大量出现。微软也注意到了现今的情况，并拿出了一些解决办法。例如，Win2000/XP 系统的升级包除了解决安全问题之外，还特别集成诸多芯片组的驱动程序，解决了不少性能与兼容问题。但是，微软做的这些努力毕竟有限，对于一些新技术仍然未能支持。我们不得不更加关注一下主板驱动，这个由芯片组厂商给我们带来的、操作系统的“特别补丁”。如果不安装补丁程序，很可能会导致声卡工作不正常、显卡驱动程序无法正确安装、硬盘将无法打开 DMA 模式、进入节能状态后无法唤醒等故障。

对于 VIA 等兼容芯片组而言，其 4-in-1 补丁程序的正确安装尤为重要。VIA 4-in-1 驱动中包含为符合 ATAPI 接口规范的 IDE 设备提供的驱动程序、AGP VxD Driver（虚拟设备驱动程序）、IRQ（中断请求）路由端口驱动程序及 VIA INF（驱动程序信息）。除了解决兼容性问题之外，VIA 4-in-1 驱动还能实现与 Intel 提供的几种驱动程序相似的功能。由于兼容性问题会随新产品的增多而增加，同时基于对性能优化的考虑，VIA 4-in-1 驱动程序更新比较频繁。不过如果你在应用中没有遭遇问题，完全没必要始终更新至最新版本的 4-in-1 驱动程序。

（5）主板 BIOS 常见问题

BIOS 设置不当导致的故障

由于每种硬件都有自己默认或特定的工作环境，不能随便超越它的工作权限进行设置，所以主板 BIOS 也会因为设置不当而导致故障的出现。例如系统无法正常启动，多与 BIOS 设置有关，像硬盘类型设置有误或者启动顺序设定不当。如果将光驱所在的 IDE 设置为“NONE”，就会导致无法从光驱启动。若设置的 USB 启动设备类型与实际使用的设备不匹配也无法正常启动。再如一款内存条只能支持到 DDR 266，而在 BIOS 设置中却将其设为 DDR 333 的规格，这样做就会因为硬件达不到要求而造成系统不稳定，即便是能在短时间内正常得工作，电子元件也会随着使用时间的增加而逐渐老化，产生的质量问题也会导致计算机频繁的死机。

此外硬盘等 PCI 设备大部分是按 33MHz 标准制造的。在我们超频后，往往会发现系统的整体性竟没有多大改进。有时硬盘还会出现读写错误、声卡可能没法正常发声、网卡和 SCSI 卡可能会出现无法使用的情况，而显示卡有可能会花屏或是造成系统死机。因此，超频至非标准外频的作法是不划算的。为了整体系统的稳定，我们应该正确设置 PCI 总线频率相对于系统总线的分频。当由于 BIOS 设置不当导致故障时，我们可以启动电脑并按 Del 键进入 BIOS 设置，选择“Load

Default BIOS Setup”选项，将主板的 BIOS 恢复到出厂时默认的初始状态。

BIOS 升级失败的处理

升级主板 BIOS 是解决主板兼容性、稳定性等问题的最佳方案，不容置疑。但在升级 BIOS 提升性能的同时，往往也会出现一些难以预料的事。例如在升级过程中突然断电、升级时用错了升级文件、升级文件的版本不正确、升级文件被修改过（例文件受病毒侵袭过）等，都会造成主板完全“瘫痪”的严重故障。实际上 BIOS 升级失败之后，并非不可挽回！我们还可以按照以下方法对它进行恢复。

一是利用“BIOS BOOT BLOCK 引导块”恢复，通常情况下 BIOS 中会有一个保留部分不会被刷新，那就是 BOOT BLOCK 程序，即使 BIOS 刷新失败，BOOT BLOCK 还是能够控制 ISA 显卡与软驱。但是现在多数主板不支持 ISA，所以需要利用软驱。这时你只需在其他计算机上制作一张 DOS 启动盘，并将 BIOS 升级程序和 BIOS 文件拷贝到这个 DOS 启动盘中然后重建一个 Autoexec.bat 文件，其内容就是用于执行自动升级 BIOS 的命令（对于采用 Award 公司 BIOS 的主板而言，应执行“Awdflash BIOS 升级文件名/SN/PY”命令。对于采用 AMI 公司的 BIOS 的主板而言，用户应执行“Amiflash BIOS 升级文件名/A”命令）。接下来将该软盘插入 BIOS 升级失败的计算机的软驱中，打开计算机电源，系统就会使用软盘上的操作系统启动，并自动执行 BIOS 刷新操作（屏幕上不会显示任何内容）。操作完毕之后再次重新启动计算机即可恢复。不过，如果有些 BIOS 在刷新时将 BOOT BLOCK 部分也进行了刷新，这样的 BIOS 就无法按照此种方法恢复了。

二是热插拔法，如果损坏比较严重，连 Boot Block 引导块也一起损坏，可以试用“热插拔”来修复。当 BIOS 完成 POST 上电自检、系统启动自检程序后，由操作系统接管系统的控制权。完成启动过程后，BIOS 已完成了它的使命，之后它基本是不工作的。首先放掉身上的静电，找到一台与已坏主板相同型号的主板，分别拔出两块主板的 BIOS 芯片，然后将好主板的 BIOS 芯片插回 BIOS 插座，注意不能插得太紧，只要引脚能刚刚接触到插座即可。启动电脑，进入纯 DOS 状态，将好 BIOS 芯片拨出来，再将坏 BIOS 芯片插到该主板上，进行 BIOS 刷新，问题就可以解决了。不过，本方法需要带电插拔 BIOS ROM 芯片，具有一定的危险性，操作失败可能会破坏主板，如果没有这方面的经验，最好不要采用此方法。如果以上的方法都不能解决问题的话，就只能将主板送专业维修点用专业 EPROM 写入器（可擦写可编程只读存储器，Erasable Programmable Read -Only Memory）进行维修了。

四、键盘常见故障

键盘在使用过程中，故障的表现形式是多种多样的，原因也是多方面的。有接触不良故障，有按键本身的机械故障，还有逻辑电路故障、虚焊、假焊、脱焊和金属孔氧化等故障。维修时要根据不同的故障现象进行分析判断，找出产生故障的原因，进行相应的修理。

1. 键盘上的一些键，如空格键、回车键不起作用。有时，需按很多次才输入一个或两个字符；有的键，如光标键按下后不再起来；屏幕上光标连续移动，此时键盘其他字符不能输入，需再按一次才能弹起来。这种故障为键盘的“卡键”故障，不仅仅是使用很久的旧键盘，而且个别没用多久的新键盘上，键盘的卡键故障也时有发生。出现键盘的卡键现象主要由以下两个原因造成的：一是键帽下面的插柱位置偏移，使得键帽按下后与键体外壳卡住不能弹起而造成了卡键，此原因多发生在新键盘或使用不久的键盘上；二是按键长久使用后，复位弹簧弹性变得很差，弹片与按杆摩擦力变大，不能使按键弹起而造成卡键，此种原因多发生在长久使用的键盘上。当键盘出现卡键故障时，可将键帽拔下，然后按动按杆。若按杆弹不起来或乏力，则是由第二种原因造成的，否则为第一种原因所致。若是由于键帽与键体外壳卡住的原因造成“卡键”故障，则可在键帽与键体之间放一个垫片，该垫片可用稍硬一些的塑料（如废弃的软磁盘外套）做成，其大小等于或略大于键体尺寸，并且在按杆通过的位置开一个可使铵杆自由通过的方孔，将其套在按杆上后，插上键帽，用此垫片阻止键帽与键体卡住，即可修复故障按键；若是由于弹簧疲劳，弹片阻力变大的原因造成卡键故障，这时可将键体打开，稍微拉伸复位弹簧使其恢复弹性，取下弹片将键体恢复。通过取下弹片，减少按杆弹起的阻力，从而使故障按键得到恢复。

2. 某些字符不能输入。若只有某一个键字符不能输入，则可能是该按键失效或焊点虚焊。检查时，按照上面叙述的方法打开键盘，用万用表电阻档测量接点的通断状态。若键按下时始终不导通，则说明按键簧片疲劳或接触不良，需要修理或更换；若键按下时接点通断正常，说明可能是因虚焊、脱焊或金属孔氧化所致，可沿着印刷线路逐段测量，找出故障进行重焊；若因金属孔氧化而失效，可将氧化层清洗干净，然后重新焊牢；若金属孔完全脱落而造成断路时，可另加焊引线进行连接。

3. 若有多个既不在同一列，也不在同一行的按键都不能输入。可能是列线或行线某处断路，或者可能是逻辑门电路产生故障。这时可用100MHz的高频示波器进行检测，找出故障器件虚焊点，然后进行修复。

4. 键盘输入与屏幕显示的字符不一致。此种故障可能是由电路板上产生短路现象造成的，其表现是按这一键却显示为同一列的其他字符，此时可用万用表或示波器进行测量，确定故障点后进行修复。

5. 按下一个键产生一串多种字符，或按键时字符乱跳。这种现象是由逻辑电路故障造成的。先选中某一列字符，若是不含回车键的某行某列，有可能产生多个其他字符现象；若是含回车键的一列，将会产生字符乱跳且不能最后进入系统的现象，用示波器检查逻辑电路芯片，找出故障芯片后更换同型号的新芯片，排除故障。

五、鼠标

鼠标的故障分析与维修比较简单，大部分故障为接口或按键接触不良、断线、机械定位系统脏污。少数故障为鼠标内部元器件或电路虚焊，这主要存在于某些劣质产品中，其中尤以发光二极管、IC电路损坏居多。

1. 找不到鼠标

鼠标彻底损坏，需要更换新鼠标；

鼠标与主机连接串口或PS/2口接触不良，仔细接好线后，重新启动即可；

主板上的串口或PS/2口损坏，这种情况很少见，如果是这种情况，只好去更换一个主板或使用多功能卡上的串口；

- 鼠标线路接触不良，这种情况是最常见的。接触不良的点多在鼠标内部的电线与电路板的连接处。故障只要不是在PS/2接头处，一般维修起来不难。通常是由于线路比较短，或比较杂乱而导致鼠标线被用力拉扯的原因，解决方法是将鼠标打开，再使用电烙铁将焊点焊好；
- 鼠标线内部接触不良，是由时间长而造成老化引起的，这种故障通常难以查找，更换鼠标是最快的解决方法。

2. 鼠标能显示，但无法移动

鼠标的灵活性下降，鼠标指针不像以前那样随心所欲，而是反应迟钝，定位不准确，或干脆不能移动了。这种情况主要是因为鼠标里的机械定位滚动轴上积聚了过多污垢而导致传动失灵，造成滚动不灵活。维修的重点放在鼠标内部的 X 轴和 Y 轴的传动机构上。解决方法是，可以打开胶球锁片，将鼠标滚动球卸下来，用干净的布蘸上中性洗涤剂对胶球进行清洗，摩擦轴等可用采用酒精进行擦洗。最好在轴心处滴上几滴缝纫机油，但一定要仔细，不要流到摩擦面和码盘栅缝上。将一切污垢清除后，鼠标的灵活性恢复如初。

3. 鼠标按键失灵

鼠标按键无动作，这可能是因为鼠标按键和电路板上的微动开关距离太远，或单击开关经过一段时间的使用后反弹能力下降。拆开鼠标，在鼠标按键的下面粘上一块厚度适中的塑料片，厚度要根据实际需要而确定，处理完毕后即可使用。

鼠标按键无法正常弹起，这可能是由按键下方微动开关中的碗形接触片断裂引起的，尤其是塑料簧片，长期使用后容易断裂。如果是三键鼠标，那么可以将中间的那一个键拆下来应急。如果是品质好的原装名牌鼠标，则可以焊下，拆开微动开关，细心清洗触点，上一些润滑脂后，装好即可使用。

六、显卡

1. 开机无显示

此类故障一般是由显卡与主板接触不良或主板插槽有问题造成的。对于一些集成显卡的主板，如果显存共用主内存，则需注意内存条的位置，一般在第一个内存条插槽上应插有内存条。由于显卡原因造成的开机无显示故障，开机后一般会发出一长两短的蜂鸣声（对于 AWARD BIOS 显卡而言）。

2. 颜色显示不正常

显示卡与显示器信号线接触不良。

显示器自身故障。

在某些软件里运行时颜色不正常，一般常见于老式机，在 BIOS 里有一项校验颜色的选项，将其开启即可。

显卡损坏。

显示器被磁化，此类现象一般是由于与有磁性能的物体过分接近所致，磁化后还可能会引起显示画面出现偏转的现象。

3. 死机

出现此类故障一般多见于主板与显卡的不兼容或主板与显卡接触不良；显卡与其它扩展卡不兼容也会造成死机。

4. 屏幕出现异常杂点或图案

此类故障一般是由于显卡的显存出现问题或显卡与主板接触不良造成。需清洁显卡金手指部位或更换显卡。

5. 显卡驱动程序丢失

在机器启动的时候，按“Del”键进入 BIOS 设置，找到“Chipset Features Setup”选项，将里面的“Assign IRQ To VGA”设置为“Enable”，然后保存退出。许多显卡，特别是 Matrox 的显卡，当此项设置为“Disable”时一般都无法正确安装其驱动。另外，对于 ATI 显卡，要先将显卡设置为标准 VGA 显卡后再安装附带驱动。

在安装好操作系统以后，一定要安装主板芯片组补丁程序，特别是对于采用 VIA 芯片组的主板而言，一定要安装主板最新的 4IN1 补丁程序。

安装驱动程序：进入“设备管理器”后，右键单击“显示卡”下的显卡名称，然后单击右键菜单中的“属性”。进入显卡属性后单击“驱动程序”标签，选择“更新驱动程序”，然后选择“显示已知设备驱动程序的列表，从中选择特定的驱动程序”，当弹出驱动列表后，选择“从磁盘安装”。接着单击“浏览”按钮，在弹出的查找窗口中找到驱动程序所在的文件夹，按“打开”按钮，最后确定。此时驱动程序列表中出现了许多显示芯片的名称，根据你的显卡类型，选中一款后按“确定”完成安装。如果程序是非 WHQL 版，则系统会弹出一个警告窗口，不要理睬它，单击“是”继续安装，最后根据系统提示重新启动电脑即可。另外，显卡安装不到位，往往也会引起驱动安装的错误，因此在安装显卡时，一定要注意显卡金手指要完全插入 AGP 插槽。

七、声卡

1. 声卡无声

出现这种故障常见的原因有：

（1）驱动程序默认输出为“静音”。单击屏幕右下角的声音小图标（小喇叭），出现音量调节滑块，下方有“静音”选项，单击前边的复选框，清除框内的对号，即可正常发音。

（2）声卡与其它插卡有冲突。解决办法是调整 PnP 卡所使用的系统资源，使各卡互不干扰。有时，打开“设备管理”，虽然未见黄色的惊叹号（冲突标志），但声卡就是不发声，其实也是存在冲突，只是系统没有检查出来。

（3）安装了 Direct X 后声卡不能发声了。说明此声卡与 Direct X 兼容性不好，需要更新驱动程序。

（4）一个声道无声

检查声卡到音箱的音频线是否有断线。

2. 声卡发出的噪声过大

出现这种故障常见的原因有：

（1）插卡不正。由于机箱制造精度不够高、声卡外挡板制造或安装不良导致声卡不能与主板扩展槽紧密结合，目视可见声卡上“金手指”与扩展槽簧片有错位。这种现象在 ISA 卡或 PCI 卡上都有，属于常见故障。一般可用钳子校正。

（2）有源音箱输入接在声卡的 Speaker 输出端。对于有源音箱，应接在声卡的 Line out 端，它输出的信号没有经过声卡上的功放，噪声要小得多。有的声卡上只有一个输出端，是 Line out 还是 Speaker 要靠卡上的跳线决定，厂家的默认方式常是 Speaker，所以要拔下声卡调整跳线。

（3）Windows 自带的驱动程序不好。在安装声卡驱动程序时，要选择“厂家提供的驱动程序”而不要选“Windows 默认的驱动程序”如果用“添加新硬件”的方式安装，要选择“从磁盘安装”而不要从列表框中选择。如果已经安装了 Windows 自带的驱动程序，可选“控制面板→系统→设备管理→声音、视频和游戏控制器”，点中各分设备，选“属性→驱动程序→更改驱动程序→从磁盘安装”。这时插入声卡附带的磁盘或光盘，装入厂家提供的驱动程序。

3. 声卡无法“即插即用”

（1）尽量使用新驱动程序或替代程序。

（2）不支持 PnP 声卡的安装：进入“控制面板”/“添加新硬件”/“下一步”，当提示“需要 Windows 搜索新硬件吗？”时，选择“否”，而后从列表中选取“声音、视频和游戏控制器”，用驱动盘或直接选择声卡类型进行安装。

4. 播放 CD 无声

（1）完全无声

用系统的"CD 播放器"放 CD 无声，但"CD 播放器"又工作正常，这说明是光驱的音频线没有接好。使用一条 4 芯音频线连接 CD – ROM 的模拟音频输出和声卡上的 CD – in 即可，此线在购买 CD – ROM 时会附带。

（2）只有一个声道出声

光驱输出口一般左右两线为信号线，中间两线为地线。由于音频信号线的 4 条线颜色一般不同,可以从线的颜色上找到一 一对应接口。若声卡上只有一个接口或每个接口与音频线都不匹配，只好改动音频线的接线顺序，通常只把其中 2 条线对换即可。

5. PCI 声卡出现爆音

一般是因为 PCI 显卡采用的 Bus Master 技术造成挂在 PCI 总线上的硬盘读写、鼠标移动等操作放大了背景噪声。解决方法：关掉 PCI 显卡的 Bus Master 功能，换成 AGP 显卡，将 PCI 声卡更换插槽。

6. 无法正常录音

首先检查麦克风是否错插到其他插孔中了。其次，双击小喇叭，选择选单上的"属性→录音"，看看各项设置是否正确。接下来在"控制面板→多媒体→设备"中调整"混合器设备"和"线路输入设备"，把它们设为"使用"状态。如果"多媒体→音频"中"录音"选项是灰色的，问题很严重。当然也不是没有挽救的余地，可以试试"添加新硬件→系统设备"中的添加"ISA Plug and Play bus"，索性把声卡随卡工具软件安装后重新启动。

7. 无法播放 Wav 音乐、Midi 音乐

不能播放 Wav 音乐现象比较罕见，常常是由于"多媒体"→"设备"下的"音频设备"不只一个，禁用一个即可；无法播放 MIDI 文件则可能有以下 3 种可能：

① 早期的 ISA 声卡可能是由 16 位模式与 32 位模式不兼容造成 MIDI 播放的不正常，通过安装软件波表的方式应该可以解决。

② 如今流行的 PCI 声卡大多采用波表合成技术，如果 MIDI 部分不能放音，则很可能因为您没有加载适当的波表音色库。

③ Windows 音量控制中的 MIDI 通道被设置成了静音模式。

八、显示器

显示器的工作电压通常在几千伏，所以对以显示器的维护必须由专业人士来进行。显示器的常见故障如下：

① 电脑刚开机时显示器的画面抖动得很厉害，有时甚至连图标和文字也看不清，但过一二分钟之后就会恢复正常。

这种现象多发生在潮湿的天气，是显示器内部受潮的缘故。要彻底解决此问题，可使用食品包装中的干燥剂用棉线串起来，然后打开显示器的后盖，将干燥剂挂于显像管管颈尾部靠近管座附近。这样，即使是在潮湿的天气里，也不会再出现以上的"毛病"。

② 电脑开机后，显示器只闻其声不见其画，漆黑一片。要等上几十分钟以后才能出现画面。

这是显像管座漏电所致，须更换管座。拆开后盖可以看到显像管尾的一块小电路板，管座就焊在电路板上。小心拔下这块电路板，再焊下管座，到电子商店买回一个同样的管座，然后将管座焊回到电路板上。这时不要急于将电路板装回去，要先找一小块砂纸，很小心地 将显像管尾后

凸出的管脚用砂纸擦拭干净。特别是要注意管脚上的氧化层，如果擦得不干净很快就会旧病复发。将电路板装回去就大功告成了。

③ 显示器花屏。这问题通常是显卡引起的。如果是新换的显卡，则可能是卡的质量不好或不兼容，再有就是还没有安装正确的驱动程序。如果是旧卡而加了显存，则有可能是新加进的显存和原来的显存型号参数不一所致。

④ 显示器黑屏。如果是显卡损坏或显示器断线等原因造成没有信号传送到显示器，则显示器的指示灯会不停地闪烁提示没有接收到信号。要是将分辨率设得太高，超过显示器的最大分辨率也会出现黑屏，重者销毁显示器，但现在的显示器都有保护功能，当分辨率超出设定值时会自动保护。另外，硬件冲突也会引起黑屏。

有时由于主机的原因也会造成黑屏现象，但无论您怎么拍打彩显机壳也不会有所好转，所以有条件的话可将显示器接到别一台确定无故障主机上试试看。另外，目前有很多显示器在拔掉连在显卡上的信号线后就会出现自检显示功能，如果显示正常就说明显示器基本无故障，故障点在信号线或显卡上，这样一来就能更方便地找到故障点了。

⑤ 图像扭曲变形。其常见故障点通常是行或场的某校正电路出现了问题（如 S 校正电容等），由于维修起来要有一定的专业知识，建议交付家电维修部门进行维修。

⑥ 系统无法识别显示器。显示器出了硬件故障或某元件性能不良所致；显卡出了硬件故障或显卡驱动程序损坏所致；显示器和显卡相连的数据线出现了问题；VGA 插座出了问题；未安装显示器厂家的专用显示器驱动程序所致。

⑦ 屏幕闪烁故障。如果把显示器的分辨率和刷新率设置得偏高，可能造成此类故障，所以可把分辨率和刷新率设置成中间值试试。还有可能是显卡或显示器的驱动程序存在 BUG，所以要先更新一下驱动程序试试。如果以上处理均无效，可重点检查一下高压包产生的加速极电压和高压是否正常，因为有时这两个电压异常也会导致此类现象。有时一些带磁物品（如一些低档电源盒或 ADSL 外猫电源等）放在显示器附近会造成屏幕的某一个角闪烁，所以遇到此现象要先试 着清除显示器周围的物品看看，通常问题都能得到解决。

九、液晶显示器常见故障

1. 出现水波纹和花屏问题

首先要做的事情就是仔细检查一下电脑周边是否存在电磁干扰源，然后更换一块显卡，或将显示器接到另一台电脑上，确认显卡本身没有问题，再调整一下刷新频率。如果排除以上原因，很可能就是该液晶显示器的质量问题了，如存在热稳定性不好的问题。出现水波纹是液晶显示器比较常见的质量问题，自己无法解决，建议尽快更换或送修。

有些液晶显示器在启动时会出现花屏问题，给人的感觉就好像有高频电磁干扰一样，屏幕上的字迹非常模糊且呈锯齿状。这种现象一般是由于显卡上没有数字接口，而通过内部的数字/模拟转换电路与显卡的 VGA 接口相连接。这种连接形式虽然解决了信号匹配的问题，但它又带来了容易受到干扰而出现失真的问题。究其原因，主要是液晶显示器本身的时钟频率很难与输入模拟信号的时钟频率保持百分之百的同步，特别是在模拟同步信号频率不断变化的时候，如果此时液晶显示器的同步电路，或者是与显卡同步信号连接的传输线路出现了短路、接触不良等问题，而不能及时调整跟进以保持必要的同步关系，就会出现花屏的问题。

2. 显示分辨率设定不当

液晶显示器的显示原理与 CRT 显示器完全不同，它属于一种直接的像素一一对应的显示方式。工作在最佳分辨率下的液晶显示器把显卡输出的模拟显示信号通过处理，转换成带具体地址信息（该像素在屏幕上的绝对地址）的显示信号，然后再送入液晶板，直接把显示信号加到相对应的像素上的驱动管上，有些跟内存的寻址和写入类似。所以液晶显示器的屏幕分辨率不能随意设定，而传统的CRT显示器对于所支持的分辨率较有弹性。LCD只能支持所谓的“真实分辨率”，而且只有在真实分辨率下，才能显现最佳影像。当设置为真实分辨率以外的分辨率时，一般通过扩大或缩小屏幕显示范围，显示效果保持不变，超过部分则黑屏处理。例如液晶显示器工作在低分辨率下800×600的时候，如果显示器仍然采用像素一一对应的显示方式，那就只能把画面缩小居中利用屏幕中心的那800×600个像素来显示，虽然画面仍然清晰，但是显示区域太小，不仅在感觉上不太舒服而且对于价格昂贵的液晶显示板也是一种极大的浪费。另外也可使用插值等方法，无论在什么分辨率下仍保持全屏显示，但这时显示效果就会大打折扣。此外液晶显示器的刷新率设置与画面质量也有一定的关系。可根据自己的实际情况设置合适的刷新率，但一般情况下还是设置为60Hz最好。

【知识支撑】

随着计算机应用的推广和普及，计算机运用过程中的故障时有发生，通过对常见故障现象的判断，来解决一般的计算机硬件故障是一项很实用的技术。对生活、工作都有极大的便利。

思考练习

1. 硬件故障发生后，一般如何发现故障并解决故障？
2. 查找资料，了解更多计算机硬件故障方面的知识。
3. 通过自己设置故障，尝试发现问题并解决。

拓展练习

在计算机维护实训室，进行计算机组装、维护训练。

项目十
展望信息技术的发展前景

一、计算机的发展趋势

随着 21 世纪的到来，信息化时代已经向我们走来，这个时代的最重要的标志就是计算机的广泛应用。如今社会上对计算机的应用无处不在。计算机还将向哪个方向发展，能起多大的作用，前景非常乐观。

自从 1945 年世界上第一台电子计算机诞生以来，计算机技术迅猛发展，CPU 的速度越来越快，体积越来越小，功能越来越强，应用的领域越来越广，价格越来越低。

从 20 世纪 80 年代开始，日、美等国家开始了新一代“智能计算机”的计算机系统的研究。这一代计算机把信息采集、存储处理、通信和人工智能结合在一起。但这一代计算机并没有取得预期的效果。原因在于冯·诺依曼型计算机对规则作推理解释的串行性和非确定本质的矛盾，导致对大容量知识规则库顺序检索时，信息处理所需时间存在指数性爆炸的危险。

越来越多的专家认识到，在传统计算机的基础上大幅度提高计算机的性能必将遇到难以逾越的障碍，从基本原理上寻找计算机发展的突破口才是正确的道路。很多专家探讨利用生物芯片、神经网络芯片等来实现计算机发展的突破，但也有很多专家把目光投向了最基本的物理原理上，因为过去几百年，物理学原理的应用导致了一系列应用技术的革命，他们认为未来以光子、量子和分子计算机为代表的新技术将推动新一轮超级计算技术的革命。

1. 分子计算机

分子计算机的运行靠的是分子晶体可以吸收以电荷形式存在的信息，并以更有效的方式进行组织排列。凭借着分子纳米级的尺寸，分子计算机的体积将剧减。此外，分子计算机耗电可大大减少并能更长期地存储大量数据。1998 年，最先提出计算化学概念的约翰·A.波普尔教授被授予该年度诺贝尔化学奖，美国《福布斯》杂志将此事和美国政府实施的“加速战略计算计划”实现每秒数万亿次的运算能力并称为两个令人瞩目的里程碑。洛杉矶加州大学和惠普公司研究小组曾在英国《科学》杂志上撰文，称他们能通过把能生成晶体结构的轮烷分子夹在金属电极之间，制作出分子“逻辑门”这种分子电路的基础元件。美国橡树岭国家实验所则采用把菠菜中的一种微小蛋白质分子附着于金箔表面并控制分子排列方向的办法制造出逻辑门。这种蛋白质可在光照几万分之一秒的时间内产生感应电流。据称基于单个分子的芯片体积可比现在的芯片大大减小，而效率大大提高。

2. 光子计算机

光子计算机利用光子取代电子进行数据运算、传输和存储。在光子计算机中，不同波长的光代表不同的数据，这远胜于电子计算机中通过电子“0”、“1”状态变化进行的二进制运算，可以对复杂度高、计算量大的任务实现快速的并行处理。光子计算机将使运算速度在目前基础上呈指数上升。美国贝尔实验室宣布研制出世界上第一台光学计算机。它采用砷化镓光学开关，运算速度达每秒 10 亿次。尽管这台光学计算机与理论上的光学计算机还有一定距离，但已显示出强大的生命力。人类利用光缆传输数据已经有 20 多年的历史了，用光信号来存储信息的光盘技术也已广泛应用。然而要想制造真正的光子计算机，需要开发出可以用一条光束来控制另一条光束变化的光学晶体管这一基础元件。一般说来，科学家们虽然可以实现这样的装置，但是所需的条件如温度等仍较为苛刻，尚难以进入实用阶段。美国马萨诸塞州的一家光学技术公司——光导发光元件系统公司目前正与美国航空航天局马歇尔航天中心合作开发用来制造光学计算机的“光”路板，实现对光子移动的控制，并有望在不久的将来将有大的突破。

3. 量子计算机

把量子力学和计算机结合起来的可能性是在 1982 年由美国著名物理学家理查德·费因曼首次提出的。随后，英国牛津大学物理学家戴维·多伊奇于 1985 年初步阐述了量子计算机的概念，并指出量子并行处理技术会使量子计算机比传统的图灵计算机（英国数学家图灵于 1936 年提出的计算数学模型）功能更强大。量子计算机利用处于多现实态的原子作为数据进行运算。美国、英国、以色列等国家都先后开展了有关量子计算机的基础研究。

4. 生物计算机

生物计算机的主要原材料是生物工程技术产生的蛋白质分子，并以此作为生物芯片，利用有机化合物存储数据。在这种芯片中，信息以波的形式传播，当波沿着蛋白质分子链传播时，会引起蛋白质分子链中单键、双键结构顺序的变化，例如一列波传播到分子链的某一部位，它们就像硅芯片集成电路中的载流子那样传递信息。运算速度要比当今最新一代计算机快 10 万倍，它具有很强的抗电磁干扰能力，并能彻底消除电路间的干扰。能量消耗仅相当于普通计算机的十亿分之一，且具有巨大的存储能力。由于蛋白质分子能够自我组合，再生新的微型电路，使得生物计算机具有生物体的一些特点，如能发挥生物本身的调节机能，自动修复芯片上发生的故障，还能模仿人脑的机制等。

5. 模糊计算机

1956 年，英国人查德创立了模糊信息理论。按照模糊理论，判断问题不是以是或非绝对值“0”或“1”两种数码表示，而是取很多值，如接近、几乎、差不多以及差得远等模糊值来表示。用这种模糊的、不确切的判断进行工程处理的计算机就是模糊计算机。模糊计算机是建立在模糊数学基础上的计算机。模糊计算机除具有一般计算机的功能外，还具有学习、思考、判断、对话的能力，可以立即辨别外界物体的形状和特征，甚至可帮助人从事复杂的脑力劳动。

如今，人类已经进入了一个名副其实的计算机时代，计算机的更新换代都是伴随着信息处理的要求出现的，世界各国科学家都置身于计算机的研制当中，我们相信还会有新一代的计算机应运而生。

二、信息技术的发展趋势

随着 IT 技术的发展日新月异，新技术应用正在不断改变信息产业的格局。以云计算、物联网、智慧地球、绿色 IT 等为代表的新技术、新模式、新概念不断涌出，不断培育新的增长点，为信息产业发展带来了新的机遇，推动着整个产业实现变革性的发展。

1. 云计算

云计算的概念最初由 Google 提出，随着业界对云计算概念的认可和拓展，云计算已经成为

IT 应用的一种全新理念和发展模式。

云计算的基本原理是，通过使计算分布在大量的分布式计算机上，而非本地计算机或远程服务器中，企业数据中心的运行将更与互联网相似。这使得企业能够将资源切换到需要的应用上，根据需求访问计算机和存储系统。云计算的具体形式包括：SaaS（软件即服务）、效用计算（Utility Computing）、平台即服务、商业服务平台等。云计算一方面为产业带来了可以节省成本、拓展应用、更加充分利用资源的全新思路；另一方面为 IT 软件服务、互联网和移动互联网等产业带来了全新的商业模式建设思路，成为了信息服务产业服务模式发展的重要方向。

Google、IBM、微软等跨国公司纷纷提出了相应的云计算平台及解决方案，促进了基于云计算的网络服务模式的发展。

2. 物联网

物联网（Internet of Things），指的是将各种信息传感设备，如射频识别（RFID）装置、红外感应器、全球定位系统、激光扫描器等，与互联网结合起来而形成的一个巨大网络。物联网是利用无所不在的网络技术建立起来的，其目的是让所有的物品都与网络连接在一起，方便识别和管理。物联网关键技术是 RFID、传感器、智能芯片和电信运营商的无线传输网络。

"物联网"是继计算机、互联网与移动通信网之后的世界信息产业第三次浪潮。目前世界上有多个国家花巨资深入研究"物联网"，中国与德国、美国、英国等国家一起，成为国际标准制定的主导国。全国信息技术标准化技术委员会组建了传感器网络标准工作组，为我国物联网标准的建立提供了基础。

3. 智慧地球

智慧地球（Smart Planet）由 IBM 提出，其目标是让世界的运转更加智能化，涉及个人、企业、组织、政府、自然和社会之间的互动，而他们之间的任何互动都将是提高性能、效率和生产力的机会。随着地球体系智能化的不断发展，也为我们提供了更有意义的、崭新的发展契机。

IBM 认为建设智慧地球需要三个步骤：首先，各种创新的感应科技开始被嵌入各种物体和设施中，从而使物质世界被极大程度的数据化。其次，随着网络的高度发达，人、数据和各种事物都将以不同方式联入网络。第三，先进的技术和超级计算机则可以对这些堆积如山的数据进行整理、加工和分析，将生硬的数据转化成实实在在的洞察，并帮助人们做出正确的行动决策。IBM 并且提出将在六大领域建立智慧行动方案：智慧的电力、智慧的医疗、智慧的城市、智慧的交通、智慧的供应链、智慧的银行。因此，智慧地球可以视为如何运用先进的信息技术构建这个新的世界运行模型的一个愿景。

4. 绿色 IT

纵观未来科技的创新方向，绿色、节能、环保已成为必然趋势，这使得绿色 IT 成为信息技术领域的一个热门课题。IDC 将绿色 IT 定义为："以环保为核心设计、制造、布置和处置 IT 产品以及其他有关方面。" 2009 年，各国研究机构预测，在目前经济形势下，2009 年企业的 IT 应用将围绕降低成本、整合应用和节能减排展开。而我国作为全球最大的 IT 产品生产国，"绿色 IT"将成为节能减排和转变经济增长方式的"新亮点"。

绿色 IT 技术分为组件级绿色 IT 技术、服务器级绿色 IT 技术、存储级绿色 IT 技术、机架级绿色 IT 技术和数据中心级绿色 IT 技术。目前，组件级绿色 IT 技术应用已经十分广泛，如 PC 服务器已经全线采用了低功耗的 SAS 硬盘。服务器和存储级的绿色 IT 技术的应用程度依赖于各种解决方案和技术的复杂程度。在绿色 IT 领域，绿色数据中心成为关注重点，构建绿色数据中心已经成为业界的热点话题。

绿色 IT 技术的发展主要包括两个方面：一是开发和应用更加节能、环保和高效率的单个产品；二是充分利用虚拟化技术，构建节能环保的绿色 IT 解决方案。随着绿色 IT 技术的日益成熟以及用户的绿色环保意识逐渐增强，未来 IT 环境也必将绿意盎然。

总之 IT 技术的发展有三个趋势。一是向“高”的方向。性能越来越高，速度越来越快，主要表现在计算机的主频越来越高。前几年使用的 286、386 的主频只有几十兆。90 年代初，集成电路集成度已达到 100 万门以上，从 VLSI 开始进入 ULSI，即特大规模集成电路时期。而且由于 RISC 技术的成熟与普及，CPU 性能年增长率由 80 年代的 35%发展到 90 年代的 60%。到后来出现奔腾系列，到现在已出现了主频达到 2GHz 以上的微处理器。而且计算机向高的方面发展不仅是芯片频率的提高，而且是计算机整体性能的提高。一个计算机中可能不只用一个处理器，而是用几百个几千个处理器，这就是所谓并行处理。也就是说提高计算机的性能有两个途径：一是提高器件速度，二是并行处理。如前所述，器件速度通过发明新器件（如量子器件等），采用纳米工艺、片上系统等技术还可以提高几个数量级。以大规模并行为标志的体系结构的创新与进步是提高计算机系统性能的另一重要途径。目前，世界上性能最高的通用计算机已采用上万台计算机并行，美国的 ASCI 计划已经完成每秒 12.3 万亿次的并行机。目前，正在研制 30 万亿次和 100 万亿次并行计算机。美国另一项计划的目标是2010年左右推出每秒一千万亿次并行计算机（Petaflops 计算机），其处理机将采用超导量子器件，每个处理机每秒 100 亿次，共用 10 万个处理机并行。专用计算机的并行程度比通用机更高。将几千几万台计算机连结起来构成一台并行机，就如同组织成千上万工人生产一个产品一样，决不是一件容易的事。并行计算机的关键技术是如何高效率地把大量计算机互相连接起来，即各处理机之间的高速通信，以及如何有效地管理成千上万台计算机使之协调工作，这就是并行计算机的系统软件——操作系统的功能。如何处理高性能与通用性以及应用软件可移植性的矛盾也是研制并行计算机必须面对的技术选择，也是计算机科学发展的重大课题。

另一个方向就是向“广”度方向发展，计算机发展的趋势就是无处不在，以至于像“没有计算机一样”。近年来更明显的趋势是网络化与向各个领域的渗透，即在广度上的发展开拓。国外称这种趋势为普适计算（Pervasive Computing）或叫无处不在的计算。例如，问你家里有多少马达，谁也说不清。洗衣机里有，电冰箱里有，录音机里也有，几乎无处不在，我们谁也不会去统计它。未来，计算机也会像现在的马达一样，存在于家中的各种电器中。那时问你家里有多少计算机，你也数不清。你的笔记本，书籍都已电子化。包括未来的中小学教材，再过十几、二十几年，可能学生们上课用的不再是教科书，而只是一个笔记本大小的计算机，所有的中小学的课程教材、辅导书、练习题都在里面。不同的学生可以根据自己的需要方便地从中查到想要的资料。而且这些计算机与现在的手机合为一体，随时随地都可以上网，相互交流信息。所以有人预言未来计算机可能像纸张一样便宜，可以一次性使用，计算机将成为不被人注意的最常用的日用品。

第三个方向是向“深”度方向发展，即向信息的智能化发展。网上有大量的信息，怎样把这些浩如烟海的东西变成你想要的知识，同时人机界面更加友好？未来你可以用你的自然语言与计算机打交道，也可以用手写的文字打交道，甚至可以用你的表情、手势来与计算机沟通，使人机交流更加方便快捷。电子计算机从诞生起就致力于模拟人类思维，希望计算机越来越聪明，不仅能做一些复杂的事情，而且能做一些需“智慧”才能做的事，如推理、学习、联想等。自从 1956 年提出“人工智能”以来，计算机在智能化方向迈进的步伐不尽人意。科学家多次关于人工智能的预期目标都没有实现，这说明探索人类智能的本质是一件十分艰巨的任务。目前计算机“思维”的方式与人类思维方式有很大区别，人机之间的间隔还不小。人类还很难以自然的方式，如语言、手势、表情，与计算机打交道，计算机难用已成为阻碍计算机进一步普及的巨大障碍。随着 Internet 的普及，普通老百姓使用计算机的需求日益增长，这种强烈需求将大大促进计算机智能化方向的研究。近几年来计算机识别文字（包括印刷体、手写体）和口语的技术已有较大提高，已初步达到商品化水平，估计 5 ~ 10 年内手写和口语输入将逐步成为主流的输入方式。手势（特别是哑语手势）和脸部表情识别也已取得较大进展。使人沉浸在计算机世界的虚拟现实（Virtual Reality）技术是近几年来发展较快的技术，21 世纪将更加迅速的发展。

参考文献

[1] 王移芝. 计算机文化基础教程[M]. 北京：高等教育出版社，2001.
[2] 王移芝. 计算机文化基础——学习与实验指导书[M]. 北京：高等教育出版社，2001.